21 shiji gaodeng yuanxiao | 21世纪高等院校 **通识教育**规划教材 | tongshi jiaoyu guihua jiaocai

应用工程数学

◎ 于丽妮 朱如红 主编

Applied Engineering Mathematics

人民邮电出版社
北京

图书在版编目（CIP）数据

应用工程数学 / 于丽妮，朱如红主编. -- 北京 : 人民邮电出版社，2016.8（2017.7重印）
21世纪高等院校通识教育规划教材
ISBN 978-7-115-43146-2

Ⅰ. ①应… Ⅱ. ①于… ②朱… Ⅲ. ①工程数学－高等学校－教材 Ⅳ. ①TB11

中国版本图书馆CIP数据核字(2016)第191196号

内容提要

本书编写的主导思想是：在满足教学基本要求的前提下，降低理论推导的难度，注重解决问题的方法，力图使读者学以致用和学用结合，也为读者将来的学习、工作与发展奠定一定的数学基础。

全书分为上下两篇，共七章。上篇为线性代数部分，内容有行列式与克莱姆法则、矩阵及其计算、矩阵的初等变换与线性方程组、线性方程组解的结构；下篇为概率论与数理统计，内容有随机事件与概率、一维随机变量、数理统计初步。各节均配有一定数量的习题，书末附有参考答案，以供读者学习和查阅之用，为增加读者学习兴趣，本书后面附有一些线性代数以及概率论与数理统计发展简史。

本书既可作为高职高专工程类学生的普适性基础教材，又可作为相关教师的教学参考书。

◆ 主　　编　于丽妮　朱如红
　责任编辑　王　平
　责任印制　焦志炜
◆ 人民邮电出版社出版发行　　北京市丰台区成寿寺路 11 号
　邮编　100164　　电子邮件　315@ptpress.com.cn
　网址　http://www.ptpress.com.cn
　北京隆昌伟业印刷有限公司印刷
◆ 开本：787×1092　1/16
　印张：15.25　　　　2016 年 8 月第 1 版
　字数：374 千字　　　2017 年 7 月北京第 2 次印刷

定价：38.00 元

读者服务热线：(010)81055256　印装质量热线：(010)81055316
反盗版热线：(010)81055315

前　言

为了适应新世纪我国高等教育迅速发展的形势，满足新时期高等教育人才培养拓宽口径，增强适应性对数学教育的要求，结合多年的教学研究与实践，博采众家之长，编写了本书。本书编写过程中，在遵循本学科系统性与科学性的前提下，尽量做到内容少而精，充分体现素质教育，突出教学思想，贯彻由浅入深、循序渐进、融会贯通的教学原则与直观形象的教学方法，既注重基础概念、基本理论和方法的阐述，又注重学生基本运算能力的训练和分析问题、解决问题能力的培养。

本书由两部分组成，第一部分是线性代数，包括行列式与克莱姆法则、矩阵及其运算、矩阵的初等变换与线性方程组、线性方程组解的结构 4 章；第二部分是概率论与数理统计，包括随机事件及其概率、一维随机变量，数理统计初步 3 章，各节均配有一定数量的习题，书末附有习题答案。

根据实践教学和实际应用中的特点，本书的内容编写与以往教材有所变化。首先，考虑到工程实际中碰到的具体问题都是求解一个阶数确定的行列式，在教材编写以及教学过程中适当降低行列式计算的教学要求，不必要也不应该把精力放在牵涉到很高计算技巧和大量复杂计算中，而应该让学生掌握由具体到一般、由低阶到高阶的数学思想方法；其次，由于矩阵在实际工程中几乎是无处不在、无处不用的数学工具，它是将实际问题与数学理论联系在一起的桥梁，而学生往往在理论与实际相结合方面有所欠缺，因此我们在教材中适量增加矩阵的教学内容，提高矩阵的教学要求，使学生对矩阵的重要性及应用性有充分的认识，提高学生的数学素养和培养学生应用数学知识分析问题、解决问题的能力。

本书由于丽妮老师策划、组织编写，并负责统稿、定稿。全书由于丽妮老师和朱如红老师任主编，第 1、2、3、4 章由于丽妮老师执笔，第 5、6、7 章由朱如红老师执笔。

为了提高编写质量，在本书的编写过程中，编者查阅和借鉴了大量的优秀数学教材和数学文献。本书虽经多次讨论，反复修正，但限于编者水平，加之教学改革中的一些问题有待进一步探索，书中缺点和疏漏之处在所难免，恳请使用本书的老师和同学批评指正。

希望读者在学完本书后能有所收获，如能激发读者对相关知识的兴趣，增强学习信心，提高科学素养，这便是我们的初衷。

编　者

2016 年 6 月

目 录

上篇　线性代数

目　录

下篇　概率论与数理统计

目 录

上篇

线性代数

第1章

行列式与克莱姆法则

解方程是代数中一个基本的问题，特别是在中学代数中，解方程占用重要的地位．譬如最熟悉的一元一次方程问题，如果知道一段导线电阻r，它的两端电位差v，那么通过这段导线的电流强度i，就可以由关系式$ir=v$求出来．在中学代数中，还解过一元、二元、三元以至四元一次方程组．主要讨论一般的多元一次方程组，即**线性方程组**．这一章主要引进行列式来解线性方程组，主要介绍n阶行列式的定义、性质及其计算方法．此外还要介绍用n阶行列式求解n元线性方程组的克莱姆法则．之后在更一般的情况下来讨论线性方程组的问题．

线性方程组的理论在数学中是最基本的也是最重要的内容．

1.1　二阶及三阶行列式

1.1.1　二元线性方程组与二阶行列式

在中学代数中学过，对于二元线性方程组

$$\begin{cases} a_{11}x_1 + a_{12}x_2 = b_1, \\ a_{21}x_1 + a_{22}x_2 = b_2. \end{cases} \tag{1}$$

为消去未知数x_2，以a_{22}与a_{12}分别乘上述两方程的两端，然后两个方程相减，得

$$(a_{11}a_{22} - a_{12}a_{21})x_1 = b_1a_{22} - b_2a_{12},$$

同理，消去未知数x_1，得

$$(a_{11}a_{22} - a_{12}a_{21})x_2 = a_{11}b_2 - a_{21}b_1.$$

若$a_{11}a_{22} - a_{12}a_{21} \neq 0$，则

$$x_1 = \frac{b_1a_{22} - b_2a_{12}}{a_{11}a_{22} - a_{12}a_{21}},\quad x_1 = \frac{a_{11}b_2 - a_{21}b_1}{a_{11}a_{22} - a_{12}a_{21}}. \tag{2}$$

可以看出，（2）中的分子、分母都是4个数分两对相乘再相减而得．其中$a_{11}a_{22} - a_{12}a_{21}$

由方程组的（1）的 4 个系数确定.

为了便于记忆这个公式，引入二阶行列式的概念.

定义 1　由 4 个数 a_{11}，a_{22}，a_{12}，a_{21} 排成二行二列（横排称行，竖排称列）的数表并以两条竖线括之

$$\begin{vmatrix} a_{11} & a_{12} \\ a_{21} & a_{22} \end{vmatrix}$$

称为**二阶行列式**，其值表示为 $a_{11}a_{22}-a_{12}a_{21}$，即

$$D=\begin{vmatrix} a_{11} & a_{12} \\ a_{21} & a_{22} \end{vmatrix}=a_{11}a_{22}-a_{12}a_{21}.$$

其中数 $a_{ij}\left(i=1,2;j=1,2\right)$ 称为行列式的**元素（或称为元）**，每个元素下标的第 1 个数字表示元素所在的行，下标的第 2 个数字表示元素所在的列.

二阶行列式的定义，可用对角线法则来记忆. 从左上角 a_{11} 到右下角 a_{22} 这条对角线称为**主对角线**，从右上角 a_{12} 到左下角 a_{21} 这条对角线称为**副对角线**，那么二阶行列式就是主对角线上两元素之积与副对角线上两元素之积的差.

由二阶行列式的定义，二元线性方程组（1）的解（2）中的 x_1，x_2 也可以写成二阶行列式，即

$$b_1a_{22}-b_2a_{12}=\begin{vmatrix} b_1 & a_{12} \\ b_2 & a_{22} \end{vmatrix},\qquad b_2a_{11}-b_1a_{21}=\begin{vmatrix} a_{11} & b_1 \\ a_{21} & b_2 \end{vmatrix},$$

由定义 1 可知，若 $\begin{vmatrix} a_{11} & a_{12} \\ a_{21} & a_{22} \end{vmatrix}\neq 0$，二元线性方程组的解可表示为

$$x_1=\frac{\begin{vmatrix} b_1 & a_{12} \\ b_2 & a_{22} \end{vmatrix}}{\begin{vmatrix} a_{11} & a_{12} \\ a_{21} & a_{22} \end{vmatrix}},\quad x_2=\frac{\begin{vmatrix} a_{11} & b_1 \\ a_{21} & b_2 \end{vmatrix}}{\begin{vmatrix} a_{11} & a_{12} \\ a_{21} & a_{22} \end{vmatrix}}.$$

若记 $D=\begin{vmatrix} a_{11} & a_{12} \\ a_{21} & a_{22} \end{vmatrix}$，$D_1=\begin{vmatrix} b_1 & a_{12} \\ b_2 & a_{22} \end{vmatrix}$，$D_2=\begin{vmatrix} a_{11} & b_1 \\ a_{21} & b_2 \end{vmatrix}$，则有

$$x_1=\frac{D_1}{D},\quad x_2=\frac{D_2}{D}.$$

可以看出，二元线性方程组的解的分母 D 均为原方程组的系数所确定的二阶行列式（即系数行列式），x_1 的分子 D_1 是用常数项 b_1、b_2 替换 D 中 x_1 的系数 a_{11}、a_{21} 所得的二阶行列式，x_2 的分子 D_2 是用常数项 b_1、b_2 替换 D 中 x_2 的系数 a_{12}、a_{22} 所得的二阶行列式.

例 1　求解线性方程组

$$\begin{cases} 6x_1-4x_2=10, \\ 5x_1+7x_2=29. \end{cases}$$

解　由于

$$D=\begin{vmatrix} 6 & -4 \\ 5 & 7 \end{vmatrix}=6\times 7-(-4)\times 5=62\neq 0,$$

$$D_1=\begin{vmatrix}10 & -4\\ 29 & 7\end{vmatrix}=10\times 7-(-4)\times 29=186,$$

$$D_2=\begin{vmatrix}6 & 10\\ 5 & 29\end{vmatrix}=6\times 29-5\times 10=124,$$

因此

$$x_1=\frac{D_1}{D}=\frac{186}{62}=3,\quad x_2=\frac{D_2}{D}=\frac{124}{62}=2.$$

1.1.2 三元线性方程组与三阶行列式

对于三元线性方程组也有相似的讨论. 设方程组

$$\begin{cases}a_{11}x_1+a_{12}x_2+a_{13}x_3=b_1,\\ a_{21}x_1+a_{22}x_2+a_{23}x_3=b_2,\\ a_{31}x_1+a_{32}x_2+a_{33}x_3=b_3.\end{cases}$$

由消元法解得

$$\begin{aligned}&(a_{11}a_{22}a_{33}+a_{12}a_{23}a_{31}+a_{13}a_{21}a_{32}-a_{11}a_{23}a_{32}-a_{12}a_{21}a_{33}-a_{13}a_{22}a_{31})x_1\\ &=b_1a_{22}a_{33}+a_{12}a_{23}b_3+a_{13}b_2a_{32}-b_1a_{23}a_{32}-a_{12}b_2a_{33}-a_{13}a_{22}b_3,\\ &(a_{11}a_{22}a_{33}+a_{12}a_{23}a_{31}+a_{13}a_{21}a_{32}-a_{11}a_{23}a_{32}-a_{12}a_{21}a_{33}-a_{13}a_{22}a_{31})x_2\\ &=a_{11}b_2a_{33}+b_1a_{23}a_{31}+a_{13}a_{21}b_3-a_{11}a_{23}b_3-b_1a_{21}a_{33}-a_{13}b_2a_{31},\\ &(a_{11}a_{22}a_{33}+a_{12}a_{23}a_{31}+a_{13}a_{21}a_{32}-a_{11}a_{23}a_{32}-a_{12}a_{21}a_{33}-a_{13}a_{22}a_{31})x_3\\ &=a_{11}a_{22}b_3+a_{12}b_2a_{31}+b_1a_{21}a_{32}-a_{11}b_2a_{32}-a_{12}a_{21}b_3-b_1a_{22}a_{31}.\end{aligned}$$

若 $a_{11}a_{22}a_{33}+a_{12}a_{23}a_{31}+a_{13}a_{21}a_{32}-a_{11}a_{23}a_{32}-a_{12}a_{21}a_{33}-a_{13}a_{22}a_{31}\neq 0$，则

$$x_1=\frac{b_1a_{22}a_{33}+a_{12}a_{23}b_3+a_{13}b_2a_{32}-b_1a_{23}a_{32}-a_{12}b_2a_{33}-a_{13}a_{22}b_3}{a_{11}a_{22}a_{33}+a_{12}a_{23}a_{31}+a_{13}a_{21}a_{32}-a_{11}a_{23}a_{32}-a_{12}a_{21}a_{33}-a_{13}a_{22}a_{31}},$$

$$x_2=\frac{a_{11}b_2a_{33}+b_1a_{23}a_{31}+a_{13}a_{21}b_3-a_{11}a_{23}b_3-b_1a_{21}a_{33}-a_{13}b_2a_{31}}{a_{11}a_{22}a_{33}+a_{12}a_{23}a_{31}+a_{13}a_{21}a_{32}-a_{11}a_{23}a_{32}-a_{12}a_{21}a_{33}-a_{13}a_{22}a_{31}},$$

$$x_3=\frac{a_{11}a_{22}b_3+a_{12}b_2a_{31}+b_1a_{21}a_{32}-a_{11}b_2a_{32}-a_{12}a_{21}b_3-b_1a_{22}a_{31}}{a_{11}a_{22}a_{33}+a_{12}a_{23}a_{31}+a_{13}a_{21}a_{32}-a_{11}a_{23}a_{32}-a_{12}a_{21}a_{33}-a_{13}a_{22}a_{31}}.$$

定义 2 设九个数排成三行三列的数表

$$\begin{vmatrix}a_{11} & a_{12} & a_{13}\\ a_{21} & a_{22} & a_{23}\\ a_{31} & a_{32} & a_{33}\end{vmatrix}$$

称为三阶行列式，其值表示为

$$\begin{vmatrix}a_{11} & a_{12} & a_{13}\\ a_{21} & a_{22} & a_{23}\\ a_{31} & a_{32} & a_{33}\end{vmatrix}=a_{11}a_{22}a_{33}+a_{12}a_{23}a_{31}+a_{13}a_{21}a_{32}-a_{11}a_{23}a_{32}-a_{12}a_{21}a_{33}-a_{13}a_{22}a_{31}.$$

由定义 2 可以看出，三阶行列式等式右端含有 6 项，而每一项乘积都是由行列式中位于不同的行和不同的列的元素构成再冠以正负号，如图 1.1 所示的对角线法则：图中三条实线看做是与主对角线平行的联线，实线上三元素的乘积冠以正号，三条虚线看做是与副对角线

平行的联线，虚线上三元素的乘积冠以负号.

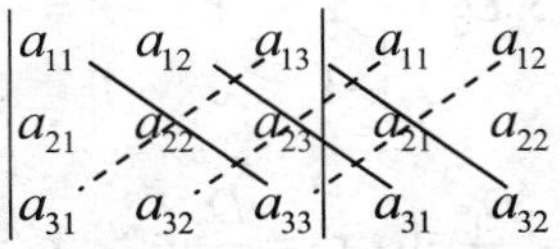

图 1.1

若三元线性方程组的系数行列式 $D=\begin{vmatrix} a_{11} & a_{12} & a_{13} \\ a_{21} & a_{22} & a_{23} \\ a_{31} & a_{32} & a_{33} \end{vmatrix} \neq 0$，

$$D_1=\begin{vmatrix} b_1 & a_{12} & a_{13} \\ b_2 & a_{22} & a_{23} \\ b_3 & a_{32} & a_{33} \end{vmatrix},\ D_2=\begin{vmatrix} a_{11} & b_1 & a_{13} \\ a_{21} & b_2 & a_{23} \\ a_{31} & b_3 & a_{33} \end{vmatrix},\ D_3=\begin{vmatrix} a_{11} & a_{12} & b_1 \\ a_{21} & a_{22} & b_2 \\ a_{31} & a_{32} & b_3 \end{vmatrix},$$

则三元线性方程组的解可表示为

$$x_1=\frac{D_1}{D},\ x_2=\frac{D_2}{D},\ x_3=\frac{D_3}{D}.$$

例 2　计算三阶行列式

$$\begin{vmatrix} 1 & 2 & 3 \\ 1 & -1 & 4 \\ 5 & 1 & 2 \end{vmatrix}.$$

解　按对角线法则，有

$$\begin{aligned} D &= 1\times(-1)\times 2+2\times 4\times 5+3\times 1\times 1 \\ &\quad -1\times 4\times 1-2\times 1\times 2-3\times(-1)\times 5 \\ &=-2+40+3-4-4+15=48. \end{aligned}$$

例 3　求解方程 $\begin{vmatrix} 1 & 1 & 1 \\ 2 & 3 & x \\ 4 & 9 & x^2 \end{vmatrix}=0$.

解　按对角线法则，方程左端

$$\begin{aligned} D &= 3x^2+4x+18-9x-2x^2-12 \\ &= x^2-5x+6, \end{aligned}$$

由 $x^2-5x+6=0$，解得

$$x=2 \text{ 或 } x=3.$$

例 4　解线性方程组 $\begin{cases} x_1-2x_2+x_3=-2, \\ 2x_1+x_2-3x_3=1, \\ -x_1+x_2-x_3=0. \end{cases}$

解　因为方程组的系数行列式 $D=\begin{vmatrix} 1 & -2 & 1 \\ 2 & 1 & -3 \\ -1 & 1 & -1 \end{vmatrix}=-5\neq 0$，

$$D_1=\begin{vmatrix}-2&-2&1\\1&1&-3\\0&1&-1\end{vmatrix}=-5, D_2=\begin{vmatrix}1&-2&1\\2&1&-3\\-1&0&-1\end{vmatrix}=-10, D_3=\begin{vmatrix}1&-2&-2\\2&1&1\\-1&1&0\end{vmatrix}=-5,$$

所以

$$x_1=\frac{D_1}{D}=1,\ x_2=\frac{D_2}{D}=2,\ x_3=\frac{D_3}{D}=1.$$

习题 1.1

1. 计算下列行列式并对比观察其特征.

（1）$\begin{vmatrix}3&0&0\\0&1&0\\0&0&5\end{vmatrix}$；（2）$\begin{vmatrix}0&0&7\\0&2&0\\5&0&0\end{vmatrix}$；

（3）$\begin{vmatrix}0&0&0\\7&9&4\\7&9&6\end{vmatrix}$；（4）$\begin{vmatrix}2&3&4\\5&-2&1\\1&2&3\end{vmatrix}$；

（5）$\begin{vmatrix}3&0&8\\1&3&4\\5&0&6\end{vmatrix}$；（6）$\begin{vmatrix}3&-6&2\\2&3&6\\-6&-2&3\end{vmatrix}$；

（7）$\begin{vmatrix}1&-1&3\\2&1&-1\\0&-4&8\end{vmatrix}$；（8）$\begin{vmatrix}3&2&1\\-1&1&2\\2&0&-5\end{vmatrix}$；

（9）$\begin{vmatrix}1&3&2\\2&1&3\\3&2&1\end{vmatrix}$；（10）$\begin{vmatrix}1&3&8\\1&1&9\\1&4&5\end{vmatrix}$.

2. 利用行列式求解下列方程组.

（1）$\begin{cases}x_1+2x_2=1\\3x_1+8x_2=2\end{cases}$；（2）$\begin{cases}x_1+x_2-2x_3=-1\\2x_1-2x_2+3x_3=2\\3x_1-x_2+2x_3=3\end{cases}$；

（3）$\begin{cases}2x_1+5x_2=1\\3x_1+7x_2=2\end{cases}$；（4）$\begin{cases}x+y+z=1\\2x-y-z=1\\x-y+z=2\end{cases}$；

（5）$\begin{cases}x_1+x_2-2x_3=-3\\5x_1-2x_2+7x_3=22\\2x_1-5x_2+4x_3=4\end{cases}$；（6）$\begin{cases}x_1+2x_2+x_3=0\\2x_1-x_2+x_3=1\\x_1-x_2+2x_3=3\end{cases}$.

1.2　*n* 阶行列式的定义

在这一章要把这个结果推广到 n 元线性方程组

$$\begin{cases} a_{11}x_1 + a_{12}x_2 + \cdots + a_{1n}x_n = b_1, \\ a_{21}x_1 + a_{22}x_2 + \cdots + a_{2n}x_n = b_2, \\ \cdots\cdots \\ a_{n1}x_1 + a_{n2}x_2 + \cdots + a_{nn}x_n = b_n. \end{cases}$$

的情形. 因此，要给出 n 阶行列式的定义并讨论它们的性质.

1.2.1　排列及其逆序数

为了定义 n 阶行列式，简单介绍一下排列的定义.

定义 3　由 1,2,3，⋯，n 组成的一个有序数组称为一个 **n 级排列**.

例如，35421 是一个 5 级排列，641235 是一个 6 级排列. 对于一个 n 级排列来说，排列的总数是 $n!$.

很显然 $123\cdots n$ 也是一个 n 级排列，这个排列具有自然顺序，是按照递增的顺序排起来的，其他的排列都或多或少地破坏自然顺序.

定义 4　在一个排列 $j_1j_2\cdots j_t\cdots j_s\cdots j_n$ 中，若数 $j_t > j_s$，则称这两个数组成一个**逆序**. 一个排列中逆序的总数称为这个排列的**逆序数**. 排列 $j_1j_2\cdots j_n$ 的逆序数记为 $\tau(j_1j_2\cdots j_n)$.

例如，排列 2431 中，21,43,41,31 是逆序，2431 的逆序数就是 4.而 45321 的逆序数是 9.

定义 5　逆序数为偶数的排列称为**偶排列**；逆序数为奇数的排列称为**奇排列**.

例如，2431 是偶排列，45321 是奇排列，$123\cdots n$ 的逆序数是零，因此是偶排列.

把一个排列中某两个数的位置互换，而其余的数不动，就得到另一个排列. 这样一个变换称为一个**对换**. 例如，经过 1,2 对换，排列 2431 就变成了 1432，排列 2134 变成了 1234.很显然，如果连续施行两次相同的变换，那么排列还原. 经过一次变换，奇排列变成偶排列，偶排列变成奇排列.

定理 1　对换改变排列的奇偶性.

定理 2　任意一个 n 级排列与排列 $123\cdots n$ 都可以经过一系列对换互变，并且所作对换的个数与这个排列有相同的奇偶性.

例 5　求排列 32514 的逆序数.

解　在排列 32514 中：

3 排在首位，逆序数为 0；

2 的前面比 2 大的数有一个 3，故逆序数为 1；

5 是最大数，逆序数为 0；

1 的前面比 1 大的数有 3、2、5 共三个，故逆序数为 3；

4 的前面比 4 大的数有一个 5，故逆序数为 1；

所以这个排列的逆序数为

$$\tau(32514) = 0 + 1 + 0 + 3 + 1 = 5.$$

1.2.2　n 阶行列式的概念

由二阶和三阶行列式定义可以看出：二阶与三阶行列式右边的展开式的个数分别为 2! 和 3!，它们都是一些乘积的代数和，而每一项乘积都是由行列式中位于不同的行和不同的列的元素构成的，而带“+”号和带“−”号项的个数各占一半．以三阶行列式为例，展开式每一项都可以写成 $a_{1j_1}a_{2j_2}a_{3j_3}$，其中 $j_1j_2j_3$ 是 1,2,3 的一个排列．可以看出，当 $j_1j_2j_3$ 是偶排列时，对应的项带有正号，当 $j_1j_2j_3$ 是奇排列时，对应的项带有负号．二阶行列式也是如此．

因此我们可以给出 n 阶行列式的定义．

定义 6 由 n^2 个数组成的 n 阶行列式

$$D=\begin{vmatrix} a_{11} & a_{12} & \cdots & a_{1n} \\ a_{21} & a_{22} & \cdots & a_{2n} \\ \vdots & \vdots & & \vdots \\ a_{n1} & a_{n2} & \cdots & a_{nn} \end{vmatrix}$$

等于所有取自不同行不同列的 n 个元素的乘积

$$a_{1j_1}a_{2j_2}\cdots a_{nj_n}$$

的代数和，这里 $j_1j_2\cdots j_n$ 是 $1,2,3,\cdots,n$ 的一个排列，每一项都按下列规则带有符号：当 $j_1j_2\cdots j_n$ 是偶排列时，带有正号，当 $j_1j_2\cdots j_n$ 是奇排列时，带有负号.即

$$\begin{vmatrix} a_{11} & a_{12} & \cdots & a_{1n} \\ a_{21} & a_{22} & \cdots & a_{2n} \\ \vdots & \vdots & & \vdots \\ a_{n1} & a_{n2} & \cdots & a_{nn} \end{vmatrix}=\sum_{j_1j_2\cdots j_n}(-1)^{\tau(j_1j_2\cdots j_n)}a_{1j_1}a_{2j_2}\cdots a_{nj_n},$$

这里 $\sum\limits_{j_1j_2\cdots j_n}$ 表示对所有 n 级排列求和.

由定义可以看出：

（1）行列式是一种特定的算式，它是根据求解方程个数和未知量个数相同的一次方程组的需要而定义的；

（2）n 阶行列式是 $n!$ 项的代数和；

（3）n 阶行列式的每项 $a_{1j_1}a_{2j_2}\cdots a_{nj_n}$ 都是位于不同行不同列 n 个元素的乘积；

（4）且当 $n=1$ 时，$D=|a_{11}|=a_{11}$，不要与绝对值记号相混淆；

（5）n 阶行列式简记作 $\det(a_{ij})$，其中数 a_{ij} 为行列式 D 的 (i,j) 元；

（6）按此定义的二、三阶行列式，与之前按对角线法则定义的二、三阶行列式，显然是一致的；

（7）$a_{1j_1}a_{2j_2}\cdots a_{nj_n}$ 的符号为 $(-1)^{\tau(j_1j_2\cdots j_n)}$．

下面来看几个例子.

例 6 计算行列式 $D=\begin{vmatrix} 0 & 0 & 0 & 1 \\ 0 & 0 & 2 & 0 \\ 0 & 3 & 0 & 0 \\ 4 & 0 & 0 & 0 \end{vmatrix}$.

解 这是一个四阶行列式，由行列式的定义，展开式中应该有 $4!=24$ 项．但由于出现很多的零，所以不等于零的项数就大大减少了．展开式一般形式是

$$a_{1j_1}a_{2j_2}a_{3j_3}a_{4j_4}.$$

很显然，如果 $j_1 \neq 4$，那么 $a_{1j_1}=0$，从而这项就等于零. 因此只须考虑 $j_1=4$ 的那些项；同理，只须考虑 $j_2=3, j_3=2, j_4=1$ 这些列指标的项. 即行列式中不为零的项为 $a_{14}a_{23}a_{32}a_{41}$，而 $(-1)^{\tau(4321)}=1$. 所以

$$D=\begin{vmatrix}0&0&0&1\\0&0&2&0\\0&3&0&0\\4&0&0&0\end{vmatrix}=1\times2\times3\times4=24.$$

例 7　计算上三角形行列式

$$\begin{vmatrix}a_{11}&a_{12}&\cdots&a_{1n}\\0&a_{22}&\cdots&a_{2n}\\\vdots&\vdots&&\vdots\\0&0&\cdots&a_{nn}\end{vmatrix}.$$

解　展开式中项的一般形式为

$$a_{1j_1}a_{2j_2}\cdots a_{nj_n},$$

在行列式中第 n 行的元素除去 a_{nn} 以外全是零，因此，只须考虑 $j_n=n$ 的那些项. 以此类推，在展开式中，除去

$$a_{11}a_{22}\cdots a_{nn}$$

这一项外，其余的项都是零. 而 $(-1)^{\tau(123\cdots n)}=1$. 所以

$$\begin{vmatrix}a_{11}&a_{12}&\cdots&a_{1n}\\0&a_{22}&\cdots&a_{2n}\\\vdots&\vdots&&\vdots\\0&0&\cdots&a_{nn}\end{vmatrix}=a_{11}a_{22}\cdots a_{nn}.$$

可以看出，上三角形行列式的值就等于**主对角线**（从左上角到右下角这条对角线）上元素的乘积.

例 8　计算行列式 $D=\begin{vmatrix}1&3&4&9\\0&2&5&6\\0&0&5&3\\0&0&0&7\end{vmatrix}$.

解　这是一个上三角形行列式，所以

$$D=\begin{vmatrix}1&3&4&9\\0&2&5&6\\0&0&5&3\\0&0&0&7\end{vmatrix}=1\times2\times5\times7=70.$$

同理可得：**对角形行列式**（主对角线以外元素全为零）$\begin{vmatrix}a_{11}&0&\cdots&0\\0&a_{22}&\cdots&0\\\vdots&\vdots&\ddots&\vdots\\0&0&\cdots&a_{nn}\end{vmatrix}=a_{11}a_{22}\cdots a_{nn}$.

例 9 计算行列式 $D=\begin{vmatrix} x_1 & 0 & y_1 & 0 \\ 0 & x_2 & 0 & y_2 \\ y_3 & 0 & x_3 & 0 \\ 0 & y_4 & 0 & x_4 \end{vmatrix}$.

解 此行列式中第一行非零元素为 $a_{11}=x_1, a_{13}=y_1$，故 $j_1=1,3$；同理由第 2,3,4 行可求 $j_2=2,4$；$j_3=1,3$；$j_4=2,4$. 因此 j_1,j_2,j_3,j_4 能组成四个四级排列：1234；1432；3214；3412.

则

$$\begin{aligned} D &= x_1x_2x_3x_4 - x_1y_2x_3y_4 - y_1x_2y_3x_4 + y_1y_2y_3y_4 \\ &= (x_1x_3 - y_1y_3)(x_2x_4 - y_2y_4). \end{aligned}$$

习题 1.2

1. 计算下列行列式.

(1) $\begin{vmatrix} 5 & 0 & 0 & 0 \\ 0 & 7 & 0 & 0 \\ 0 & 0 & 2 & 0 \\ 0 & 0 & 0 & 3 \end{vmatrix}$； (2) $\begin{vmatrix} 0 & 0 & 0 & 4 \\ 0 & 0 & 1 & 0 \\ 0 & 3 & 0 & 0 \\ 5 & 0 & 0 & 0 \end{vmatrix}$；

(3) $\begin{vmatrix} \lambda_1 & & & \\ & \lambda_2 & & \\ & & \ddots & \\ & & & \lambda_n \end{vmatrix}$； (4) $\begin{vmatrix} & & & \lambda_1 \\ & & \lambda_2 & \\ & \iddots & & \\ \lambda_n & & & \end{vmatrix}$；

(5) $\begin{vmatrix} 4 & 103 & 207 & 888 \\ 0 & 2 & -56 & 999 \\ 0 & 0 & 3 & 323 \\ 0 & 0 & 0 & 1 \end{vmatrix}$； (6) $\begin{vmatrix} 5 & 0 & 0 & 0 \\ 7 & 2 & 0 & 0 \\ 56 & 8 & 3 & 0 \\ 72 & 23 & 90 & 3 \end{vmatrix}$.

1.3 行列式的性质

行列式的计算是一个重要的问题. n 阶行列式共有 $n!$ 项，计算要做 $n!(n-1)$ 个乘法. 直接用定义计算行列式的值比较麻烦. 为简化行列式的计算，我们进一步讨论行列式的性质.

定义 7 将行列式 D 的行与对应列互换后所得的行列式称为行列式 D 的**转置行列式**，记为 D^{T}.

设

$$D=\begin{vmatrix} a_{11} & a_{12} & \cdots & a_{1n} \\ a_{21} & a_{22} & \cdots & a_{2n} \\ \vdots & \vdots & & \vdots \\ a_{n1} & a_{n2} & \cdots & a_{nn} \end{vmatrix},$$

则

$$D^{\mathrm{T}}=\begin{vmatrix} a_{11} & a_{21} & \cdots & a_{n1} \\ a_{12} & a_{22} & \cdots & a_{n2} \\ \vdots & \vdots & & \vdots \\ a_{1n} & a_{2n} & \cdots & a_{nn} \end{vmatrix}.$$

1.3.1　行列式的性质

性质 1　行列式 D 与它的转置行列式 D^{T} 的值相等.

由性质 1 可知，在行列式中，行与列的地位平等. 因此，对于行成立的性质对列也都成立. 以下我们只给出对于行成立的性质，相应列的性质请读者自己写出.

例 10　计算下三角行列式（主对角线以上元素全为 0）

$$D=\begin{vmatrix} a_{11} & 0 & \cdots & 0 \\ a_{21} & a_{22} & \cdots & 0 \\ \vdots & \vdots & & \vdots \\ a_{n1} & a_{n2} & \cdots & a_{nn} \end{vmatrix}$$

的值.

解　由性质 1 及上三角行列式的值，得

$$D=D^{\mathrm{T}}=\begin{vmatrix} a_{11} & a_{21} & \cdots & a_{n1} \\ 0 & a_{22} & \cdots & a_{n2} \\ \vdots & \vdots & & \vdots \\ 0 & 0 & \cdots & a_{nn} \end{vmatrix}=a_{11}a_{22}\cdots a_{nn}.$$

性质 2　互换行列式的两行（列），行列式变号.

规定用 r_i、c_j 分别表示行列式的第 i 行、第 j 列. 第 i 行与第 j 行互换，记为 $r_i \leftrightarrow r_j$；第 i 列与第 j 列互换，记为 $c_i \leftrightarrow c_j$. 例如交换以下行列式第 i 行和第 j 行

$$\begin{vmatrix} a_{11} & a_{12} & \cdots & a_{1n} \\ \vdots & \vdots & & \vdots \\ a_{i1} & a_{i2} & \cdots & a_{in} \\ \vdots & \vdots & & \vdots \\ a_{j1} & a_{j2} & \cdots & a_{jn} \\ \vdots & \vdots & & \vdots \\ a_{n1} & a_{n2} & \cdots & a_{nn} \end{vmatrix}=-\begin{vmatrix} a_{11} & a_{12} & \cdots & a_{1n} \\ \vdots & \vdots & & \vdots \\ a_{j1} & a_{j2} & \cdots & a_{jn} \\ \vdots & \vdots & & \vdots \\ a_{i1} & a_{i2} & \cdots & a_{in} \\ \vdots & \vdots & & \vdots \\ a_{n1} & a_{n2} & \cdots & a_{nn} \end{vmatrix}.$$

推论　如果行列式有两行（列）完全相同，那么行列式的值为零.

由性质 2，把这相同的两行互换，有 $D=-D$，所以 $D=0$.

性质 3　行列式的某一行（列）中所有元素都乘以同一数 k，等于用数 k 乘此行列式.

第 i 行（或列）乘以 k，记作 $r_i \times k$（或 $c_i \times k$），即

$$\begin{vmatrix} a_{11} & a_{12} & \cdots & a_{1n} \\ a_{21} & a_{22} & \cdots & a_{2n} \\ \vdots & \vdots & & \vdots \\ ka_{i1} & ka_{i2} & & ka_{in} \\ \vdots & \vdots & & \vdots \\ a_{n1} & a_{n2} & \cdots & a_{nn} \end{vmatrix} = k \begin{vmatrix} a_{11} & a_{12} & \cdots & a_{1n} \\ a_{21} & a_{22} & \cdots & a_{2n} \\ \vdots & \vdots & & \vdots \\ a_{i1} & a_{i2} & & a_{in} \\ \vdots & \vdots & & \vdots \\ a_{n1} & a_{n2} & \cdots & a_{nn} \end{vmatrix}.$$

令 $k=0$，就有，如果行列式中一行为零，那么行列式为零.

推论　行列式的某一行（列）中所有元素的公因子，可以提到行列式符号的外面.

第 i 行（或列）提出公因子 k，记作 $r_i \div k$（或 $c_i \div k$）.

性质 4　行列式中如果有两行（列）对应成比例，则此行列式为零.

性质 5　若行列式的某一行的元素都是两数之和，则这个行列式等于两个行列式的和，而这两个行列式除了这一行之外全与原来行列式对应的行一样.

如果设这一行是第 i 行，于是

$$\begin{vmatrix} a_{11} & a_{12} & \cdots & a_{1n} \\ \vdots & \vdots & & \vdots \\ b_1+c_1 & b_2+c_2 & \cdots & b_n+c_n \\ \vdots & \vdots & & \vdots \\ a_{n1} & a_{n2} & \cdots & a_{nn} \end{vmatrix} = \begin{vmatrix} a_{11} & a_{12} & \cdots & a_{1n} \\ \vdots & \vdots & & \vdots \\ b_1 & b_2 & \cdots & b_n \\ \vdots & \vdots & & \vdots \\ a_{n1} & a_{n2} & \cdots & a_{nn} \end{vmatrix} + \begin{vmatrix} a_{11} & a_{12} & \cdots & a_{1n} \\ \vdots & \vdots & & \vdots \\ c_1 & c_2 & \cdots & c_n \\ \vdots & \vdots & & \vdots \\ a_{n1} & a_{n2} & \cdots & a_{nn} \end{vmatrix}.$$

此性质表明：当某一行（列）的元素为两数之和时，行列式关于该行（列）可分解为两个行列式.

这一性质可以推广到某一行为多组数和的情形.

例如，二阶行列式

$$\begin{vmatrix} a+x & b+y \\ c+z & d+u \end{vmatrix} = \begin{vmatrix} a & b+y \\ c & d+u \end{vmatrix} + \begin{vmatrix} x & b+y \\ z & d+u \end{vmatrix}$$
$$= \begin{vmatrix} a & b \\ c & d \end{vmatrix} + \begin{vmatrix} a & y \\ c & u \end{vmatrix} + \begin{vmatrix} x & b \\ z & d \end{vmatrix} + \begin{vmatrix} x & y \\ z & u \end{vmatrix}.$$

性质 6　把行列式的某一行（列）各元素乘以同一个数，加到另一行（列）对应的元素上去，行列式不变.

例如以数 k 乘第 j 行（列）加到第 i 行（列）上，记作 $r_i + kr_j$（$c_i + kc_j$），有

$$\begin{vmatrix} a_{11} & a_{12} & \cdots & a_{1n} \\ \vdots & \vdots & & \vdots \\ a_{i1} & a_{i2} & \cdots & a_{in} \\ \vdots & \vdots & & \vdots \\ a_{j1} & a_{j2} & \cdots & a_{jn} \\ \vdots & \vdots & & \vdots \\ a_{n1} & a_{n2} & \cdots & a_{nn} \end{vmatrix} = \begin{vmatrix} a_{11} & a_{12} & \cdots & a_{1n} \\ \vdots & \vdots & & \vdots \\ a_{i1}+ka_{j1} & a_{i2}+ka_{j2} & \cdots & a_{in}+ka_{jn} \\ \vdots & \vdots & & \vdots \\ a_{j1} & a_{j2} & \cdots & a_{jn} \\ \vdots & \vdots & & \vdots \\ a_{n1} & a_{n2} & \cdots & a_{nn} \end{vmatrix}.$$

需要强调的是 $r_i + r_j$ 与 $r_j + r_i$ 的区别，$r_i + r_j$ 变的是第 i 行，$r_j + r_i$ 变的是第 j 行. 所以记号 $r_i + kr_j$ 不能写作 $kr_j + r_i$，即这里不能套用加法交换律.

1.3.2　算例

利用这些性质可以简化行列式的计算，特别是利用性质 6 可以把行列式中许多元素化为零，把行列式化为上三角形行列式，从而得出行列式的值. 下面举例说明

例 11　计算

$$D=\begin{vmatrix}-1&3&1&2\\1&1&2&0\\-1&2&0&3\\1&1&3&5\end{vmatrix}.$$

解　利用性质 6，把行列式 D 化成与它相等的上三角行列式，而上三角行列式的值等于主对角线上元素的乘积.

首先，行列式第一列 $a_{11}=-1$ 不动，把 a_{21},a_{31},a_{41} 都化为 0.

$$D=\begin{vmatrix}-1&3&1&2\\1&1&2&0\\-1&2&0&3\\1&1&3&5\end{vmatrix}\overset{r_2+r_1}{=\!=\!=}\begin{vmatrix}-1&3&1&2\\0&4&3&2\\-1&2&0&3\\1&1&3&5\end{vmatrix}\overset{r_3-r_1}{=\!=\!=}\begin{vmatrix}-1&3&1&2\\0&4&3&2\\0&-1&-1&1\\1&1&3&5\end{vmatrix}\overset{r_4+r_1}{=\!=\!=}\begin{vmatrix}-1&3&1&2\\0&4&3&2\\0&-1&-1&1\\0&4&4&7\end{vmatrix},$$

其次，为运算简便，把第二行与第三行互换. 然后把第二列中后两个元素 a_{32},a_{42} 化为 0.

$$D=\begin{vmatrix}-1&3&1&2\\0&4&3&2\\0&-1&-1&1\\0&4&4&7\end{vmatrix}\overset{r_2\leftrightarrow r_3}{=\!=\!=}-\begin{vmatrix}-1&3&1&2\\0&-1&-1&1\\0&4&3&2\\0&4&4&7\end{vmatrix}\overset{r_3+4r_2}{=\!=\!=}-\begin{vmatrix}-1&3&1&2\\0&-1&-1&1\\0&0&-1&6\\0&4&4&7\end{vmatrix}$$

$$\overset{r_4+4r_2}{=\!=\!=}-\begin{vmatrix}-1&3&1&2\\0&-1&-1&1\\0&0&-1&6\\0&0&0&11\end{vmatrix}=-(-1)^3\times 11=11.$$

当熟练后，以上步骤在书写时可以适当压缩.

例 12　计算

$$D=\begin{vmatrix}4&1&1&1\\1&4&1&1\\1&1&4&1\\1&1&1&4\end{vmatrix}.$$

解　此行列式的特点是主对角线上元素为 4，其余元素均为 1. 再有每一列 4 个元素之和都是 7，根据这个特点，把第 2,3,4 行同时加到第 1 行，提出公因子 7，然后 2,3,4 行再分别减去第 1 行：

$$D\overset{r_1+r_2+r_3+r_4}{=\!=\!=\!=\!=}\begin{vmatrix}7&7&7&7\\1&4&1&1\\1&1&4&1\\1&1&1&4\end{vmatrix}\overset{r_1\div 7}{=\!=\!=}7\begin{vmatrix}1&1&1&1\\1&4&1&1\\1&1&4&1\\1&1&1&4\end{vmatrix}\overset{\substack{r_2-r_1\\r_3-r_1\\r_4-r_1}}{=\!=\!=}7\begin{vmatrix}1&1&1&1\\0&3&0&0\\0&0&3&0\\0&0&0&3\end{vmatrix}=189.$$

上述解法中，第三步把 r_2-r_1，r_3-r_1 和 r_4-r_1 写在一起，这是三次计算，并把第一、二次运算结果书写省略了.

例 13　计算

$$D=\begin{vmatrix}1 & -1 & 1 & x-1\\ 1 & -1 & x+1 & -1\\ 1 & x-1 & 1 & -1\\ 1+x & -1 & 1 & -1\end{vmatrix}.$$

解　通过观察发现，此题各列元素对应相加相等，因此将第 2,3,4 列同时加到第 1 列，提出公因子 x，即

$$D\xlongequal{c_1+c_2+c_3+c_4}x\begin{vmatrix}1 & -1 & 1 & x-1\\ 1 & -1 & x+1 & -1\\ 1 & x-1 & 1 & -1\\ 1 & -1 & 1 & -1\end{vmatrix}\xlongequal[c_4+c_1]{\substack{c_2+c_1\\ c_3-c_1}}x\begin{vmatrix}1 & 0 & 0 & x\\ 1 & 0 & x & 0\\ 1 & x & 0 & 0\\ 1 & 0 & 0 & 0\end{vmatrix}=x^4.$$

例 14　计算

$$D=\begin{vmatrix}a & b & c & d\\ a & a+b & a+b+c & a+b+c+d\\ a & 2a+b & 3a+2b+c & 4a+3b+2c+d\\ a & 3a+b & 6a+3b+c & 10a+6b+3c+d\end{vmatrix}.$$

解　第 4 行减去第 3 行，第 3 行减去第 2 行，第 2 行减去第 1 行，即

$$D\xlongequal[r_2-r_1]{\substack{r_4-r_3\\ r_3-r_2}}\begin{vmatrix}a & b & c & d\\ 0 & a & a+b & a+b+c\\ 0 & a & 2a+b & 3a+2b+c\\ 0 & a & 3a+b & 6a+3b+c\end{vmatrix}$$

$$\xlongequal[r_3-r_2]{r_4-r_3}\begin{vmatrix}a & b & c & d\\ 0 & a & a+b & a+b+c\\ 0 & 0 & a & 2a+b\\ 0 & 0 & a & 3a+b\end{vmatrix}$$

$$\xlongequal{r_4-r_3}\begin{vmatrix}a & b & c & d\\ 0 & a & a+b & a+b+c\\ 0 & 0 & a & 2a+b\\ 0 & 0 & 0 & a\end{vmatrix}=a^4.$$

此例也用到了把几个运算写在一起的省略写法，需要强调的是各个运算的次序一般不能颠倒，因为后一次计算是在前一次计算结果得出的基础上进行的.

例如

$$\begin{vmatrix}1 & 2\\ 3 & 4\end{vmatrix}\xlongequal{r_1+r_2}\begin{vmatrix}4 & 6\\ 3 & 4\end{vmatrix}\xlongequal{r_2-r_1}\begin{vmatrix}4 & 6\\ -1 & -2\end{vmatrix},$$

$$\begin{vmatrix}1 & 2\\ 3 & 4\end{vmatrix}\xlongequal{r_2-r_1}\begin{vmatrix}1 & 2\\ 2 & 2\end{vmatrix}\xlongequal{r_1+r_2}\begin{vmatrix}3 & 4\\ 2 & 2\end{vmatrix}.$$

可见，对同一个行列式进行的两次计算，当运算次序不同时，运算结果也不同，忽视了第 2 次计算是作用于第 1 次运算结果上.

例 15　证明 $\begin{vmatrix} a_1+b_1 & b_1+c_1 & c_1+a_1 \\ a_2+b_2 & b_2+c_2 & c_2+a_2 \\ a_3+b_3 & b_3+c_3 & c_3+a_3 \end{vmatrix} = 2\begin{vmatrix} a_1 & b_1 & c_1 \\ a_2 & b_2 & c_2 \\ a_3 & b_3 & c_3 \end{vmatrix}$.

证　$左 \xlongequal{c_1+c_2+c_3} 2\begin{vmatrix} a_1+b_1+c_1 & b_1+c_1 & c_1+a_1 \\ a_2+b_2+c_2 & b_2+c_2 & c_2+a_2 \\ a_3+b_3+c_3 & b_3+c_3 & c_3+a_3 \end{vmatrix} \xlongequal[c_3-c_1]{c_2-c_1} 2\begin{vmatrix} a_1+b_1+c_1 & -a_1 & -b_1 \\ a_2+b_2+c_2 & -a_2 & -b_2 \\ a_3+b_3+c_3 & -a_3 & -b_3 \end{vmatrix}$

$$\xlongequal[\substack{-c_2 \\ -c_3}]{c_1+c_2+c_3} 2\begin{vmatrix} c_1 & a_1 & b_1 \\ c_2 & a_2 & b_2 \\ c_3 & a_3 & b_3 \end{vmatrix} \xlongequal[c_2\leftrightarrow c_3]{c_1\leftrightarrow c_2} 2\begin{vmatrix} a_1 & b_1 & c_1 \\ a_2 & b_2 & c_2 \\ a_3 & b_3 & c_3 \end{vmatrix} = 右.$$

例 16　计算（主对角线上的元素都为 x，其余都为 a）

$$D = \begin{vmatrix} x & a & \cdots & a & a \\ a & x & \cdots & a & a \\ \vdots & \vdots & \ddots & \vdots & \vdots \\ a & a & \cdots & x & a \\ a & a & \cdots & a & x \end{vmatrix}.$$

解　此行列式的特点是主对角线上的元素都为 x，其余都为 a. 仿照本节例 12 的做法，将第 $2,3,\cdots,n$ 列同时加到第 1 列，再提出第 1 列公因子，然后 $2,3,\cdots,n$ 行再分别减去第 1 行，即

$$D = \begin{vmatrix} x & a & \cdots & a & a \\ a & x & \cdots & a & a \\ \vdots & \vdots & \ddots & \vdots & \vdots \\ a & a & \cdots & x & a \\ a & a & \cdots & a & x \end{vmatrix} \xlongequal{c_1+c_2+\cdots+c_n} \begin{vmatrix} x+(n-1)a & a & \cdots & a & a \\ x+(n-1)a & x & \cdots & a & a \\ \vdots & \vdots & \ddots & \vdots & \vdots \\ x+(n-1)a & a & \cdots & x & a \\ x+(n-1)a & a & \cdots & a & x \end{vmatrix} = \left[x+(n-1)a\right]\begin{vmatrix} 1 & a & \cdots & a \\ 1 & x & \cdots & a \\ \vdots & \vdots & \ddots & \vdots \\ 1 & a & \cdots & x \end{vmatrix}$$

$$\xlongequal[i=2,3,\cdots,n]{r_i-r_1} \left[x+(n-1)a\right]\begin{vmatrix} 1 & a & \cdots & a \\ 0 & x-a & \cdots & 0 \\ \vdots & \vdots & \ddots & \vdots \\ 0 & 0 & \cdots & x-a \end{vmatrix} = \left[x+(n-1)a\right](x-a)^{n-1}.$$

上述例题都是应用性质 6 把行列式化为上三角形行列式，很显然，任何 n 阶行列式都能应用此性质化为上（下）三角形行列式.

例 17　证明

$$D = \begin{vmatrix} a_{11} & \cdots & a_{1k} & 0 & \cdots & 0 \\ \vdots & \ddots & \vdots & \vdots & \ddots & \vdots \\ a_{k1} & \cdots & a_{kk} & 0 & \cdots & 0 \\ c_{11} & \cdots & c_{1k} & b_{11} & \cdots & b_{1m} \\ \vdots & \ddots & \vdots & \vdots & \ddots & \vdots \\ c_{m1} & \cdots & c_{mk} & b_{m1} & \cdots & b_{mm} \end{vmatrix} = \begin{vmatrix} a_{11} & \cdots & a_{1k} \\ \vdots & \ddots & \vdots \\ a_{k1} & \cdots & a_{kk} \end{vmatrix}\begin{vmatrix} b_{11} & \cdots & b_{1m} \\ \vdots & \ddots & \vdots \\ b_{m1} & \cdots & b_{mm} \end{vmatrix}.$$

证　设 $D_1=\begin{vmatrix} a_{11} & \cdots & a_{1k} \\ \vdots & \ddots & \vdots \\ a_{k1} & \cdots & a_{kk} \end{vmatrix}$，$D_2=\begin{vmatrix} b_{11} & \cdots & b_{1m} \\ \vdots & \ddots & \vdots \\ b_{m1} & \cdots & b_{mm} \end{vmatrix}$

运用行列式的运算性质，总可以将 D_1 与 D_2 化成下三角形行列式，即对 D_1 作若干次 r_i+kr_j 类的运算得

$$D_1=\begin{vmatrix} a_1 & & & O \\ * & \ddots & & \\ \vdots & \ddots & \ddots & \\ * & \cdots & * & a_k \end{vmatrix}=a_1a_2\cdots a_k\,,$$

对 D_2 作若干次 c_i+kc_j 类的运算得

$$D_2=\begin{vmatrix} b_1 & & & O \\ * & \ddots & & \\ \vdots & \ddots & \ddots & \\ * & \cdots & * & b_m \end{vmatrix}=b_1b_2\cdots b_m\,,$$

于是，即对 D 的前 k 行作若干次 r_i+kr_j 类的运算，再对后 n 列作若干次 c_i+kc_j 类的运算，把 D 化为下三角形行列式，得

$$D=\begin{vmatrix} a_1 & & & & & & & O \\ * & \ddots & & & & & & \\ \vdots & \ddots & \ddots & & & & & \\ * & \cdots & * & a_k & & & & \\ c_{11} & \cdots & \cdots & c_{1k} & b_1 & & & \\ \vdots & \ddots & & \vdots & * & \ddots & & \\ \vdots & & \ddots & \vdots & \vdots & \ddots & \ddots & \\ c_{m1} & \cdots & \cdots & c_{mk} & * & \cdots & * & b_m \end{vmatrix}=a_1a_2\cdots a_kb_1b_2\cdots b_m=D_1D_2\,.$$

习题 1.3

1. 按照提示，运用行列式性质计算，对比观察它们的特点.

（1）$\begin{vmatrix} 1 & 2 & 3 & 4 \\ 2 & 5 & 2 & 0 \\ 0 & 0 & 1 & 0 \\ 0 & 0 & 0 & 1 \end{vmatrix}$（$r_2-2r_1$）；

（2）$\begin{vmatrix} 1 & 2 & 3 & 4 \\ 0 & 1 & 2 & 0 \\ 3 & 6 & 1 & 0 \\ 0 & 0 & 0 & 1 \end{vmatrix}$（$r_3-3r_1$）；

（3）$\begin{vmatrix} 1 & 2 & 3 & 4 \\ 2 & 5 & 2 & 0 \\ 3 & 6 & 1 & 0 \\ 0 & 0 & 0 & 1 \end{vmatrix}$（$r_2-2r_1$， r_3-3r_1）；

（4）$\begin{vmatrix} 1 & 2 & 3 & 4 \\ 0 & 1 & 2 & 0 \\ 3 & 7 & 1 & 0 \\ 0 & 0 & 0 & 1 \end{vmatrix}$（$r_3-3r_1$）；

（5）$\begin{vmatrix} 1 & 2 & 3 & 4 \\ 2 & 1 & 2 & 0 \\ 3 & 7 & 1 & 0 \\ 0 & 0 & 1 & 1 \end{vmatrix}$（$r_2-2r_1$， r_3-3r_1）；

（6）$\begin{vmatrix} 1 & 2 & 3 & 4 \\ 2 & 1 & 2 & 0 \\ 3 & 7 & 1 & 0 \\ -1 & 0 & 1 & 1 \end{vmatrix}$（$r_2-2r_1$， r_3-3r_1， r_4+r_1）.

2. 运用行列式性质下列行列式.

（1）$\begin{vmatrix} 1 & 0 & 0 & 4 \\ 2 & 1 & 2 & 0 \\ 3 & 7 & 1 & 0 \\ 2 & 3 & 2 & 1 \end{vmatrix}$；　（2）$\begin{vmatrix} 1 & 2 & 3 & 4 \\ 2 & 1 & 2 & 5 \\ 0 & -1 & 1 & 0 \\ 2 & 3 & 2 & 1 \end{vmatrix}$；

（3）$\begin{vmatrix} 1 & -1 & 2 & 0 \\ 0 & 1 & 2 & 1 \\ -1 & 7 & 1 & 2 \\ 2 & 3 & 2 & 1 \end{vmatrix}$；　（4）$\begin{vmatrix} 1 & -1 & 2 & 0 \\ 2 & 1 & 2 & 1 \\ -1 & 7 & 1 & 2 \\ 2 & 3 & 2 & 1 \end{vmatrix}$；

（5）$\begin{vmatrix} 1 & -1 & 2 & 3 \\ 2 & 1 & 2 & 1 \\ -1 & 7 & 1 & 2 \\ 2 & 3 & 2 & 1 \end{vmatrix}$；　（6）$\begin{vmatrix} 1 & 2 & 3 & 4 \\ 2 & 3 & 4 & 1 \\ 3 & 4 & 1 & 2 \\ 4 & 1 & 2 & 3 \end{vmatrix}$；

（7）$\begin{vmatrix} 3 & 2 & 1 & 4 \\ 15 & 29 & 2 & 14 \\ 16 & 19 & 3 & 17 \\ 33 & 39 & 8 & 38 \end{vmatrix}$；　（8）$\begin{vmatrix} 4 & 1 & 10 & 0 \\ 1 & 2 & 5 & 1 \\ 2 & 0 & 2 & 1 \\ 4 & 2 & 0 & 7 \end{vmatrix}$；

（9）$\begin{vmatrix} 1 & 1 & 1 & 1 \\ 1 & -1 & 1 & 1 \\ 1 & 1 & -1 & 1 \\ 1 & 1 & 1 & -1 \end{vmatrix}$；　（10）$\begin{vmatrix} a+b & a & a & a \\ a & a+c & a & a \\ a & a & a+d & a \\ a & a & a & a \end{vmatrix}$.

1.4 行列式按行（列）展开

对于二阶及三阶行列式，由定义

$$\begin{vmatrix} a_{11} & a_{12} \\ a_{21} & a_{22} \end{vmatrix} = a_{11}a_{22} - a_{12}a_{21} = a_{11}(-1)^{1+1}|a_{22}| + a_{12}(-1)^{1+2}|a_{21}|$$

$$\begin{vmatrix} a_{11} & a_{12} & a_{13} \\ a_{21} & a_{22} & a_{23} \\ a_{31} & a_{32} & a_{33} \end{vmatrix} = a_{11}a_{22}a_{33} + a_{12}a_{23}a_{31} + a_{13}a_{21}a_{32} - a_{11}a_{23}a_{32} - a_{12}a_{21}a_{33} - a_{13}a_{22}a_{31}$$

$$= a_{11}(a_{22}a_{33} - a_{23}a_{32}) - a_{12}(a_{21}a_{33} - a_{23}a_{31}) + a_{13}(a_{21}a_{32} - a_{22}a_{31})$$

$$= a_{11}(-1)^{1+1}\begin{vmatrix} a_{22} & a_{23} \\ a_{32} & a_{33} \end{vmatrix} + a_{12}(-1)^{1+2}\begin{vmatrix} a_{21} & a_{23} \\ a_{31} & a_{33} \end{vmatrix} + a_{13}(-1)^{1+3}\begin{vmatrix} a_{21} & a_{22} \\ a_{31} & a_{32} \end{vmatrix}$$

可以看出，二阶行列式可以由一阶行列式来表示，三阶行列式可以由二阶行列式来表示．一般来说，低阶行列式的计算比高阶行列式的计算简便，于是我们考虑用低阶行列式来表示高阶行列式．

1.4.1 行列式按行或按列的展开定理

首先引入余子式和代数余子式的定义．

定义 8 在 n 阶行列式中，把元素 a_{ij} 所在的第 i 行和第 j 列划去，剩下的 $(n-1)^2$ 元素保持位置不变，从而构成一个 $n-1$ 阶行列式，称为元素 $a_{ij}\,(i,j=1,2,\cdots,n)$ 的**余子式**，记为 M_{ij}．

记 $A_{ij}=(-1)^{i+j}M_{ij}$，称其为元素 a_{ij} 的**代数余子式**．

例如，对于四阶行列式

$$D = \begin{vmatrix} a_{11} & a_{12} & a_{13} & a_{14} \\ a_{21} & a_{22} & a_{23} & a_{24} \\ a_{31} & a_{32} & a_{33} & a_{34} \\ a_{41} & a_{42} & a_{43} & a_{44} \end{vmatrix},$$

元素 a_{23} 的余子式和代数余子式分别是

$$M_{23} = \begin{vmatrix} a_{11} & a_{12} & a_{14} \\ a_{31} & a_{32} & a_{34} \\ a_{41} & a_{42} & a_{44} \end{vmatrix}，\quad A_{23} = (-1)^{2+3}M_{23} = -M_{23} = -\begin{vmatrix} a_{11} & a_{12} & a_{14} \\ a_{31} & a_{32} & a_{34} \\ a_{41} & a_{42} & a_{44} \end{vmatrix}.$$

行列式的每个元素分别对应着一个余子式和一个代数余子式．

由此，二阶行列式能够写成

$$\begin{vmatrix} a_{11} & a_{12} \\ a_{21} & a_{22} \end{vmatrix} = a_{11}(-1)^{1+1}M_{11} + a_{12}(-1)^{1+2}M_{12},$$

$$= a_{11}A_{11} + a_{12}A_{12}$$

三阶行列式能够写成

$$\begin{vmatrix} a_{11} & a_{12} & a_{13} \\ a_{21} & a_{22} & a_{23} \\ a_{31} & a_{32} & a_{33} \end{vmatrix} = a_{11}(-1)^{1+1}M_{11} + a_{12}(-1)^{1+2}M_{12} + a_{13}(-1)^{1+3}M_{13}$$

$$= a_{11}A_{11} + a_{12}A_{12} + a_{13}A_{13}$$

定理 3　设 $D = \begin{vmatrix} a_{11} & a_{12} & \cdots & a_{1n} \\ a_{21} & a_{22} & \cdots & a_{2n} \\ \vdots & \vdots & & \vdots \\ a_{n1} & a_{n2} & \cdots & a_{nn} \end{vmatrix}$，

A_{ij} 表示元素 a_{ij} 的代数余子式，则下列公式成立：

$$D = a_{i1}A_{i1} + a_{i2}A_{i2} + \cdots + a_{in}A_{in} \qquad (i = 1,2,\cdots,n),$$

$$D = a_{1j}A_{1j} + a_{2j}A_{2j} + \cdots + a_{nj}A_{nj} \qquad (j = 1,2,\cdots,n).$$

即行列式等于它的任一行(列)的各元素与其对应的代数余子式乘积之和.

称此定理为**行列式按行或按列的展开定理**. 当行列式按第 i 行展开时可用 r_i 表示第 i 行，按第 j 列展开时可用 c_j 表示第 j 列. 我们可以用此定理把计算一个 n 阶行列式的计算换成 n 个 $n-1$ 阶行列式的计算，只是在行列式中某一行或某一列含有较多的零时，此定理才有意义.

1.4.2　算例

例 18　计算四阶行列式

$$D = \begin{vmatrix} 4 & 1 & 2 & 4 \\ 1 & 2 & 0 & 2 \\ 10 & 5 & 2 & 0 \\ 0 & 1 & 1 & 7 \end{vmatrix}.$$

解

$$D \overset{r_3}{=} 10(-1)^{3+1}\begin{vmatrix} 1 & 2 & 4 \\ 2 & 0 & 2 \\ 1 & 1 & 7 \end{vmatrix} + 5(-1)^{3+2}\begin{vmatrix} 4 & 2 & 4 \\ 1 & 0 & 2 \\ 0 & 1 & 7 \end{vmatrix} + 2(-1)^{3+3}\begin{vmatrix} 4 & 1 & 4 \\ 1 & 2 & 2 \\ 0 & 1 & 7 \end{vmatrix}$$

$$= 10\times(-18) - 5\times(-18) + 2\times 45 = 0.$$

这里第一步是按第 3 行展开，因为 a_{34} 为 0，这样在展开式上就少了一个行列式，在计算量上就少了一些，然后就归结到三阶行列式的计算，上述三阶行列式的值略去求的过程.

综合利用行列式的定义及运算性质，可以简化行列式的运算. 对于一个高阶行列式来说，运用行列式的计算性质，使它的某一行或某一列出现较多的零，再按行列式展开定理展开，直至求出结果.

例 19　计算四阶行列式

$$D = \begin{vmatrix} -1 & -9 & -4 & 3 \\ -5 & 5 & 3 & -2 \\ -12 & -6 & 1 & 1 \\ 9 & 0 & -2 & 1 \end{vmatrix}.$$

解　利用行列式的性质 6，保留 a_{23}，将第 2 列其余三个元素都化为 0，然后按第二列展开

$$D=\begin{vmatrix}-1&-9&-4&3\\-5&5&3&-2\\-12&-6&1&1\\9&0&-2&1\end{vmatrix}\xlongequal{r_3+r_2}\begin{vmatrix}-1&-9&-4&3\\-5&5&3&-2\\-17&-1&4&-1\\9&0&-2&1\end{vmatrix}\xlongequal[r_1+(-9)r_3]{r_2+5r_3}\begin{vmatrix}152&0&-40&12\\-90&0&23&-7\\-17&-1&4&-1\\9&0&-2&1\end{vmatrix}$$

$$\xlongequal{c_2}(-1)(-1)^{3+2}\begin{vmatrix}152&-40&12\\-90&23&-7\\9&-2&1\end{vmatrix}\xlongequal[c_1+(-9)c_3]{c_2+2c_3}\begin{vmatrix}44&-16&12\\-27&9&-7\\0&0&1\end{vmatrix}\xlongequal{r_3}\begin{vmatrix}44&-16\\-27&9\end{vmatrix}=-36.$$

例 20 计算 $D=\begin{vmatrix}0&-1&-1&2\\1&-1&0&2\\-1&2&-1&0\\2&1&1&0\end{vmatrix}$

解 此题保留 a_{24}，将第四列其余元素均化为 0，

$$D\xlongequal{r_1-r_2}\begin{vmatrix}-1&0&-1&0\\1&-1&0&2\\-1&2&-1&0\\2&1&1&0\end{vmatrix}=2(-1)^{2+4}\begin{vmatrix}-1&0&-1\\-1&2&-1\\2&1&1\end{vmatrix}\xlongequal{c_3-c_1}2\begin{vmatrix}-1&0&0\\-1&2&0\\2&1&-1\end{vmatrix}=4.$$

例 21 计算四阶行列式

$$D=\begin{vmatrix}2&0&-1&3\\-1&3&3&0\\1&-1&2&1\\3&-1&0&1\end{vmatrix}.$$

解 观察发现，行列式 D 最终按第二列（或第三列、第四列）展开降阶比较简便.

$$D=\begin{vmatrix}2&0&-1&3\\-1&3&3&0\\1&-1&2&1\\3&-1&0&1\end{vmatrix}\xlongequal[r_2+3r_4]{r_3-r_4}\begin{vmatrix}2&0&-1&3\\8&0&3&3\\-2&0&2&0\\3&-1&0&1\end{vmatrix}=(-1)^{4+2}\times(-1)\begin{vmatrix}2&-1&3\\8&3&3\\-2&2&0\end{vmatrix}=-60.$$

由定理 1，还可得如下推论.

推论 行列式某一行(列)的各元素与另一行（列）的对应元素的代数余子式乘积之和等于零．即

$$a_{i1}A_{j1}+a_{i2}A_{j2}+\cdots+a_{in}A_{jn}=0,\quad (i\neq j),$$
$$a_{1i}A_{1j}+a_{2i}A_{2j}+\cdots+a_{ni}A_{nj}=0,\quad (i\neq j).$$

也就是说，行列式一行（列）的元素与另一行（列）元素的代数余子式乘积之和等于零.

例 22 设

$$D=\begin{vmatrix}3&-5&2&1\\1&1&0&-5\\-1&3&1&3\\2&-4&-1&-3\end{vmatrix}$$

求 $A_{11}+A_{12}+A_{13}+A_{14}$.

解　这里 A_{11}，A_{12}，A_{13}，A_{14} 分别为第一行元素的代数余子式，由推论可知，等于用 1、1、1、1 代替原行列式的第一行所得行列式，即

$$A_{11}+A_{12}+A_{13}+A_{14}=\begin{vmatrix}1&1&1&1\\1&1&0&-5\\-1&3&1&3\\2&-4&-1&-3\end{vmatrix}\xlongequal[r_3-r_1]{r_4+r_3}\begin{vmatrix}1&1&1&1\\1&1&0&-5\\-2&2&0&2\\1&-1&0&0\end{vmatrix}$$

$$=\begin{vmatrix}1&1&-5\\-2&2&2\\1&-1&0\end{vmatrix}\xlongequal{c_2+c_1}\begin{vmatrix}1&2&-5\\-2&0&2\\1&0&0\end{vmatrix}$$

$$=\begin{vmatrix}2&-5\\0&2\end{vmatrix}=4.$$

习题 1.4

1. 计算下列行列式.

（1）$\begin{vmatrix}5&0&4&2\\1&-1&2&1\\4&1&2&0\\1&1&1&1\end{vmatrix}$；　（2）$\begin{vmatrix}5&1&4&1\\0&-1&1&1\\4&2&2&1\\2&1&0&1\end{vmatrix}$；

（3）$\begin{vmatrix}1&0&2&a\\2&0&b&0\\3&c&4&5\\d&0&0&0\end{vmatrix}$；　（4）$\begin{vmatrix}a&b&b&b\\a&b&a&b\\a&a&b&a\\b&b&b&a\end{vmatrix}$；

（5）$\begin{vmatrix}1&0&0&0\\1&1&1&0\\1&0&1&1\\0&1&1&0\end{vmatrix}$；　（6）$\begin{vmatrix}1&3&0&0\\2&4&0&0\\0&0&-1&3\\0&0&5&1\end{vmatrix}$；

（7）$\begin{vmatrix}a&1&0&0\\-1&b&1&0\\0&-1&c&1\\0&0&-1&d\end{vmatrix}$；　（8）$\begin{vmatrix}0&x&y&z\\x&0&z&y\\y&z&0&x\\z&y&x&0\end{vmatrix}$.

2. 证明下列恒等式.

（1）$\begin{vmatrix}1&a&a^2\\1&b&b^2\\1&c&c^2\end{vmatrix}=(b-c)(c-a)(a-b)$；

（2）$\begin{vmatrix}b&a&a\\a&b&a\\a&a&b\end{vmatrix}=(2a+b)(b-a)^2$；

（3）$\begin{vmatrix} a & b & c & d \\ a & a+b & a+b+c & a+b+c+d \\ a & 2a+b & 3a+2b+c & 4a+3b+2c+d \\ a & 3a+b & 6a+3b+c & 10a+6b+3c+d \end{vmatrix} = a^4$；

（4）$\begin{vmatrix} a^2 & (a+1)^2 & (a+2)^2 & (a+3)^2 \\ b^2 & (b+1)^2 & (b+2)^2 & (b+3)^2 \\ c^2 & (c+1)^2 & (c+2)^2 & (c+3)^2 \\ d^2 & (d+1)^2 & (d+2)^2 & (d+3)^2 \end{vmatrix} = 0$.

1.5 克莱姆法则

现在来应用行列式解决线性方程组的问题．在这里只考虑方程个数与未知量的个数相等的情形．以后会看到，这是一个重要的情形．至于更一般的情形下一章讨论．下面将得出与二元和三元线性方程组相仿的公式．

1.5.1 克莱姆法则

设含有 n 个未知量和 n 个线性方程的线性方程组

$$\begin{cases} a_{11}x_1 + a_{12}x_2 + \cdots + a_{1n}x_n = b_1, \\ a_{21}x_1 + a_{22}x_2 + \cdots + a_{2n}x_n = b_2, \\ \cdots\cdots \\ a_{n1}x_1 + a_{n2}x_2 + \cdots + a_{nn}x_n = b_n. \end{cases} \tag{3}$$

它的解可以用 n 阶行列式来表示．

如果线性方程组（3）的系数行列式不等于零，即

$$D = \begin{vmatrix} a_{11} & a_{12} & \cdots & a_{1n} \\ a_{21} & a_{22} & \cdots & a_{2n} \\ \vdots & \vdots & \ddots & \vdots \\ a_{n1} & a_{n2} & \cdots & a_{nn} \end{vmatrix} \neq 0,$$

那么线性方程组（3）有解，并且解是唯一的，解可以表示为

$$x_1 = \frac{D_1}{D}, x_2 = \frac{D_2}{D}, x_3 = \frac{D_3}{D}, \cdots, x_n = \frac{D_n}{D}. \tag{4}$$

其中 D_j 是将 D 中的第 j 列的元素换成对应的常数项所做成的列而得到的 n 阶行列式，即

$$D_j = \begin{vmatrix} a_{11} & \cdots & a_{1,j-1} & b_1 & a_{1,j+1} & \cdots & a_{1n} \\ a_{21} & \cdots & a_{2,j-1} & b_2 & a_{2,j+1} & \cdots & a_{2n} \\ \vdots & & \vdots & \vdots & \vdots & & \vdots \\ a_{n1} & \cdots & a_{n,j-1} & b_n & a_{n,j+1} & \cdots & a_{nn} \end{vmatrix} \quad j = 1,2,\cdots,n.$$

定理中包含着三个结论：1° 方程组有解；2° 解是唯一的；3° 解由公式（4）给出．这三个结论是有联系的，因此证明的步骤是：

1. 把$\dfrac{D_1}{D},\dfrac{D_2}{D},\dfrac{D_3}{D},\cdots,\dfrac{D_n}{D}$代入方程组，验证它的确有解.

2. 假如方程组有解，则它的解必由公式（4）给出.

证　首先证明（4）的确是（3）的解. 将（3）代入第 i 个方程的左边，得

$$a_{i1}\frac{D_1}{D}+a_{i2}\frac{D_2}{D}+\cdots+a_{ij}\frac{D_j}{D}+\cdots+a_{in}\frac{D_n}{D}=\frac{1}{D}\sum_{j=1}^{n}a_{ij}D_j$$

$$=\frac{1}{D}\sum_{j=1}^{n}a_{ij}(b_1A_{1j}+b_2A_{2j}+\cdots+b_iA_{ij}+\cdots+b_nA_{nj})$$

$$=\frac{1}{D}\left(b_1\sum_{j=1}^{n}a_{ij}A_{1j}+b_2\sum_{j=1}^{n}a_{ij}A_{2j}+\cdots+b_i\sum_{j=1}^{n}a_{ij}A_{ij}+\cdots+b_n\sum_{j=1}^{n}a_{ij}A_{nj}\right)=\frac{1}{D}b_iD=b_i$$

即把（4）代入方程得到等式右端，因此（4）是方程组（3）的解.

再证明解必由公式（4）给出，

$$x_jD=\begin{vmatrix} a_{11} & \cdots & a_{1,j-1} & x_ja_{1j} & a_{1,j+1} & \cdots & a_{1n}\\ a_{21} & \cdots & a_{2,j-1} & x_ja_{2j} & a_{2,j+1} & \cdots & a_{2n}\\ \vdots & & \vdots & \vdots & \vdots & & \vdots\\ a_{n1} & \cdots & a_{n,j-1} & x_ja_{nj} & a_{n,j+1} & \cdots & a_{nn}\end{vmatrix}$$

$$\xlongequal[k=1,2,\cdots,n,k\neq j]{c_j+x_jc_k}\begin{vmatrix} a_{11} & \cdots & a_{1,j-1} & a_{11}x_1+a_{12}x_2+\cdots+a_{1n}x_n & a_{1,j+1} & \cdots & a_{1n}\\ a_{21} & \cdots & a_{2,j-1} & a_{21}x_1+a_{22}x_2+\cdots+a_{2n}x_n & a_{2,j+1} & \cdots & a_{2n}\\ \vdots & & \vdots & \vdots & \vdots & & \vdots\\ a_{n1} & \cdots & a_{n,j-1} & a_{n1}x_1+a_{n2}x_2+\cdots+a_{nn}x_n & a_{n,j+1} & \cdots & a_{nn}\end{vmatrix}$$

$$=\begin{vmatrix} a_{11} & \cdots & a_{1,j-1} & b_1 & a_{1,j+1} & \cdots & a_{1n}\\ a_{21} & \cdots & a_{2,j-1} & b_2 & a_{2,j+1} & \cdots & a_{2n}\\ \vdots & & \vdots & \vdots & \vdots & & \vdots\\ a_{n1} & \cdots & a_{n,j-1} & b_n & a_{n,j+1} & \cdots & a_{nn}\end{vmatrix}=D_j$$

因为$D\neq 0$，所以$x_j=\dfrac{D_j}{D}\quad j=1,2,\cdots,n$，它说明（3）有解必是（4）.

定理 4　如果线性方程组（3）的系数行列式$D\neq 0$，则（3）一定有解，且解是唯一的.

通常称定理 4 为**克莱姆法则**. 它所讨论的只是系数行列式不为零的方程组，它只能应用于这种方程组；至于方程组的系数行列式为零的情形，将在下一章一般情形中讨论.

1.5.2　算例

例 23　利用克莱姆法则解线性方程组

$$\begin{cases}2x_1+x_2-5x_3+x_4=8,\\ x_1-3x_2-6x_4=9,\\ 2x_2-x_3+2x_4=-5,\\ x_1+4x_2-7x_3+6x_4=0.\end{cases}$$

解　方程组的系数行列式

$$D=\begin{vmatrix}2&1&-5&1\\1&-3&0&-6\\0&2&-1&2\\1&4&-7&6\end{vmatrix}\xlongequal[r_4-r_2]{r_1-2r_2}\begin{vmatrix}0&7&-5&13\\1&-3&0&-6\\0&2&-1&2\\0&7&-7&12\end{vmatrix}\xlongequal{c_1}-\begin{vmatrix}7&-5&13\\2&-1&2\\7&-7&12\end{vmatrix}$$

$$\xlongequal[c_3+2c_2]{c_1+2c_2}-\begin{vmatrix}-3&-5&3\\0&-1&0\\-7&-7&-2\end{vmatrix}\xlongequal{r_2}\begin{vmatrix}-3&3\\-7&-2\end{vmatrix}=27\neq 0,$$

因此可以应用克莱姆法则，由于

$$D_1=\begin{vmatrix}8&1&-5&1\\9&-3&0&-6\\-5&2&-1&2\\0&4&-7&6\end{vmatrix}=81,\ D_2=\begin{vmatrix}2&8&-5&1\\1&9&0&-6\\0&-5&-1&2\\1&0&-7&6\end{vmatrix}=-108,$$

$$D_3=\begin{vmatrix}2&1&8&1\\1&-3&9&-6\\0&2&-5&2\\1&4&0&6\end{vmatrix}=-27,\ D_4=\begin{vmatrix}2&1&-5&8\\1&-3&0&9\\0&2&-1&-5\\1&4&-7&0\end{vmatrix}=27,$$

所以方程组有唯一解

$$x_1=\frac{D_1}{D}=3,\ x_2=\frac{D_2}{D}=-4,\ x_3=\frac{D_3}{D}=-1,\ x_4=\frac{D_4}{D}=1.$$

例 24 求解线性方程组

$$\begin{cases}x_2-3x_3+4x_4=-5,\\x_1-2x_3+3x_4=-4,\\3x_1+2x_2-5x_4=12,\\4x_1+3x_2-5x_3=5.\end{cases}$$

解 因为 $D=\begin{vmatrix}0&1&3&4\\1&0&-2&3\\3&2&0&-5\\4&3&-5&0\end{vmatrix}=24\neq 0$，且

$$D_1=\begin{vmatrix}-5&1&3&4\\-4&0&-2&3\\12&2&0&-5\\5&3&-5&0\end{vmatrix}=24,\ D_2=\begin{vmatrix}0&-5&3&4\\1&-4&-2&3\\3&12&0&-5\\4&5&-5&0\end{vmatrix}=48,$$

$$D_3=\begin{vmatrix}0&1&-5&4\\1&0&-4&3\\3&2&12&-5\\4&3&5&0\end{vmatrix}=24,\ D_4=\begin{vmatrix}0&1&3&-5\\1&0&-2&-4\\3&2&0&12\\4&3&-5&5\end{vmatrix}=-24.$$

所以有

$$x_1=\frac{D_1}{D}=1, x_2=\frac{D_2}{D}=2, x_3=\frac{D_3}{D}=1, x_4=\frac{D_4}{D}=-1.$$

例 25　某商场促销活动，销售四种品牌的短袖 T 恤衫 A_1,A_2,A_3,A_4，它们的售价分别为 22 元、24 元、26 元与 30 元. 该商场一天共售出了 13 件 T 恤衫，销售收入为 320 元. 由于货物混淆放置，给清点销售的 T 恤衫数量带来困难，只知道 T 恤衫 A_3 销售量是 T 恤衫 A_1 与 A_4 的总和，T 恤衫 A_3 销售收入也是 T 恤衫 A_1 与 A_4 的销售收入的总和，请你算出各种品牌的短袖 T 恤衫各销售的件数.

解　设四种品牌的短袖 T 恤衫 A_1,A_2,A_3,A_4 的销售量分别为 x_1,x_2,x_3,x_4（件）.

由题意列方程组为

$$\begin{cases}x_1+x_2+x_3+x_4=13,\\22x_1+24x_2+26x_3+30x_4=320,\\x_3=x_1+x_4,\\26x_3=22x_1+30x_4.\end{cases}$$

即

$$\begin{cases}x_1+\quad x_2+\quad x_3+\quad x_4=13,\\22x_1+24x_2+26x_3+30x_4=320,\\x_1\qquad\quad -\quad x_3+\quad x_4=\ 0,\\22x_1\qquad\ -26x_3+30x_4=\ 0.\end{cases}$$

系数行列式：

$$D=\begin{vmatrix}1&1&1&1\\22&24&26&30\\1&0&-3&1\\22&0&-26&30\end{vmatrix}=-352.$$

同理可求得

$$D_1=-352\text{，}D_2=-3168\text{，}D_3=-704\text{，}D_4=-352.$$

由克莱姆法则得

$$x_1=\frac{D_1}{D}=1\text{，}x_2=\frac{D_2}{D}=9\text{，}x_3=\frac{D_3}{D}=2\text{，}x_4=\frac{D_4}{D}=1.$$

所以四种品牌的短袖 T 恤衫 A_1,A_2,A_3,A_4 的销售量分别为1件，9件，2件和1件.

定理 4 的逆否命题为：

定理 5　如果线性方程组（3）无解或有两个不同的解，则它的系数行列式必为零.

线性方程组(3)右端的常数项 b_1，$b_2,\cdots$，b_n 不全为零时，线性方程组（3）叫做**非齐次线性方程组**，当 b_1，$b_2,\cdots$，b_n 全为零时，线性方程组（3）叫做**齐次线性方程组**.

对于齐次线性方程组

$$\begin{cases}a_{11}x_1+a_{12}x_2+\cdots+a_{1n}x_n=0,\\a_{21}x_1+a_{22}x_2+\cdots+a_{2n}x_n=0,\\\cdots\cdots\cdots\cdots\cdots\cdots\cdots\cdots\\a_{n1}x_1+a_{n2}x_2+\cdots+a_{nn}x_n=0.\end{cases}\qquad(5)$$

显然齐次线性方程组总是有解的，$x_1=0$，$x_2=0,\cdots$，$x_n=0$ 就是一个解，它称为零

解. 对于齐次线性方程组，我们关心的问题常常是，它除去零解以外还有没有其他解，也就是**非零解**. 对于方程个数与未知量个数相同的齐次线性方程组，应用克莱姆法则就有有如下定理.

定理 6 如果齐次线性方程组（5）的系数行列式 $D\neq 0$，那么它只有零解. 换句话说，如果（5）有非零解，那么必有 $D=0$.

从定理 6 可以看出：系数行列式 $D=0$ 是齐次线性方程组有非零解的必要条件. 在之后的学习过程中还会得出这个条件也是充分的.

例 26 问 k 为何值时，齐次线性方程组

$$\begin{cases}2x_1+4x_2+kx_3=0,\\ -x_1+kx_2+\ x_3=0,\\ \ x_1\ \ -x_2+3x_3=0.\end{cases}$$

有非零解.

解 $D=\begin{vmatrix}2 & 4 & k\\ -1 & k & 1\\ 1 & -1 & 3\end{vmatrix}\xlongequal[r_2+r_3]{r_1-2r_3}\begin{vmatrix}0 & 6 & k-6\\ 0 & k-1 & 4\\ 1 & -1 & 3\end{vmatrix}=\begin{vmatrix}6 & k-6\\ k-1 & 4\end{vmatrix}=-(k+2)(k-9)$

由定理 6，齐次线性方程组有非零解，则 $D=0$.

所以当 $k=-2$或$k=9$ 时齐次线性方程组有非零解.

克莱姆法则的意义主要在于它给出了解与系数的明显关系，这一点非常重要. 但是使用这一法则计算是不方便的，因为按这一法则解一个 n 个未知量 n 个方程的线性方程组就要计算 $n+1$ 个 n 阶行列式，计算量非常大.

习题 1.5

1. 思考题：下面线性方程组的系数行列式有什么特点，线性方程组是否有解，有解时，解的情况.

（1）$\begin{cases}x_1+x_2-2x_3=0\\ 2x_1+3x_2-5x_3=0\\ 3x_1+5x_2-7x_3=0\end{cases}$；（2）$\begin{cases}x_1+x_2-2x_3=0\\ 2x_1+3x_2-5x_3=0\\ 3x_1+4x_2-7x_3=0\end{cases}$；

（3）$\begin{cases}x_1+x_2-2x_3=-1\\ 2x_1+2x_2-4x_3=-2\\ 3x_1+3x_2-6x_3=-3\end{cases}$；（4）$\begin{cases}x_1+x_2-2x_3=-1\\ 2x_1+2x_2-4x_3=-2\\ 3x_1+3x_2-6x_3=-4\end{cases}$.

2. 用克莱姆法则解下列方程组.

（1）$\begin{cases}2x_1-x_2=-2\\ x_1+\quad -3x_3=1\\ -x_1+3x_2-x_3=0\end{cases}$；（2）$\begin{cases}x_1+x_2-2x_3+x_4=1\\ 2x_1-3x_2\qquad =2\\ x_1+x_2\qquad +x_4=0\\ x_1\quad -5x_3+x_4=-1\end{cases}$；

(3) $\begin{cases} 6x_1 + 4x_3 + x_4 = 3 \\ x_1 - x_2 + 2x_3 + x_4 = 1 \\ 4x_1 + x_2 + 2x_3 = 1 \\ x_1 + x_2 + x_3 + x_4 = 0 \end{cases}$；

(4) $\begin{cases} x_1 + 4x_2 - 7x_3 + 6x_4 = 0 \\ x_1 - 3x_2 - 6x_4 = 9 \\ 2x_2 - x_3 + 2x_4 = -5 \\ 2x_1 + x_2 - 5x_3 + x_4 = 8 \end{cases}$；

(5) $\begin{cases} x_1 - x_2 + 2x_3 + x_4 = 1 \\ x_1 + x_2 + x_3 + x_4 = 0 \\ x_1 + x_2 + 2x_3 = 1 \\ 5x_1 + 4x_3 + 2x_4 = 3 \end{cases}$；

(6) $\begin{cases} x_1 + x_2 + x_3 + x_4 = 5 \\ x_1 + 2x_2 - x_3 + 4x_4 = -2 \\ 2x_1 - 3x_2 - x_3 - 5x_4 = -2 \\ 3x_1 + x_2 + 2x_3 + 11x_4 = 0 \end{cases}$；

(7) $\begin{cases} x_1 + 3x_2 + 5x_3 + 7x_4 = 12 \\ 3x_1 + 5x_2 + 7x_3 + x_4 = 0 \\ 5x_1 + 7x_2 + x_3 + 3x_4 = 4 \\ 7x_1 + x_2 + 3x_3 + 5x_4 = 16 \end{cases}$；

(8) $\begin{cases} x_2 + x_3 + x_4 + x_5 = 1 \\ x_1 + x_3 + x_4 + x_5 = 2 \\ x_1 + x_2 + x_4 + x_5 = 3 \\ x_1 + x_2 + x_3 + x_5 = 4 \\ x_1 + x_2 + x_3 + x_4 = 5 \end{cases}$.

3. 判别下列方程组是否有非零解或有非零解的条件.

(1) $\begin{cases} x_1 - 2x_2 + 4x_3 = 0 \\ 2x_1 + 2x_2 - x_3 = 0 \\ 5x_1 + 8x_2 - 2x_3 = 0 \end{cases}$；

(2) $\begin{cases} x_1 + x_2 + x_3 + ax_4 = 0 \\ x_1 + 2x_2 + x_3 + x_4 = 0 \\ x_1 + x_2 - 3x_3 + x_4 = 0 \\ x_1 + x_2 + ax_3 + bx_4 = 0 \end{cases}$；

(3) $\begin{cases} x_1 - x_2 + x_3 = 0 \\ 2x_1 + \lambda x_2 + (2-\lambda)x_3 = 0 \\ x_1 + (\lambda+1)x_2 = 0 \end{cases}$.

第 2 章

矩阵及其计算

矩阵是数学中一个极其重要且应用广泛的概念，因此矩阵是线性代数的一个主要研究对象．本章的目的是引入矩阵的计算，并讨论它们的基本性质．

2.1 矩阵

2.1.1 矩阵的定义

定义 1 由 $m\times n$ 个数 a_{ij}（$i=1, 2, \cdots, m$; $j=1, 2, \cdots, n$）构成的 m 行 n 列数表

$$A=\begin{pmatrix} a_{11} & a_{12} & \cdots & a_{1n} \\ a_{21} & a_{22} & \cdots & a_{2n} \\ \vdots & \vdots & & \vdots \\ a_{m1} & a_{m2} & \cdots & a_{mn} \end{pmatrix}$$

称为 m 行 n **列矩阵**，简称 $m\times n$ **矩阵**．这 $m\times n$ 个数 a_{ij} 称为矩阵 A 的**元素**，简称为**元**．i 称为元素 a_{ij} 的行指标，j 称为列指标，数 a_{ij} 位于矩阵 A 的第 i 行第 j 列，称为矩阵 A 的 (i, j) 元．以数 a_{ij} 为 (i, j) 元的矩阵可记作 $\left(a_{ij}\right)_{m\times n}$ 或 $\left(a_{ij}\right)$．矩阵常用大写字母 A，B，C，……表示．有时 $m\times n$ 矩阵也记作 $A_{m\times n}$．

请注意矩阵符号与行列式符号的区别．

2.1.2 几种特殊的矩阵

元素是实数的矩阵称为**实矩阵**，元素是复数的矩阵称为**复矩阵**，本书中的矩阵均指实矩阵．

例如

$$\begin{pmatrix} 3 & 0 & -1 & 8 \\ 1 & 5 & 7 & 2 \end{pmatrix}$$

是一个 2×4 矩阵，

$$\begin{pmatrix} 1 & 2 & 8 \\ 7 & 3 & 5 \\ 0 & 1 & 0 \end{pmatrix}$$

是一个 3×3 矩阵.

只有一行的矩阵

$$\boldsymbol{A}=(a_1,a_2,\cdots,a_n)$$

称为**行矩阵**，又称**行向量**.

只有一列的矩阵

$$\boldsymbol{B}=\begin{pmatrix} b_1 \\ b_2 \\ \vdots \\ b_m \end{pmatrix}$$

称为**列矩阵**，又称**列向量**.

行数和列数都等于 n 的矩阵称为 **n 阶矩阵**或 **n 阶方阵**. n 阶矩阵 $\boldsymbol{A}$ 也记作 $\boldsymbol{A}_n$.

两个矩阵的行数相等，列数也相等时，就称它们是**同型矩阵**. 如果 $\boldsymbol{A}=(a_{ij})_{m\times n}$ 与 $\boldsymbol{B}=(b_{ij})_{m\times n}$ 是同型矩阵，并且它们的对应元素都相等，即

$$a_{ij}=b_{ij}(i=1,\ 2,\ \cdots,\ m;\quad j=1,\ 2,\ \cdots,\ n)$$

则称矩阵 $\boldsymbol{A}$ 与矩阵 $\boldsymbol{B}$ **相等**，记作 $\boldsymbol{A}=\boldsymbol{B}$.

元素都是零的矩阵称为**零矩阵**，记作 $\boldsymbol{0}$. 注意不同型的零矩阵是不同的.

矩阵的应用十分广泛，下面仅举几例来加深对矩阵概念的理解.

例 1　在讨论国民经济的数学问题时常常用到矩阵. 假设在某一地区，某一种物资，某厂向三个商店发送四种产品数量可列成矩阵

$$\boldsymbol{A}=\begin{pmatrix} a_{11} & a_{12} & a_{13} & a_{14} \\ a_{21} & a_{22} & a_{23} & a_{24} \\ a_{31} & a_{32} & a_{33} & a_{34} \end{pmatrix},$$

其中 a_{ij} 为工厂第 i 店发送第 j 种产品的数量.

这四种产品的单价及单件重量也可列成矩阵

$$\boldsymbol{B}=\begin{pmatrix} b_{11} & b_{12} \\ b_{21} & b_{22} \\ b_{31} & b_{32} \\ b_{41} & b_{42} \end{pmatrix},$$

其中 b_{i1} 为第 i 种产品的单价，b_{i2} 为第 i 种产品的单件重量.

例 2　在考虑坐标变换时，如果只考虑坐标系的转轴（反时针方向转轴），那么平面直角坐标变换公式为

$$\begin{cases} x = x'\cos\theta - y'\sin\theta, \\ y = x'\sin\theta + y'\cos\theta, \end{cases} \tag{1}$$

其中 θ 为 x 轴与 x' 轴的夹角．可以看出，新旧坐标之间的关系，完全可以通过公式中系数所排成的 2×2 矩阵

$$\begin{pmatrix} \cos\theta & -\sin\theta \\ \sin\theta & \cos\theta \end{pmatrix} \tag{2}$$

表示出来．通常（2）称为坐标变换（1）的矩阵．

例 3　n 个变量 $x_1, x_2, \cdots, x_n$ 与 m 个变量 $x_1', x_2', \cdots, x_m'$ 之间的关系式

$$\begin{cases} x_1' = a_{11}x_1 + a_{12}x_2 + \cdots + a_{1n}x_n \\ x_2' = a_{21}x_1 + a_{22}x_2 + \cdots + a_{2n}x_n \\ \cdots\cdots \\ x_m' = a_{m1}x_1 + a_{m2}x_2 + \cdots + a_{mn}x_n \end{cases} \tag{3}$$

表示一个从变量 $x_1, x_2, \cdots, x_n$ 到变量 $x_1', x_2', \cdots, x_m'$ 的**线性变换**，其中 $a_{ij}\,(i=1,2,\cdots,m;\ j=1,2,\cdots,n)$ 为常数．线性变换（3）的系数 a_{ij} 构成 $m\times n$ 矩阵 $\boldsymbol{A}=\left(a_{ij}\right)$．

如果线性变换（3）给定，那么它的**系数矩阵**（系数所构成的矩阵）也就确定了．反过来，对于一个给定的矩阵来说，将它作为线性变换的系数矩阵，那么线性变换也就确定了．综上所述，矩阵与线性变换之间存在一一对应的关系．

例如，线性变换

$$\begin{cases} x_1' = \lambda_1 x_1, \\ x_2' = \lambda_2 x_2, \\ \cdots\cdots \\ x_n' = \lambda_n x_n. \end{cases}$$

对应着 n 阶矩阵

$$\boldsymbol{A}_n = \begin{pmatrix} \lambda_1 & 0 & \cdots & 0 \\ 0 & \lambda_2 & \cdots & 0 \\ \vdots & \vdots & & \vdots \\ 0 & 0 & \cdots & \lambda_n \end{pmatrix}.$$

这个方阵的特点是：n 阶方阵除**主对角线**（从左上角到右下角的直线）上的元素外的元素都为零，则称该矩阵为 **n 阶对角矩阵**，简称**对角阵**．对角阵也可记作

$$\boldsymbol{\Lambda} = \mathrm{diag}(\lambda_1, \lambda_2, \cdots, \lambda_n).$$

又如，线性变换

$$\begin{cases} x_1' = x_1, \\ x_2' = x_2, \\ \cdots\cdots \\ x_n' = x_n. \end{cases}$$

称为恒等变换，对应着 n 阶矩阵

$$\boldsymbol{E}=\begin{pmatrix}1&0&\cdots&0\\0&1&\cdots&0\\\vdots&\vdots&&\vdots\\0&0&\cdots&1\end{pmatrix}.$$

这个方阵的特点是：主对角线上的元素都是 1，其余元素都为零，则称该矩阵为 n 阶单位矩阵，简称单位阵．记作 E_n 或在不致引起混淆的情况下简写为 $\boldsymbol{E}$．

习题 2.1

1. 设 $\begin{pmatrix}x&y\\1&x+y\end{pmatrix}=\begin{pmatrix}1&2\\1&z\end{pmatrix}$，求 x，y，z．

2. 设 $\begin{pmatrix}x&y\\3&2\end{pmatrix}+\begin{pmatrix}y&2x\\w&z\end{pmatrix}=\begin{pmatrix}3&0\\2&4\end{pmatrix}$，求 x，y，z，w．

3. 设 $\begin{pmatrix}1&2x&y\\2&z&1\end{pmatrix}=\begin{pmatrix}t&x^2&x-y\\2&x+t&1\end{pmatrix}$，求 x，y，z，t．

4. 为对称方阵，且 $\boldsymbol{A}=\begin{pmatrix}2&x+y&3\\4&1&2\\x&2&1\end{pmatrix}$，求 x，y．

5. 设 $\boldsymbol{A}=\begin{pmatrix}1&2&9&4\\0&-3&5&-2\end{pmatrix}$，$\boldsymbol{B}=\begin{pmatrix}1&2&x^2&4\\0&x+y&5&y-z\end{pmatrix}$，

若 $\boldsymbol{A}=\boldsymbol{B}$，求 x,y,z．

2.2　矩阵的运算

现在我们来定义矩阵的计算，它们可以认为是矩阵之间一些最基本的关系．下面要定义的运算是矩阵的加法、乘法、矩阵与数的乘法以及矩阵的转置，并在此基础上介绍矩阵的幂以及方阵的行列式．

2.2.1　矩阵的加法与数乘运算

定义 2　设有两个 $m\times n$ 矩阵

$$\boldsymbol{A}=(a_{ij})_{m\times n}=\begin{pmatrix}a_{11}&a_{12}&\cdots&a_{1n}\\a_{21}&a_{22}&\cdots&a_{2n}\\\vdots&\vdots&&\vdots\\a_{m1}&a_{m2}&\cdots&a_{mn}\end{pmatrix},$$

$$\boldsymbol{B}=(b_{ij})_{m\times n}=\begin{pmatrix}b_{11}&b_{12}&\cdots&b_{1n}\\b_{21}&b_{22}&\cdots&b_{2n}\\\vdots&\vdots&&\vdots\\b_{m1}&b_{m2}&\cdots&b_{mn}\end{pmatrix},$$

则矩阵

$$C=(c_{ij})_{m\times n}=(a_{ij}+b_{ij})_{m\times n}=\begin{pmatrix} a_{11}+b_{11} & a_{12}+b_{12} & \cdots & a_{1n}+b_{1n} \\ a_{21}+b_{21} & a_{22}+b_{22} & \cdots & a_{2n}+b_{2n} \\ \vdots & \vdots & & \vdots \\ a_{m1}+b_{m1} & a_{m2}+b_{m2} & \cdots & a_{mn}+b_{mn} \end{pmatrix}$$

称为矩阵 $\boldsymbol{A}$ 与矩阵 $\boldsymbol{B}$ 的和，记为

$$\boldsymbol{C}=\boldsymbol{A}+\boldsymbol{B}.$$

例如，某超市销售的三种产品，第一季度与第二季度的销售额和利润分别为

$$\boldsymbol{A}=\begin{pmatrix} 995 & 740 & 540 \\ 82 & 103 & 55 \end{pmatrix},\boldsymbol{B}=\begin{pmatrix} 1035 & 805 & 650 \\ 95 & 115 & 75 \end{pmatrix},$$

那么上半年总的销售额和利润就是矩阵 $\boldsymbol{A}$ 与 $\boldsymbol{B}$ 的和，即

$$\boldsymbol{A}+\boldsymbol{B}=\begin{pmatrix} 995 & 740 & 540 \\ 82 & 103 & 55 \end{pmatrix}+\begin{pmatrix} 1035 & 805 & 650 \\ 95 & 115 & 75 \end{pmatrix}=\begin{pmatrix} 2030 & 1545 & 1190 \\ 177 & 218 & 130 \end{pmatrix}.$$

由定义可以看出，矩阵的加法就是矩阵对应的元素相加，只有两个矩阵是同型矩阵时，这两个矩阵才能进行加法计算. 由于矩阵的加法归结为它们的元素的加法，也就是数的加法，所以不难验证

矩阵的加法满足如下的运算规律（其中 $\boldsymbol{A}$、$\boldsymbol{B}$、$\boldsymbol{C}$ 为同型矩阵）：

交换律：$\boldsymbol{A}+\boldsymbol{B}=\boldsymbol{B}+\boldsymbol{A}$；

结合律：$\boldsymbol{A}+(\boldsymbol{B}+\boldsymbol{C})=(\boldsymbol{A}+\boldsymbol{B})+\boldsymbol{C}$.

显然，对所有的 $\boldsymbol{A}+\boldsymbol{0}=\boldsymbol{A}$.

设矩阵 $\boldsymbol{A}=(a_{ij})$，记

$$-\boldsymbol{A}=(-a_{ij})=\begin{pmatrix} -a_{11} & -a_{12} & \cdots & -a_{1n} \\ -a_{21} & -a_{22} & \cdots & -a_{2n} \\ \vdots & \vdots & & \vdots \\ -a_{m1} & -a_{m2} & \cdots & -a_{mn} \end{pmatrix},$$

$-\boldsymbol{A}$ 称为矩阵 $\boldsymbol{A}$ 的**负矩阵**，显然有

$$\boldsymbol{A}+(-\boldsymbol{A})=\boldsymbol{0}.$$

由此规定**矩阵的减法**为

$$\boldsymbol{A}-\boldsymbol{B}=\boldsymbol{A}+(-\boldsymbol{B}).$$

定义 3 称 $(\lambda a_{ij})_{m\times n}$ $(\lambda\in R)$ 为**数 λ 与矩阵 $\boldsymbol{A}$ 的乘积**（或称为**数乘矩阵**），记为 $\lambda\boldsymbol{A}$ 或 $\boldsymbol{A}\lambda$，规定

$$\lambda\boldsymbol{A}=\boldsymbol{A}\lambda=\begin{pmatrix} \lambda a_{11} & \lambda a_{12} & \cdots & \lambda a_{1n} \\ \lambda a_{21} & \lambda a_{22} & \cdots & \lambda a_{2n} \\ \vdots & \vdots & & \vdots \\ \lambda a_{m1} & \lambda a_{m2} & \cdots & \lambda a_{mn} \end{pmatrix}.$$

由定义可知，用数 λ 乘矩阵就是把矩阵的每个元素都乘上 λ.

不难验证，矩阵的数乘运算满足如下的运算规律（其中 $\boldsymbol{A}$、$\boldsymbol{B}$ 为同型矩阵，λ、μ 为实数）：

(1) $\lambda(\mu \boldsymbol{A})=(\lambda\mu)\boldsymbol{A}$；

(2) $(\lambda+\mu)\boldsymbol{A}=\lambda\boldsymbol{A}+\mu\boldsymbol{A}$；

(3) $\lambda(\boldsymbol{A}+\boldsymbol{B})=\lambda\boldsymbol{A}+\lambda\boldsymbol{B}$；

(4) $1\boldsymbol{A}=\boldsymbol{A}$.

矩阵加法与数乘矩阵合起来，统称为矩阵的**线性运算**.

例 4 设有二矩阵 $\boldsymbol{A}=\begin{pmatrix}1 & 2\\ -1 & 4\\ 1 & 3\end{pmatrix}$，$\boldsymbol{B}=\begin{pmatrix}-2 & 1\\ 3 & -2\\ 4 & 1\end{pmatrix}$，且 $3\boldsymbol{A}+2\boldsymbol{X}=\boldsymbol{B}$，求 $\boldsymbol{X}$.

解 根据矩阵线性运算规律，由已知

$$3\boldsymbol{A}+2\boldsymbol{X}=\boldsymbol{B}$$

可得

$$\boldsymbol{X}=\frac{1}{2}(\boldsymbol{B}-3\boldsymbol{A})=\frac{1}{2}\left\{\begin{pmatrix}-2 & 1\\ 3 & -2\\ 4 & 1\end{pmatrix}-3\begin{pmatrix}1 & 2\\ -1 & 4\\ 1 & 3\end{pmatrix}\right\}=\frac{1}{2}\left\{\begin{pmatrix}-2 & 1\\ 3 & -2\\ 4 & 1\end{pmatrix}-\begin{pmatrix}3 & 6\\ -3 & 12\\ 3 & 9\end{pmatrix}\right\}$$

$$=\frac{1}{2}\begin{pmatrix}-5 & -5\\ 6 & -14\\ 1 & -8\end{pmatrix}=\begin{pmatrix}-\frac{5}{2} & -\frac{5}{2}\\ 3 & -7\\ \frac{1}{2} & -4\end{pmatrix}.$$

例 5 设 $2\boldsymbol{A}+\boldsymbol{X}=\boldsymbol{B}-2\boldsymbol{X}$，求矩阵 $\boldsymbol{X}$. 其中

$$\boldsymbol{A}=\begin{pmatrix}1 & -2 & 0\\ 4 & 3 & 5\end{pmatrix},\ \boldsymbol{B}=\begin{pmatrix}8 & 2 & 6\\ 5 & 3 & 4\end{pmatrix}.$$

解 根据矩阵线性运算规律，由已知

$$2\boldsymbol{A}+\boldsymbol{X}=\boldsymbol{B}-2\boldsymbol{X}$$

得

$$\boldsymbol{X}=\frac{1}{3}(\boldsymbol{B}-2\boldsymbol{A}),$$

所以

$$\boldsymbol{X}=\frac{1}{3}\left[\begin{pmatrix}8 & 2 & 6\\ 5 & 3 & 4\end{pmatrix}-2\begin{pmatrix}1 & -2 & 0\\ 4 & 3 & 5\end{pmatrix}\right]=\frac{1}{3}\begin{pmatrix}6 & 6 & 6\\ -3 & -3 & -6\end{pmatrix}=\begin{pmatrix}2 & 2 & 2\\ -1 & -1 & -2\end{pmatrix}.$$

2.2.2 矩阵的乘法

在给出矩阵乘法定义之前，我们先看一个引出矩阵乘法的问题.

设有两个线性变换

$$\begin{cases}y_1=a_{11}t_1+a_{12}t_2+a_{13}t_3\\ y_2=a_{21}t_1+a_{22}t_2+a_{23}t_3\end{cases}\qquad (4)$$

$$\begin{cases} t_1 = b_{11}x_1 + b_{12}x_2 + b_{13}x_3 \\ t_2 = b_{21}x_1 + b_{22}x_2 + b_{23}x_3 \\ t_3 = b_{31}x_1 + b_{32}x_2 + b_{33}x_3 \end{cases} \quad (5)$$

若想求出 x_1、x_2、x_3 到 y_1、y_2 的线性变换，可将（5）代入（4），得

$$\begin{cases} y_1 = (a_{11}b_{11} + a_{12}b_{21} + a_{13}b_{31})x_1 + (a_{11}b_{12} + a_{12}b_{22} + a_{13}b_{32})x_2 + (a_{11}b_{13} + a_{12}b_{23} + a_{13}b_{33})x_3 \\ y_2 = (a_{21}b_{11} + a_{22}b_{21} + a_{23}b_{31})x_1 + (a_{21}b_{12} + a_{22}b_{22} + a_{23}b_{32})x_2 + (a_{21}b_{13} + a_{22}b_{23} + a_{23}b_{33})x_3 \end{cases} \quad (6)$$

线性变换（6）可看做是先做线性变换（5）再做线性变换（4）的结果. 因此，我们把线性变换（6）叫作线性变换（4）与（5）的乘积，相应地把（6）所对应的矩阵定义为（4）与（5）所对应的矩阵的乘积. 即由（4）、（5）、（6）可以看出，在三个线性变换对应的三个矩阵中，（6）的系数矩阵的第 i 行第 j 列的元素为（4）的系数矩阵的第 x_1、x_2、x_3 行与（5）的系数矩阵的第 j 列对应元素乘积的代数和，所以

$$\begin{pmatrix} a_{11} & a_{12} & a_{13} \\ a_{21} & a_{22} & a_{23} \end{pmatrix}\begin{pmatrix} b_{11} & b_{12} & b_{13} \\ b_{21} & b_{22} & b_{23} \\ b_{31} & b_{32} & b_{33} \end{pmatrix}$$

$$=\begin{pmatrix} a_{11}b_{11} + a_{12}b_{21} + a_{13}b_{31} & a_{11}b_{12} + a_{12}b_{22} + a_{13}b_{32} & a_{11}b_{13} + a_{12}b_{23} + a_{13}b_{33} \\ a_{21}b_{11} + a_{22}b_{21} + a_{23}b_{31} & a_{21}b_{12} + a_{22}b_{22} + a_{23}b_{32} & a_{21}b_{13} + a_{22}b_{23} + a_{23}b_{33} \end{pmatrix}.$$

一般地，我们有如下的矩阵乘法的定义.

定义 4 设 $\boldsymbol{A} = (a_{ij})$ 是一个 $m \times s$ 矩阵，$\boldsymbol{B} = (b_{ij})$ 是一个 $s \times n$ 矩阵，则规定矩阵 $\boldsymbol{A}$ 与矩阵 $\boldsymbol{B}$ 的乘积是一个 $m \times n$ 矩阵 $\boldsymbol{C} = (c_{ij})$，其中

$$c_{ij} = a_{i1}b_{1j} + a_{i2}b_{2j} + \cdots + a_{is}b_{sj} = \sum_{k=1}^{s} a_{ik}b_{kj} \quad (i = 1,2,\cdots,m;\ j = 1,2,\cdots,n),$$

并把此乘积记作

$$\boldsymbol{C} = \boldsymbol{AB}.$$

由定义可以看出，一个 $1 \times s$ 行矩阵与一个 $s \times 1$ 列矩阵的乘积是一个 1 阶方阵，也就是一个数，即

$$(a_{i1}, a_{i2}, \cdots, a_{is})\begin{pmatrix} b_{1j} \\ b_{2j} \\ \vdots \\ b_{sj} \end{pmatrix} = a_{i1}b_{1j} + a_{i2}b_{2j} + \cdots + a_{is}b_{sj} = \sum_{k=1}^{s} a_{ik}b_{kj} = C_{ij}.$$

因此表明，矩阵 $\boldsymbol{A}$ 与 $\boldsymbol{B}$ 的乘积 $\boldsymbol{C}$ 的第 i 行第 j 列元素等于第一个矩阵的第 i 行与第二个矩阵的第 j 列的对应元素乘积的和.

注意：只有左边矩阵 $\boldsymbol{A}$ 的列数与右边矩阵 $\boldsymbol{B}$ 的行数相等时，$\boldsymbol{A}$ 与 $\boldsymbol{B}$ 才能相乘.

应用矩阵的乘法，线性方程组

$$\begin{cases} a_{11}x_1 + a_{12}x_2 + \cdots + a_{1n}x_n = b_1, \\ a_{21}x_1 + a_{22}x_2 + \cdots + a_{2n}x_n = b_2, \\ \cdots\cdots \\ a_{m1}x_1 + a_{m2}x_2 + \cdots + a_{mn}x_n = b_m. \end{cases}$$

可以写成

$$\begin{pmatrix} a_{11} & a_{12} & \cdots & a_{1n} \\ a_{21} & a_{22} & \cdots & a_{2n} \\ \vdots & \vdots & & \vdots \\ a_{m1} & a_{m2} & \cdots & a_{mn} \end{pmatrix}\begin{pmatrix} x_1 \\ x_2 \\ \vdots \\ x_n \end{pmatrix} = \begin{pmatrix} b_1 \\ b_2 \\ \vdots \\ b_m \end{pmatrix},$$

设

$$\boldsymbol{A} = \begin{pmatrix} a_{11} & a_{12} & \cdots & a_{1n} \\ a_{21} & a_{22} & \cdots & a_{2n} \\ \vdots & \vdots & & \vdots \\ a_{m1} & a_{m2} & \cdots & a_{mn} \end{pmatrix}, \boldsymbol{X} = \begin{pmatrix} x_1 \\ x_2 \\ \vdots \\ x_n \end{pmatrix}, \boldsymbol{B} == \begin{pmatrix} b_1 \\ b_2 \\ \vdots \\ b_m \end{pmatrix},$$

则线性方程组可以写成矩阵的等式

$$\boldsymbol{AX} = \boldsymbol{B}.$$

例 6　求矩阵

$$\boldsymbol{A} = \begin{pmatrix} 1 & 0 & 2 \\ 3 & 1 & 0 \end{pmatrix} \text{与} \boldsymbol{B} = \begin{pmatrix} 1 & -1 & 3 & 0 \\ 2 & 1 & 0 & 3 \\ 4 & 0 & 1 & 1 \end{pmatrix}$$

的乘积 $\boldsymbol{AB}$.

解　因为 $\boldsymbol{A}$ 是 2×3 矩阵，$\boldsymbol{B}$ 是 3×4 矩阵，$\boldsymbol{A}$ 的列数等于 $\boldsymbol{B}$ 的行数，所以矩阵 $\boldsymbol{A}$ 与 $\boldsymbol{B}$ 可以相乘，其乘积是一个 2×4 矩阵. 由定义可得

$$\boldsymbol{C} = \boldsymbol{AB} = \begin{pmatrix} 1 & 0 & 2 \\ 3 & 1 & 0 \end{pmatrix}\begin{pmatrix} 1 & -1 & 3 & 0 \\ 2 & 1 & 0 & 3 \\ 4 & 0 & 1 & 1 \end{pmatrix}$$

$$= \begin{pmatrix} 1\times1+0\times2+2\times4 & 1\times(-1)+0\times1+2\times0 & 1\times3+0\times0+2\times1 & 1\times0+0\times3+2\times1 \\ 3\times1+1\times2+0\times4 & 3\times(-1)+1\times1+0\times0 & 3\times3+1\times0+0\times1 & 3\times0+1\times3+0\times1 \end{pmatrix}$$

$$= \begin{pmatrix} 9 & -1 & 5 & 2 \\ 5 & -2 & 9 & 3 \end{pmatrix}.$$

例 7　求矩阵

$$\boldsymbol{A} = \begin{pmatrix} -1 & 1 & 2 \\ 0 & 3 & 1 \end{pmatrix} \text{与} \boldsymbol{B} = \begin{pmatrix} 0 & 2 \\ 1 & 0 \\ 5 & 7 \end{pmatrix}$$

的乘积 $\boldsymbol{AB}$ 与 $\boldsymbol{BA}$.

解　$$\boldsymbol{AB} = \begin{pmatrix} -1 & 1 & 2 \\ 0 & 3 & 1 \end{pmatrix}\begin{pmatrix} 0 & 2 \\ 1 & 0 \\ 5 & 7 \end{pmatrix} = \begin{pmatrix} 11 & 12 \\ 8 & 7 \end{pmatrix}$$

$$\boldsymbol{BA} = \begin{pmatrix} 0 & 2 \\ 1 & 0 \\ 5 & 7 \end{pmatrix}\begin{pmatrix} -1 & 1 & 2 \\ 0 & 3 & 1 \end{pmatrix} = \begin{pmatrix} 0 & 6 & 2 \\ -1 & 1 & 2 \\ -5 & 26 & 17 \end{pmatrix}.$$

例 8　求矩阵

$$A=\begin{pmatrix}-2 & 2\\ 1 & -1\end{pmatrix}\text{与}B=\begin{pmatrix}1 & 2\\ -3 & -6\end{pmatrix}$$

的乘积 $\boldsymbol{AB}$ 与 $\boldsymbol{BA}$.

解 $$\boldsymbol{AB}=\begin{pmatrix}-2 & 2\\ 1 & -1\end{pmatrix}\begin{pmatrix}1 & 2\\ -3 & -6\end{pmatrix}=\begin{pmatrix}-8 & -16\\ 4 & 8\end{pmatrix},$$

$$\boldsymbol{BA}=\begin{pmatrix}1 & 2\\ -3 & -6\end{pmatrix}\begin{pmatrix}-2 & 2\\ 1 & -1\end{pmatrix}=\begin{pmatrix}0 & 0\\ 0 & 0\end{pmatrix}.$$

在例 6 中，$\boldsymbol{A}$ 是 2×3 矩阵，$\boldsymbol{B}$ 是 3×4 矩阵，乘积 $\boldsymbol{AB}$ 有意义而 $\boldsymbol{BA}$ 无意义. 因此，在矩阵乘法中应注意矩阵相乘的顺序. $\boldsymbol{AB}$ 是 $\boldsymbol{A}$ **左乘** $\boldsymbol{B}$ 的乘积，$\boldsymbol{BA}$ 是 $\boldsymbol{A}$ **右乘** $\boldsymbol{B}$ 的乘积，$\boldsymbol{AB}$ 有意义时，$\boldsymbol{BA}$ 可以没有意义.

又若 $\boldsymbol{A}$ 是 $m\times n$ 矩阵，$\boldsymbol{B}$ 是 $n\times m$ 矩阵，则 $\boldsymbol{AB}$ 与 $\boldsymbol{BA}$ 都有意义，但 $\boldsymbol{AB}$ 是 m 阶方阵，$\boldsymbol{BA}$ 是 n 阶方阵，当 $m\neq n$ 时，$\boldsymbol{AB}\neq\boldsymbol{BA}$. 如例 7，$\boldsymbol{A}$ 是 3×2 矩阵，$\boldsymbol{B}$ 是 2×3 矩阵，则 $\boldsymbol{AB}$ 与 $\boldsymbol{BA}$ 都有意义，但 $\boldsymbol{AB}$ 是 2 阶方阵，$\boldsymbol{BA}$ 是 3 阶方阵.

即使 $m=n$，即 $\boldsymbol{A}$ 与 $\boldsymbol{B}$ 是同阶方阵，如例 8，$\boldsymbol{A}$ 与 $\boldsymbol{B}$ 是 2 阶方阵，则 $\boldsymbol{AB}$ 与 $\boldsymbol{BA}$ 均为 2 阶方阵，但 $\boldsymbol{AB}$ 与 $\boldsymbol{BA}$ 仍然可以不相等.

从例 8 我们还可以看出，两个不为零的矩阵的乘积可以是零矩阵，这是矩阵乘法的一个特点. 由此还可以得出矩阵乘法的消去律不成立. 即当 $\boldsymbol{AB}=\boldsymbol{AC}$ 时不一定有 $\boldsymbol{B}=\boldsymbol{C}$.

总之，矩阵的乘法不满足交换律，即在一般情况下，$\boldsymbol{AB}\neq\boldsymbol{BA}$.

对于两个 n 阶方阵 $\boldsymbol{A}$ 与 $\boldsymbol{B}$，若 $\boldsymbol{AB}=\boldsymbol{BA}$，则称 $\boldsymbol{A}$ 与 $\boldsymbol{B}$ 是**可交换**的.

一般地，矩阵乘法满足下列运算规律（假设下列运算都是可以进行的）

（1）$(\boldsymbol{AB})\boldsymbol{C}=\boldsymbol{A}(\boldsymbol{BC})$；

（2）$\boldsymbol{A}(\boldsymbol{B}+\boldsymbol{C})=\boldsymbol{AB}+\boldsymbol{AC}$；

（3）$(\boldsymbol{B}+\boldsymbol{C})\boldsymbol{A}=\boldsymbol{BA}+\boldsymbol{CA}$；

（4）$\lambda(\boldsymbol{AB})=(\lambda\boldsymbol{A})\boldsymbol{B}=\boldsymbol{A}(\lambda\boldsymbol{B})$（其中 λ 为数）.

因为矩阵的乘法不适合交换律，所以（2）与（3）是两条不同的规律.

对于单位矩阵 $\boldsymbol{E}$，可以得出

$$\boldsymbol{A}_{s\times n}\boldsymbol{E}_n=\boldsymbol{A}_{s\times n},\boldsymbol{E}_s\boldsymbol{A}_{s\times n}=\boldsymbol{A}_{s\times n},$$

或者可以简写成

$$\boldsymbol{AE}=\boldsymbol{EA}=\boldsymbol{A}.$$

所以单位矩阵 $\boldsymbol{E}$ 在矩阵乘法中的作用类似于数 1.

根据矩阵的乘法，我们还可以定义**矩阵的幂**. 设 $\boldsymbol{A}$ 是一个 $n\times n$ 矩阵，定义

$$\begin{cases}\boldsymbol{A}^1=\boldsymbol{A},\\ \boldsymbol{A}^{k+1}=\boldsymbol{A}^k\boldsymbol{A}.\end{cases}$$

换句话说 $\boldsymbol{A}^k$ 就是 k 个 $\boldsymbol{A}$ 连乘. 当然，幂只能对行数和列数相等的矩阵来定义. 由乘法的结合律，不难证明

$$\begin{cases}\boldsymbol{A}^{k+l}=\boldsymbol{A}^k\boldsymbol{A}^l,\\ \left(\boldsymbol{A}^k\right)^l=\boldsymbol{A}^{kl},\end{cases}$$

这里 k,l 是任意正整数. 因为矩阵乘法不适合交换律，所以 $(\boldsymbol{AB})^k$ 与 $\boldsymbol{A}^k\boldsymbol{B}^k$ 一般不相等.

矩阵

$$kE=\begin{pmatrix} k & 0 & \cdots & 0 \\ 0 & k & \cdots & 0 \\ \vdots & \vdots & & \vdots \\ 0 & 0 & \cdots & k \end{pmatrix}$$

通常称为**数量矩阵**．作为运算规律（4）的特殊情形，如果 $\boldsymbol{A}$ 是一个 $n\times n$ 矩阵，那么

$$k\boldsymbol{A}=(k\boldsymbol{E})\boldsymbol{A}=\boldsymbol{A}(k\boldsymbol{E}).$$

这个式子说明，数量矩阵与所有的 $n\times n$ 矩阵做乘法是可交换的．再有

$$k\boldsymbol{E}+l\boldsymbol{E}=(k+l)\boldsymbol{E},$$

$$(k\boldsymbol{E})(l\boldsymbol{E})=(kl)\boldsymbol{E},$$

也就是说，数量矩阵的加法与乘法完全归结为数的加法与乘法．

例 9　甲乙两家物流公司，由于竞争及其他原因，这两家物流公司每年均吸引一些新客户，同时也失去一些老客户．据年末统计：甲物流公司失去 30%老客户，但吸引 20%的乙客户加入；甲物流公司现在的客户为 160 家，乙物流公司现在的客户为 40 家．假设客户总数不变，且上述客户流动规律也不变．问二年后甲乙两家物流公司的客户各是多少？

解　设一年后甲乙两家物流公司的客户分别为 x_1,y_1（家），

由题意

$$\begin{cases} x_1=0.7\times160+0.2\times40 \\ y_1=0.3\times160+0.8\times40 \end{cases}$$

记矩阵

$$\boldsymbol{A}=\begin{pmatrix} 0.7 & 0.2 \\ 0.3 & 0.8 \end{pmatrix},\boldsymbol{B}=\begin{pmatrix} 160 \\ 40 \end{pmatrix}.$$

写成矩阵的乘积

$$\begin{pmatrix} x_1 \\ y_1 \end{pmatrix}=\boldsymbol{AB}=\begin{pmatrix} 0.7 & 0.2 \\ 0.3 & 0.8 \end{pmatrix}\begin{pmatrix} 160 \\ 40 \end{pmatrix}=\begin{pmatrix} 120 \\ 80 \end{pmatrix}.$$

即一年后甲乙两家物流公司的客户分别是 120 家和 80 家．

依此类推，设二年后甲、乙两家物流公司的客户分别是 x_2 和 y_2（家），则

$$\begin{pmatrix} x_2 \\ y_2 \end{pmatrix}=\boldsymbol{A}\begin{pmatrix} x_1 \\ y_1 \end{pmatrix}=\boldsymbol{A}^2\boldsymbol{B}=\begin{pmatrix} 0.7 & 0.2 \\ 0.3 & 0.8 \end{pmatrix}^2\begin{pmatrix} 160 \\ 40 \end{pmatrix}=\begin{pmatrix} 0.55 & 0.3 \\ 0.45 & 0.7 \end{pmatrix}\begin{pmatrix} 160 \\ 40 \end{pmatrix}=\begin{pmatrix} 100 \\ 100 \end{pmatrix},$$

即二年后甲乙两家物流公司的客户各是 100 家．

2.2.3　矩阵的转置

定义 5　将矩阵 $\boldsymbol{A}$ 的行列互换而得到的新的矩阵，称为**矩阵 $\boldsymbol{A}$ 的转置矩阵**，记为 $\boldsymbol{A}^{\mathrm{T}}$ 或 $\boldsymbol{A}'$，即

$$\boldsymbol{A}=\begin{pmatrix} a_{11} & a_{12} & \cdots & a_{1n} \\ a_{21} & a_{22} & \cdots & a_{2n} \\ \vdots & \vdots & & \vdots \\ a_{m1} & a_{m2} & \cdots & a_{mn} \end{pmatrix}$$

则

$$A^{\mathrm{T}}=\begin{pmatrix} a_{11} & a_{21} & \cdots & a_{m1} \\ a_{12} & a_{22} & \cdots & a_{m2} \\ \vdots & \vdots & & \vdots \\ a_{1n} & a_{2n} & \cdots & a_{mn} \end{pmatrix}.$$

显然，$m\times n$ 矩阵的转置是 $n\times m$ 矩阵.

矩阵的转置也是一种运算，满足如下的运算规律（假设以下运算都是可行的）：

（1）$(A^{\mathrm{T}})^{\mathrm{T}}=A$；

（2）$(A+B)^{\mathrm{T}}=A^{\mathrm{T}}+B^{\mathrm{T}}$；

（3）$(\lambda A)^{\mathrm{T}}=\lambda A^{\mathrm{T}}$，$\lambda\in R$；

（4）$(AB)^{\mathrm{T}}=B^{\mathrm{T}}A^{\mathrm{T}}$.

性质（1）表示两次转置就还原，这是显然的.

例 10 $A=\begin{pmatrix} 1 & 0 & -1 \\ 1 & 3 & 1 \end{pmatrix}$，$B=\begin{pmatrix} 1 & 5 & -1 \\ 2 & 1 & 2 \\ 1 & 0 & -1 \end{pmatrix}$，求 $(AB)^{\mathrm{T}}$.

解 方法一 因为 $AB=\begin{pmatrix} 1 & 0 & -1 \\ 1 & 3 & 1 \end{pmatrix}\begin{pmatrix} 1 & 5 & -1 \\ 2 & 1 & 2 \\ 1 & 0 & -1 \end{pmatrix}=\begin{pmatrix} 0 & 5 & 0 \\ 8 & 8 & 4 \end{pmatrix}$，

所以 $$(AB)^{\mathrm{T}}=\begin{pmatrix} 0 & 8 \\ 5 & 8 \\ 0 & 4 \end{pmatrix}.$$

方法二 $$(AB)^{\mathrm{T}}=B^{\mathrm{T}}A^{\mathrm{T}}=\begin{pmatrix} 1 & 2 & 1 \\ 5 & 1 & 0 \\ -1 & 2 & -1 \end{pmatrix}\begin{pmatrix} 1 & 1 \\ 0 & 3 \\ -1 & 1 \end{pmatrix}=\begin{pmatrix} 0 & 8 \\ 5 & 8 \\ 0 & 4 \end{pmatrix}.$$

设 A 为 n 阶方阵，若 $A^{\mathrm{T}}=A$，即

$$a_{ij}=a_{ji}\quad (i,j=1,2,\cdots,n),$$

则称 A 为对称矩阵，简称对称阵. 对称阵的特点是：它的元素以对角线为对称轴对应相等.

2.2.4 方阵的行列式

定义 6 由 n 阶方阵

$$A=\begin{pmatrix} a_{11} & a_{12} & \cdots & a_{1n} \\ a_{21} & a_{22} & \cdots & a_{2n} \\ \vdots & \vdots & & \vdots \\ a_{n1} & a_{n2} & \cdots & a_{nn} \end{pmatrix}$$

定义一个 n 阶行列式

$$\begin{vmatrix} a_{11} & a_{12} & \cdots & a_{1n} \\ a_{21} & a_{22} & \cdots & a_{2n} \\ \vdots & \vdots & & \vdots \\ a_{n1} & a_{n2} & \cdots & a_{nn} \end{vmatrix},$$

称为**方阵 $\boldsymbol{A}$ 的行列式**，记为 $|\boldsymbol{A}|$ 或 $\det\boldsymbol{A}$.

需要强调的是，方阵与行列式是两个不同的概念，n 阶方阵是 n^2 个数按一定方法排成的数表，而 n 阶行列式则是这些数按一定的运算法则所得到的确定的数.

当方阵 $\boldsymbol{A}$ 的行列式 $|\boldsymbol{A}|\neq 0$ 时，称 $\boldsymbol{A}$ 为**非奇异方阵**，否则称 $\boldsymbol{A}$ 为**奇异方阵**.

方阵 $\boldsymbol{A}$ 的行列式有如下的运算规律（设 $\boldsymbol{A},\boldsymbol{B}$ 为 n 阶方阵，λ 为数）：

（1）$|\boldsymbol{A}|=|\boldsymbol{A}^{\mathrm{T}}|$（行列式性质 1）；

（2）$|\lambda\boldsymbol{A}|=\lambda^n|\boldsymbol{A}|$（$n$ 为方阵的阶数）；

（3）$|\boldsymbol{AB}|=|\boldsymbol{A}||\boldsymbol{B}|$.

由（3）可知，矩阵乘积的行列式等于它因子的行列式的乘积. 对于 n 阶方阵 $\boldsymbol{A}$ 与 $\boldsymbol{B}$ 来说，一般情况下 $\boldsymbol{AB}\neq\boldsymbol{BA}$. 但总有

$$|\boldsymbol{AB}|=|\boldsymbol{BA}|.$$

用数学归纳法，（3）可以推广到多个因子的情形，即有

$$|\boldsymbol{A}_1\boldsymbol{A}_2\cdots\boldsymbol{A}_n|=|\boldsymbol{A}_1||\boldsymbol{A}_2|\cdots|\boldsymbol{A}_n|.$$

例 11　设 $\boldsymbol{A}=\begin{pmatrix}3&2\\2&1\end{pmatrix}$，$\boldsymbol{B}=\begin{pmatrix}2&5\\1&3\end{pmatrix}$，求 $|\boldsymbol{AB}|$ 的值.

解　$|\boldsymbol{AB}|=|\boldsymbol{A}||\boldsymbol{B}|=\begin{vmatrix}3&2\\2&1\end{vmatrix}\begin{vmatrix}2&5\\1&3\end{vmatrix}=(-1)\times1=-1.$

例 12　设 $\boldsymbol{A}$ 为 n 阶方阵，n 为奇数，且 $\boldsymbol{AA}^{\mathrm{T}}=\boldsymbol{E}$，　$|\boldsymbol{A}|=1$，则必有 $|\boldsymbol{E}-\boldsymbol{A}|=0$.

证　$|\boldsymbol{E}-\boldsymbol{A}|=|\boldsymbol{AA}^{\mathrm{T}}-\boldsymbol{A}|=|\boldsymbol{A}(\boldsymbol{A}^{\mathrm{T}}-\boldsymbol{E})|=|\boldsymbol{A}||\boldsymbol{A}^{\mathrm{T}}-\boldsymbol{E}|=|(\boldsymbol{A}-\boldsymbol{E})^{\mathrm{T}}|=|\boldsymbol{A}-\boldsymbol{E}|=(-1)^n|\boldsymbol{E}-\boldsymbol{A}|$
$=-|\boldsymbol{E}-\boldsymbol{A}|$

即

$$|\boldsymbol{E}-\boldsymbol{A}|=-|\boldsymbol{E}-\boldsymbol{A}|$$

所以

$$|\boldsymbol{E}-\boldsymbol{A}|=0.$$

习题 2.2

1. 设 $\boldsymbol{A}=\begin{pmatrix}1&-2&3\\-3&1&5\end{pmatrix}$，$\boldsymbol{B}=\begin{pmatrix}5&3&0\\2&-7&-1\end{pmatrix}$，求 $\boldsymbol{A}+\boldsymbol{B}$，$\boldsymbol{A}-\boldsymbol{B}$，$\boldsymbol{A}+2\boldsymbol{B}$.

2. 设 $\boldsymbol{A}=\begin{pmatrix}1&2&1&2\\2&1&2&1\\1&2&3&4\end{pmatrix}$，$\boldsymbol{B}=\begin{pmatrix}4&3&2&1\\-2&1&-2&1\\0&-1&0&-1\end{pmatrix}$，若 $3(\boldsymbol{A}+\boldsymbol{X})-2(\boldsymbol{B}-\boldsymbol{X})=\boldsymbol{O}$，求 $\boldsymbol{X}$.

3. 计算下列矩阵的乘积.

（1）$\begin{pmatrix}1&2&3&4\end{pmatrix}\begin{pmatrix}4\\3\\2\\1\end{pmatrix}$；　　（2）$\begin{pmatrix}2\\1\\7\\5\end{pmatrix}\begin{pmatrix}1&1&1&1\end{pmatrix}$；

（3）$\begin{pmatrix} 8 & 0 & -1 \\ 2 & 4 & 1 \\ -3 & -2 & 1 \end{pmatrix}\begin{pmatrix} 1 \\ -2 \\ 3 \end{pmatrix}$；（4）$\begin{pmatrix} -1 & 1 & 2 \\ 2 & 0 & 1 \\ 4 & 3 & 0 \end{pmatrix}\begin{pmatrix} 2 & 4 \\ 3 & 7 \\ 5 & 4 \end{pmatrix}$

（5）$\begin{pmatrix} 2 & 1 & 4 & 0 \end{pmatrix}\begin{pmatrix} 1 & 3 & 1 \\ 0 & -1 & 2 \\ 1 & -3 & 1 \\ 4 & 0 & 2 \end{pmatrix}$；（6）$\begin{pmatrix} 2 & 1 & 4 & 0 \\ 1 & -1 & 3 & 4 \end{pmatrix}\begin{pmatrix} 1 & 3 & 1 \\ 0 & -1 & 2 \\ 1 & -3 & 1 \\ 4 & 0 & 2 \end{pmatrix}$；

（7）$\begin{pmatrix} 1 & 2 & 3 \\ 2 & 4 & 6 \\ 3 & 6 & 9 \end{pmatrix}\begin{pmatrix} -1 & -2 & -4 \\ -1 & -2 & -4 \\ 1 & 2 & 4 \end{pmatrix}$；（8）$\begin{pmatrix} 1 & 2 & 1 & 1 \\ 0 & 1 & -1 & 2 \\ 0 & 0 & 2 & 1 \\ 0 & 0 & 0 & 3 \end{pmatrix}\begin{pmatrix} 1 & 1 & 3 & 1 \\ 0 & 1 & 2 & -1 \\ 0 & 0 & -2 & 3 \\ 0 & 0 & 0 & -3 \end{pmatrix}$.

4. 设$\boldsymbol{A}=\begin{pmatrix} 1 & -3 \\ 2 & 1 \\ -1 & 2 \end{pmatrix}$，$\boldsymbol{B}=\begin{pmatrix} 2 & 1 & 3 \\ 1 & 0 & -1 \end{pmatrix}$，求$3\boldsymbol{A}+2\boldsymbol{B}^{\mathrm{T}}$，$2\boldsymbol{A}^{\mathrm{T}}-\boldsymbol{B}$.

5. 求下列方阵的幂.

（1）$\begin{pmatrix} 1 & -1 \\ 1 & -1 \end{pmatrix}^3$；（2）$\begin{pmatrix} 1 & 1 & 1 \\ 0 & 1 & 1 \\ 0 & 0 & 1 \end{pmatrix}^2$；

（3）$\begin{pmatrix} 1 & 3 & 1 \\ 3 & 2 & 0 \\ 2 & 1 & 0 \end{pmatrix}^2$；（4）$\begin{pmatrix} 0 & 0 & 0 \\ 1 & 0 & 0 \\ 0 & 1 & 0 \end{pmatrix}^3$；

（5）$\begin{pmatrix} 2 & 0 & 0 \\ 0 & 3 & 0 \\ 0 & 0 & 4 \end{pmatrix}^n$.

2.3 逆矩阵

由上一节我们可以看到，矩阵与复数相仿，也有加法、减法、乘法三种运算．矩阵的乘法是否也和复数一样有逆运算呢？这就是本节所要讨论的问题．本节所讨论的矩阵，如不特别说明，都是$n\times n$矩阵.

对于任意的n阶方阵$\boldsymbol{A}$都有

$$\boldsymbol{AE}=\boldsymbol{EA}=\boldsymbol{A},$$

这里$\boldsymbol{E}$是n阶单位矩阵．所以从乘法角度看，n阶单位矩阵在n阶方阵$\boldsymbol{A}$中的地位类似于 1 在复数中的地位．一个复数的倒数可以用等式

$$aa^{-1}=1$$

来刻化，矩阵也可如此.

2.3.1　逆矩阵的概念

例如，计算 $\boldsymbol{AB}$，$\boldsymbol{BA}$.

（1）$\boldsymbol{A}=\begin{pmatrix}2&3\\4&5\end{pmatrix}$，$\boldsymbol{B}=\begin{pmatrix}-\frac{5}{2}&\frac{3}{2}\\2&-1\end{pmatrix}$；

（2）$\boldsymbol{A}=\begin{pmatrix}1&0&1\\2&1&0\\-3&2&-5\end{pmatrix}$，$\boldsymbol{B}=\begin{pmatrix}-\frac{5}{2}&1&-\frac{1}{2}\\5&-1&1\\\frac{7}{2}&-1&\frac{1}{2}\end{pmatrix}$.

解　（1）$\boldsymbol{AB}=\begin{pmatrix}2&3\\4&5\end{pmatrix}\begin{pmatrix}-\frac{5}{2}&\frac{3}{2}\\2&-1\end{pmatrix}=\begin{pmatrix}1&0\\0&1\end{pmatrix}$，

$$\boldsymbol{BA}=\begin{pmatrix}-\frac{5}{2}&\frac{3}{2}\\2&-1\end{pmatrix}\begin{pmatrix}2&3\\4&5\end{pmatrix}=\begin{pmatrix}1&0\\0&1\end{pmatrix};$$

（2）$\boldsymbol{AB}=\begin{pmatrix}1&0&1\\2&1&0\\-3&2&-5\end{pmatrix}\begin{pmatrix}-\frac{5}{2}&1&-\frac{1}{2}\\5&-1&1\\\frac{7}{2}&-1&\frac{1}{2}\end{pmatrix}=\begin{pmatrix}1&0&0\\0&1&0\\0&0&1\end{pmatrix}$，

$$\boldsymbol{BA}=\begin{pmatrix}-\frac{5}{2}&1&-\frac{1}{2}\\5&-1&1\\\frac{7}{2}&-1&\frac{1}{2}\end{pmatrix}\begin{pmatrix}1&0&1\\2&1&0\\-3&2&-5\end{pmatrix}=\begin{pmatrix}1&0&0\\0&1&0\\0&0&1\end{pmatrix}.$$

可以看出，这里 $\boldsymbol{AB}=\boldsymbol{BA}=\boldsymbol{E}$，这样的方阵 $\boldsymbol{A},\boldsymbol{B}$ 有什么特点，是怎样得到的？

再有，设线性变换

$$\begin{cases}y_1=a_{11}x_1+a_{12}x_2+\cdots+a_{1n}x_n\\y_2=a_{21}x_1+a_{22}x_2+\cdots+a_{2n}x_n\\\cdots\cdots\\y_n=a_{n1}x_1+a_{n2}x_2+\cdots+a_{nn}x_n\end{cases}\qquad(7)$$

它的系数矩阵是一个 n 阶方阵 $\boldsymbol{A}$，若记

$$\boldsymbol{X}=\begin{pmatrix}x_1\\x_2\\\vdots\\x_n\end{pmatrix},\quad\boldsymbol{Y}=\begin{pmatrix}y_1\\y_2\\\vdots\\y_n\end{pmatrix},$$

则线性变换可表示为

$$\boldsymbol{Y}=\boldsymbol{AX}.\qquad(8)$$

如果存在一个方阵 $\boldsymbol{B}$ 左乘（8），且使得 $\boldsymbol{BA}=\boldsymbol{E}$，那么有

$$\boldsymbol{X}=\boldsymbol{BY} \tag{9}$$

从而将（7）这样一个由 $\boldsymbol{X}$ 到 $\boldsymbol{Y}$ 的线性变换，变成了（9）这样一个由 $\boldsymbol{Y}$ 到 $\boldsymbol{X}$ 的线性变换.

而将（9）代入（8）中，便有

$$\boldsymbol{Y}=\boldsymbol{AX}=\boldsymbol{A}(\boldsymbol{BY})=(\boldsymbol{AB})\boldsymbol{Y},$$

这说明 $\boldsymbol{AB}=\boldsymbol{E}$. 将（8）代入（9）中可得

$$\boldsymbol{X}=\boldsymbol{BY}=\boldsymbol{B}(\boldsymbol{AX})=(\boldsymbol{BA})\boldsymbol{X},$$

即 $\boldsymbol{BA}=\boldsymbol{E}$. 于是

$$\boldsymbol{AB}=\boldsymbol{BA}=\boldsymbol{E}.$$

因此我们给出逆矩阵定义.

定义 7 对于 n 阶方阵 $\boldsymbol{A}$，如果存在 n 阶方阵 $\boldsymbol{B}$，使得

$$\boldsymbol{AB}=\boldsymbol{BA}=\boldsymbol{E}\ （E 为 n 阶单位阵）,$$

则称 $\boldsymbol{A}$ 是**可逆的**，$\boldsymbol{B}$ 称为 $\boldsymbol{A}$ 的**逆矩阵**，简称**逆阵**.

由定义可以看出：如果 $\boldsymbol{A}$ 是可逆的，那么它的逆矩阵是唯一的. 这是因为：假设 $\boldsymbol{B},\boldsymbol{C}$ 均为 $\boldsymbol{A}$ 的可逆矩阵，则有

$$\boldsymbol{B}=\boldsymbol{BE}=\boldsymbol{B}(\boldsymbol{AC})=(\boldsymbol{BA})\boldsymbol{C}=\boldsymbol{EC}=\boldsymbol{C},$$

所以 $\boldsymbol{A}$ 的逆矩阵是唯一的.

$\boldsymbol{A}$ 的逆矩阵记作记为 $\boldsymbol{A}^{-1}$，即若 $\boldsymbol{AB}=\boldsymbol{BA}=\boldsymbol{E}$，则 $\boldsymbol{B}=\boldsymbol{A}^{-1}$.

2.3.2 逆矩阵的求法

下面又提出新的问题：在什么条件下，矩阵 $\boldsymbol{A}$ 是可逆的？如果 $\boldsymbol{A}$ 可逆，怎样求 $\boldsymbol{A}^{-1}$？

定义 8 设 $\boldsymbol{A}_{ij}$ 是矩阵

$$\boldsymbol{A}=\begin{pmatrix} a_{11} & a_{12} & \cdots & a_{1n} \\ a_{21} & a_{22} & \cdots & a_{2n} \\ \vdots & \vdots & & \vdots \\ a_{n1} & a_{n2} & \cdots & a_{nn} \end{pmatrix}$$

中各个元素 a_{ij} 的代数余子式，构成的如下的矩阵

$$\boldsymbol{A}^*=\begin{pmatrix} \boldsymbol{A}_{11} & \boldsymbol{A}_{21} & \cdots & \boldsymbol{A}_{n1} \\ \boldsymbol{A}_{12} & \boldsymbol{A}_{22} & \cdots & \boldsymbol{A}_{n2} \\ \vdots & \vdots & & \vdots \\ \boldsymbol{A}_{1n} & \boldsymbol{A}_{2n} & \cdots & \boldsymbol{A}_{nn} \end{pmatrix},$$

称为矩阵 $\boldsymbol{A}$ **伴随矩阵**，简称**伴随阵**.

例 13 已知

（1）$\boldsymbol{A}=\begin{pmatrix} 2 & 3 \\ 4 & 5 \end{pmatrix}$；

（2）$\boldsymbol{A}=\begin{pmatrix} 1 & 0 & 1 \\ 2 & 1 & 0 \\ -3 & 2 & -5 \end{pmatrix}$.

先计算$|A|$，A^*；再求$A\left(\frac{1}{|A|}A^*\right)$，$\left(\frac{1}{|A|}A^*\right)A$.

解　（1）$|A|=-2$，因为

$$A_{11}=5,\quad A_{21}=-3,\quad A_{12}=-4,\quad A_{22}=2,$$

所以

$$A^*=\begin{pmatrix} A_{11} & A_{21} \\ A_{12} & A_{22} \end{pmatrix}=\begin{pmatrix} 5 & -3 \\ -4 & 2 \end{pmatrix};$$

$$A\left(\frac{1}{|A|}A^*\right)=\begin{pmatrix} 2 & 3 \\ 4 & 5 \end{pmatrix}\left[-\frac{1}{2}\begin{pmatrix} 5 & -3 \\ -4 & 2 \end{pmatrix}\right]=\begin{pmatrix} 1 & 0 \\ 0 & 1 \end{pmatrix},$$

$$\left(\frac{1}{|A|}A^*\right)A=\left[-\frac{1}{2}\begin{pmatrix} 5 & -3 \\ -4 & 2 \end{pmatrix}\right]\begin{pmatrix} 2 & 3 \\ 4 & 5 \end{pmatrix}=\begin{pmatrix} 1 & 0 \\ 0 & 1 \end{pmatrix},$$

即

$$A\left(\frac{1}{|A|}A^*\right)=\left(\frac{1}{|A|}A^*\right)A=E.$$

根据逆矩阵定义，可知

$$A^{-1}=\frac{1}{|A|}A^*.$$

（2）$|A|=2$，因为

$$A_{11}=\begin{vmatrix} 1 & 0 \\ 2 & -5 \end{vmatrix}=-5,\quad A_{21}=-\begin{vmatrix} 0 & 1 \\ 2 & -5 \end{vmatrix}=2,\quad A_{31}=\begin{vmatrix} 0 & 1 \\ 1 & 0 \end{vmatrix}=-1,$$

$$A_{12}=-\begin{vmatrix} 2 & 0 \\ -3 & -5 \end{vmatrix}=10,\quad A_{22}=\begin{vmatrix} 1 & 1 \\ -3 & -5 \end{vmatrix}=-2,\quad A_{32}=-\begin{vmatrix} 1 & 1 \\ 2 & 0 \end{vmatrix}=2,$$

$$A_{13}=\begin{vmatrix} 2 & 1 \\ -3 & 2 \end{vmatrix}=7,\quad A_{23}=-\begin{vmatrix} 1 & 0 \\ -3 & 2 \end{vmatrix}=-2,\quad A_{33}=\begin{vmatrix} 1 & 0 \\ 2 & 1 \end{vmatrix}=1,$$

所以

$$A^*=\begin{pmatrix} -5 & 2 & -1 \\ 10 & -2 & 2 \\ 7 & -2 & 1 \end{pmatrix},$$

于是

$$AA^*=\begin{pmatrix} 1 & 0 & 1 \\ 2 & 1 & 0 \\ -3 & 2 & -5 \end{pmatrix}\begin{pmatrix} -5 & 2 & -1 \\ 10 & -2 & 2 \\ 7 & -2 & 1 \end{pmatrix}=\begin{pmatrix} 2 & 0 & 0 \\ 0 & 2 & 0 \\ 0 & 0 & 2 \end{pmatrix},$$

$$A^*A=\begin{pmatrix} -5 & 2 & -1 \\ 10 & -2 & 2 \\ 7 & -2 & 1 \end{pmatrix}\begin{pmatrix} 1 & 0 & 1 \\ 2 & 1 & 0 \\ -3 & 2 & -5 \end{pmatrix}=\begin{pmatrix} 2 & 0 & 0 \\ 0 & 2 & 0 \\ 0 & 0 & 2 \end{pmatrix}.$$

故

$$A\left(\frac{1}{|A|}A^*\right)=\frac{1}{|A|}\left(AA^*\right)=E,$$

$$\left(\frac{1}{|A|}A^*\right)A=\frac{1}{|A|}\left(A^*A\right)=E.$$

即

$$A\left(\frac{1}{|A|}A^*\right)=\left(\frac{1}{|A|}A^*\right)A=E.$$

一般地，由行列式按一行（列）展开定理可以得出：

$$AA^*=A^*A=\begin{pmatrix} d & 0 & \cdots & 0 \\ 0 & d & \cdots & 0 \\ \vdots & \vdots & & \vdots \\ 0 & 0 & \cdots & d \end{pmatrix}=dE,$$

其中 $d=|A|$.

如果 $d=|A|\neq 0$，那么上式可以写为

$$A\left(\frac{1}{d}A^*\right)=\left(\frac{1}{d}A^*\right)A=E.$$

定理 1 若矩阵 A 可逆，则 $|A|\neq 0$.

因为若矩阵 A 可逆，则存在 A^{-1}，使得 $AA^{-1}=E$, 则 $|AA^{-1}|=|A||A^{-1}|=|E|=1$, 即 $|A|\neq 0$.

定理 2 若 $|A|\neq 0$, 则矩阵 A 可逆，且

$$A^{-1}=\frac{1}{|A|}A^*,$$

其中 A^* 为 A 的伴随矩阵.

由此可得：矩阵 A 可逆的充分必要条件是 $|A|\neq 0$, 即可逆矩阵就是非奇异矩阵.

由此定理可以看出，对于 n 阶方阵 A 与 B，如果

$$AB=E,$$

则 A 与 B 都是可逆的并且它们互为逆矩阵. 即

推论 若 $AB=BA=E$, 则 $B=A^{-1}$.

可以看出，定理 2 不但给出了一矩阵可逆的条件，同时也给出了求逆矩阵的方法，通过求伴随矩阵从而求出逆矩阵. 不过用此方法来求逆矩阵，计算量一般非常大，以后将介绍另一种方法.

逆矩阵具有如下的运算规律：

（1）若矩阵 A 可逆，则 A^{-1} 可逆，且 $(A^{-1})^{-1}=A$，$|A^{-1}|=|A|^{-1}$；

（2）若矩阵 A 可逆，数 $\lambda\neq 0$, 则 λA 可逆，且 $(\lambda A)^{-1}=\frac{1}{\lambda}A^{-1}$；

（3）若同阶矩阵 A,B 可逆，则 AB 可逆，且 $(AB)^{-1}=B^{-1}A^{-1}$.

利用矩阵的逆，可以给出克莱姆法则的另一种推导法. 线性方程组

$$\begin{cases} a_{11}x_1 + a_{12}x_2 + \cdots + a_{1n}x_n = b_1, \\ a_{21}x_1 + a_{22}x_2 + \cdots + a_{2n}x_n = b_2, \\ \cdots\cdots \\ a_{n1}x_1 + a_{n2}x_2 + \cdots + a_{nn}x_n = b_n. \end{cases}$$

可以写成

$$\boldsymbol{AX} = \boldsymbol{B}.$$

如果 $|\boldsymbol{A}| \neq 0$，那么 $\boldsymbol{A}$ 可逆，将

$$\boldsymbol{X} = \boldsymbol{A}^{-1}\boldsymbol{B}$$

代入 $\boldsymbol{AX} = \boldsymbol{B}$ 得恒等式 $\boldsymbol{A}\left(\boldsymbol{A}^{-1}\boldsymbol{B}\right) = \boldsymbol{B}$,也就是说 $\boldsymbol{A}^{-1}\boldsymbol{B}$ 是一个解.

如果线性方程组有另一个解

$$\boldsymbol{X} = \boldsymbol{C},$$

那么由

$$\boldsymbol{AC} = \boldsymbol{B}$$

得

$$\boldsymbol{A}^{-1}(\boldsymbol{AC}) = \boldsymbol{A}^{-1}\boldsymbol{B},$$

即

$$\boldsymbol{C} = \boldsymbol{A}^{-1}\boldsymbol{B}.$$

也就是说，解 $\boldsymbol{A}^{-1}\boldsymbol{B}$ 是唯一的. 用 $\boldsymbol{A}^{-1} = \dfrac{1}{|\boldsymbol{A}|}\boldsymbol{A}^*$ 代入，即可得克莱姆法则所给公式.

我们可以根据定理 2，通过求伴随矩阵的方法来求逆矩阵.

例 14　求二阶方阵 $\boldsymbol{A} = \begin{pmatrix} a & b \\ c & d \end{pmatrix}$（$ad-bc \neq 0$）的逆矩阵.

解　二阶行列式 $|\boldsymbol{A}| = \begin{vmatrix} a & b \\ c & d \end{vmatrix} = ad - bc \neq 0$，由定理 2 可知 $\boldsymbol{A}$ 可逆,很显然

$$\boldsymbol{A}^* = \begin{pmatrix} \boldsymbol{A}_{11} & \boldsymbol{A}_{21} \\ \boldsymbol{A}_{12} & \boldsymbol{A}_{22} \end{pmatrix} = \begin{pmatrix} d & -b \\ -c & a \end{pmatrix},$$

再由定理 2，有

$$\boldsymbol{A}^{-1} = \frac{1}{|\boldsymbol{A}|}\boldsymbol{A}^* = \frac{1}{ad-bc}\begin{pmatrix} d & -b \\ -c & a \end{pmatrix}.$$

例 15　求三阶方阵 $\boldsymbol{A} = \begin{pmatrix} 1 & 2 & 3 \\ 2 & 2 & 1 \\ 3 & 4 & 3 \end{pmatrix}$ 的逆矩阵.

解　因为 $|\boldsymbol{A}| = \begin{vmatrix} 1 & 2 & 3 \\ 2 & 2 & 1 \\ 3 & 4 & 3 \end{vmatrix} = 2 \neq 0$，由定理 2，$\boldsymbol{A}$ 可逆，再计算 $|\boldsymbol{A}|$ 的代数余子式

$$\begin{aligned} &\boldsymbol{A}_{11} = 2, \boldsymbol{A}_{12} = -3, \boldsymbol{A}_{13} = 2, \\ &\boldsymbol{A}_{21} = 6, \boldsymbol{A}_{22} = -6, \boldsymbol{A}_{23} = 2, \\ &\boldsymbol{A}_{31} = -4, \boldsymbol{A}_{32} = 5, \boldsymbol{A}_{33} = -2, \end{aligned}$$

得

$$A^* = \begin{pmatrix} A_{11} & A_{21} & A_{31} \\ A_{12} & A_{22} & A_{32} \\ A_{13} & A_{23} & A_{33} \end{pmatrix} = \begin{pmatrix} 2 & 6 & -4 \\ -3 & -6 & 5 \\ 2 & 2 & -2 \end{pmatrix},$$

所以

$$A^{-1} = \frac{1}{|A|}A^* = \begin{pmatrix} 1 & 3 & -2 \\ -\dfrac{3}{2} & -3 & \dfrac{5}{2} \\ 1 & 1 & -1 \end{pmatrix}.$$

例 16 设矩阵 $A = \begin{pmatrix} 2 & 1 \\ 5 & 3 \end{pmatrix}$，$B = \begin{pmatrix} 2 & 0 \\ 0 & 3 \\ 1 & 1 \end{pmatrix}$，若 $XA = B$，求未知矩阵 X.

解 若 A^{-1} 存在，则用 A^{-1} 右乘上式，可得

$$XAA^{-1} = BA^{-1}，即 X = BA^{-1},$$

因为 $|A| = \begin{vmatrix} 2 & 1 \\ 5 & 3 \end{vmatrix} = 1 \neq 0$,则 A 可逆，

且

$$A^{-1} = \frac{1}{|A|}A^* = \frac{1}{1}\begin{pmatrix} 3 & -1 \\ -5 & 2 \end{pmatrix},$$

所以 $X = \begin{pmatrix} 2 & 0 \\ 0 & 3 \\ 1 & 1 \end{pmatrix}\begin{pmatrix} 3 & -1 \\ -5 & 2 \end{pmatrix} = \begin{pmatrix} 6 & -2 \\ -15 & 6 \\ -2 & 1 \end{pmatrix}$.

例 17 解矩阵方程

$$\begin{pmatrix} 2 & 1 \\ 3 & 2 \end{pmatrix} X \begin{pmatrix} -3 & 2 \\ 5 & -3 \end{pmatrix} = \begin{pmatrix} -2 & 4 \\ 3 & -1 \end{pmatrix}.$$

解 设

$$A = \begin{pmatrix} 2 & 1 \\ 3 & 2 \end{pmatrix},\ B = \begin{pmatrix} -3 & 2 \\ 5 & -3 \end{pmatrix},\ C = \begin{pmatrix} -2 & 4 \\ 3 & -1 \end{pmatrix}.$$

上述矩阵方程可表示为

$$AXB = C.$$

若 A^{-1}、B^{-1} 存在，则用 A^{-1} 左乘上式，B^{-1} 右乘上式，可得

$$A^{-1}AXBB^{-1} = A^{-1}CB^{-1},$$

由矩阵乘法的结合律，即

$$X = A^{-1}CB^{-1}.$$

由于

$$|A| = \begin{vmatrix} 2 & 1 \\ 3 & 2 \end{vmatrix} = 1 \neq 0,\ |B| = \begin{vmatrix} -3 & 2 \\ 5 & -3 \end{vmatrix} = -1 \neq 0,$$

且

$$A^{-1} = \begin{pmatrix} 2 & -1 \\ -3 & 2 \end{pmatrix},\ B^{-1} = \begin{pmatrix} 3 & 2 \\ 5 & 3 \end{pmatrix},$$

所以

$$X = A^{-1}CB^{-1} = \begin{pmatrix} 2 & -1 \\ -3 & 2 \end{pmatrix}\begin{pmatrix} -2 & 4 \\ 3 & -1 \end{pmatrix}\begin{pmatrix} 3 & 2 \\ 5 & 3 \end{pmatrix} = \begin{pmatrix} 24 & 13 \\ -34 & -18 \end{pmatrix}.$$

例 18　已知 $X = AX + B$，其中 $A = \begin{pmatrix} 0 & 1 & 0 \\ -1 & 1 & 1 \\ -1 & 0 & -1 \end{pmatrix}$，$B = \begin{pmatrix} 1 & -1 \\ 2 & 0 \\ 5 & -3 \end{pmatrix}$，求矩阵 X.

解　由已知条件 $X = AX + B$ 可得 $(E - A)X = B$．而

$$E - A = \begin{pmatrix} 1 & 0 & 0 \\ 0 & 1 & 0 \\ 0 & 0 & 1 \end{pmatrix} - \begin{pmatrix} 0 & 1 & 0 \\ -1 & 1 & 1 \\ -1 & 0 & -1 \end{pmatrix} = \begin{pmatrix} 1 & -1 & 0 \\ 1 & 0 & -1 \\ 1 & 0 & 2 \end{pmatrix},$$

故 $|E - A| = 3 \neq 0$，所以 $E - A$ 可逆．而

$$(E - A)^{-1} = \frac{1}{3}\begin{pmatrix} 0 & 2 & 1 \\ -3 & 2 & 1 \\ 0 & -1 & 1 \end{pmatrix},$$

所以

$$X = (E - A)^{-1}B = \frac{1}{3}\begin{pmatrix} 0 & 2 & 1 \\ -3 & 2 & 1 \\ 0 & -1 & 1 \end{pmatrix}\begin{pmatrix} 1 & -1 \\ 2 & 0 \\ 5 & -3 \end{pmatrix} = \begin{pmatrix} 3 & -1 \\ 2 & 0 \\ 1 & -1 \end{pmatrix}.$$

例 19　可逆方阵可用来对需要传输的信息加密．首先给每个字母对应一个不同的数字，如表 2.1，表 2.2 所示。

表 2.1

字母	*a*	*b*	*c*	*d*	*e*	*f*	*g*	*h*	*i*	*j*	*k*	*l*	*m*	*n*
数字	1	2	3	4	5	6	7	8	9	10	11	12	13	14

表 2.2

字母	*o*	*p*	*q*	*r*	*s*	*t*	*u*	*v*	*w*	*x*	*y*	*z*	空格
数字	15	16	17	18	19	20	21	22	23	24	25	26	0

于是为传输信息

GO NORTHEAST

把每个字母或空格对应的数字按从左到右的顺序，先写第一列，再写第二、第三、第四列，构成 3×4 阶矩阵：

$$B = \begin{pmatrix} 7 & 14 & 20 & 1 \\ 15 & 15 & 8 & 19 \\ 0 & 18 & 5 & 20 \end{pmatrix}.$$

如果直接发送矩阵 B，这是不加密的信息，容易被破译，无论是在商业上还是在军事上均不可行，因此必须对信息予以加密，使得只有知道密码的接收者才能准确、快速破译．为此，可以取定三阶可逆矩阵 A，并且满足 $|A| = \pm 1$．令

$$C=AB$$

则 C 是 3×4 阶矩阵，其元素也均为整数. 现发送加密后的信息矩阵 C，已方接收者只需用矩阵 A^{-1} 进行解密，就得到发送者的信息：

$$B=A^{-1}C.$$

例如，取

$$A=\begin{pmatrix}1&1&1\\-1&0&1\\0&1&1\end{pmatrix},$$

则 $|A|=-1$，且

$$A^{-1}=\begin{pmatrix}1&0&-1\\-1&-1&2\\1&1&-1\end{pmatrix}.$$

现发送矩阵

$$C=AB=\begin{pmatrix}1&1&1\\-1&0&1\\0&1&1\end{pmatrix}\begin{pmatrix}7&14&20&1\\15&15&8&19\\0&18&5&20\end{pmatrix}=\begin{pmatrix}22&47&33&40\\-7&4&-15&19\\15&33&13&39\end{pmatrix}.$$

接收者收到矩阵 C 后，用 A^{-1} 解密：

$$B=A^{-1}C=\begin{pmatrix}1&0&-1\\-1&-1&2\\1&1&-1\end{pmatrix}\begin{pmatrix}22&47&33&40\\-7&4&-15&19\\15&33&13&39\end{pmatrix}=\begin{pmatrix}7&14&20&1\\15&15&8&19\\0&18&5&20\end{pmatrix}.$$

即

GO NORTHEAST.

这里所述的只是原理，在实际应用中，用于加密的可逆矩阵 A 的阶数可能很大，其构造也十分复杂. 比如银行的账户加密系统就要复杂得多.

当然逆矩阵的应用很广，在各行各业都有它的用途，这里不再赘述. 有兴趣的同学可以参阅这方面的书籍.

习题 2.3

1. 判断下列方阵是否可逆，如果可逆，求其逆矩阵.

（1）$\begin{pmatrix}a&b\\c&d\end{pmatrix}(ad-bc\neq0)$；（2）$\begin{pmatrix}0&-2&1\\3&0&-2\\-2&3&0\end{pmatrix}$；

（3）$\begin{pmatrix}1&0&2\\2&1&0\\3&2&1\end{pmatrix}$；（4）$\begin{pmatrix}1&2&3&4\\0&1&2&3\\0&0&1&2\\0&0&0&1\end{pmatrix}$.

（5）$\begin{pmatrix} 3 & 2 & 1 \\ 3 & 1 & 5 \\ 3 & 2 & 3 \end{pmatrix}$；　　（6）$\begin{pmatrix} 1 & 2 & 3 \\ 2 & 2 & 1 \\ 3 & 4 & 3 \end{pmatrix}$；

（7）$\begin{pmatrix} 2 & -2 & 3 \\ 1 & 1 & 1 \\ 1 & 3 & -1 \end{pmatrix}$；　　（8）$\begin{pmatrix} 2 & 2 & 3 \\ 1 & -1 & 0 \\ -1 & 2 & 1 \end{pmatrix}$.

2. 应用逆矩阵解下列矩阵方程，求出未知矩阵 $\boldsymbol{X}$.

（1）$\begin{pmatrix} 2 & 5 \\ 1 & 3 \end{pmatrix}\boldsymbol{X}=\begin{pmatrix} 4 & -6 \\ 2 & 1 \end{pmatrix}$；

（2）$\boldsymbol{X}\begin{pmatrix} 1 & 1 & -1 \\ 2 & 1 & 0 \\ 1 & -1 & 1 \end{pmatrix}=\begin{pmatrix} 1 & 1 & 3 \\ 4 & 3 & 2 \\ 1 & 2 & 5 \end{pmatrix}$；

（3）$\begin{pmatrix} 2 & 1 \\ 3 & 2 \end{pmatrix}\boldsymbol{X}\begin{pmatrix} -3 & 2 \\ 5 & -3 \end{pmatrix}=\begin{pmatrix} 2 & 4 \\ 3 & 1 \end{pmatrix}$；

（4）设 $\boldsymbol{A}=\begin{pmatrix} 1 & -1 & 0 \\ 0 & 1 & -1 \\ -1 & 0 & 1 \end{pmatrix}$，$\boldsymbol{AX}=2\boldsymbol{X}+\boldsymbol{A}$；

（5）$\begin{pmatrix} 0 & 1 & 0 \\ 1 & 0 & 0 \\ 0 & 0 & 1 \end{pmatrix}\boldsymbol{X}\begin{pmatrix} 1 & 0 & 0 \\ 0 & 0 & 1 \\ 0 & 1 & 0 \end{pmatrix}=\begin{pmatrix} 1 & -4 & 2 \\ 2 & 0 & -1 \\ 1 & -2 & 0 \end{pmatrix}$；

（6）$\begin{pmatrix} 3 & 0 & 0 \\ 0 & 1 & -1 \\ 0 & 1 & 4 \end{pmatrix}\boldsymbol{X}=2\boldsymbol{X}+\begin{pmatrix} 3 & 6 \\ 1 & 1 \\ 2 & 3 \end{pmatrix}$.

3. 用逆阵解下列线性方程组.

（1）$\begin{cases} 2x_1+3x_2+4x_3=0 \\ x_1+x_2+9x_3=2 \\ x_1+2x_2-6x_3=1 \end{cases}$；　　（2）$\begin{cases} x_1-x_2-x_3=2 \\ 2x_1-x_2-3x_3=1 \\ 3x_1+2x_2-5x_3=0 \end{cases}$；

（3）$\begin{cases} x_1+2x_2+3x_3=1 \\ 2x_1+2x_2+5x_3=2 \\ 3x_1+5x_2+x_3=3 \end{cases}$；　　（4）$\begin{cases} x_1+3x_2-5x_3-6x_4=1 \\ x_1+2x_2-3x_3-4x_4=0 \\ x_1-3x_2-x_3-2x_4=-1 \\ x_1+5x_2+x_3-x_4=0 \end{cases}$.

2.4　矩阵分块法

2.4.1　矩阵的分块概念

这一节，我们将介绍一个在处理级数较高的矩阵时常用的方法，也就是矩阵的分块.有时候，我们可以把一个大矩阵看作是由若干个小矩阵组成的，如同矩阵是由数组成的一样，将矩阵用若干条横线和竖线分成许多个小矩阵，每一个小矩阵称为矩阵的**子块**，特别在运算中，把这些小矩阵当作数一样来对待.这就是所谓的**矩阵的分块**.

例如对于3×4矩阵

$$\boldsymbol{A}=\begin{pmatrix} a_{11} & a_{12} & a_{13} & a_{14} \\ a_{21} & a_{22} & a_{23} & a_{24} \\ a_{31} & a_{32} & a_{33} & a_{34} \end{pmatrix}$$

来说，分成子块的方法有很多种，这里举出三种分块形式：

（1）$\boldsymbol{A}=\left(\begin{array}{cc|cc} a_{11} & a_{12} & a_{13} & a_{14} \\ a_{21} & a_{22} & a_{23} & a_{24} \\ \hline a_{31} & a_{32} & a_{33} & a_{34} \end{array}\right)$，（2）$\boldsymbol{A}=\left(\begin{array}{c|cc|c} a_{11} & a_{12} & a_{13} & a_{14} \\ a_{21} & a_{22} & a_{23} & a_{24} \\ \hline a_{31} & a_{32} & a_{33} & a_{34} \end{array}\right)$，

（3）$\boldsymbol{A}=\left(\begin{array}{c|c|c|c} a_{11} & a_{12} & a_{13} & a_{14} \\ a_{21} & a_{22} & a_{23} & a_{24} \\ a_{31} & a_{32} & a_{33} & a_{34} \end{array}\right)$.

第（1）种分法可记作

$$\boldsymbol{A}=\begin{pmatrix} \boldsymbol{A}_{11} & \boldsymbol{A}_{12} \\ \boldsymbol{A}_{21} & \boldsymbol{A}_{22} \end{pmatrix},$$

其中

$$\boldsymbol{A}_{11}=\begin{pmatrix} a_{11} & a_{12} \\ a_{21} & a_{22} \end{pmatrix},\quad \boldsymbol{A}_{12}=\begin{pmatrix} a_{13} & a_{14} \\ a_{23} & a_{24} \end{pmatrix},$$

$$\boldsymbol{A}_{21}=(a_{31}\quad {}_{32}),\quad \boldsymbol{A}_{22}=(a_{33}\quad {}_{34}).$$

即$\boldsymbol{A}_{11},\boldsymbol{A}_{12},\boldsymbol{A}_{21},\boldsymbol{A}_{22}$为矩阵$\boldsymbol{A}$的子块，矩阵$\boldsymbol{A}$形式上成为这些子块为元素的分块矩阵.

2.4.2 分块矩阵的计算

分块矩阵的运算规则与之前介绍的普通矩阵运算有类似的规则：

（1）设$\boldsymbol{A},\boldsymbol{B}$为同型矩阵，且采用相同的分块法，即

$$\boldsymbol{A}=\begin{pmatrix} \boldsymbol{A}_{11} & \cdots & \boldsymbol{A}_{1r} \\ \vdots & & \vdots \\ \boldsymbol{A}_{s1} & \cdots & \boldsymbol{A}_{sr} \end{pmatrix},\boldsymbol{B}=\begin{pmatrix} \boldsymbol{B}_{11} & \cdots & \boldsymbol{B}_{1r} \\ \vdots & & \vdots \\ B_{s1} & \cdots & \boldsymbol{B}_{sr} \end{pmatrix},$$

这里$\boldsymbol{A}_{ij},\boldsymbol{B}_{ij}$的行数列数均相同，那么

$$\boldsymbol{A}+\boldsymbol{B}=\begin{pmatrix} \boldsymbol{A}_{11}+\boldsymbol{B}_{11} & \cdots & \boldsymbol{A}_{1r}+\boldsymbol{B}_{1r} \\ \vdots & & \vdots \\ \boldsymbol{A}_{s1}+\boldsymbol{B}_{s1} & \cdots & \boldsymbol{A}_{sr}+\boldsymbol{B}_{sr} \end{pmatrix}.$$

（2）设$\boldsymbol{A}=\begin{pmatrix} \boldsymbol{A}_{11} & \cdots & \boldsymbol{A}_{1r} \\ \vdots & & \vdots \\ \boldsymbol{A}_{s1} & \cdots & \boldsymbol{A}_{sr} \end{pmatrix}$，$\lambda$为数，那么

$$\lambda\boldsymbol{A}=\begin{pmatrix} \lambda\boldsymbol{A}_{11} & \cdots & \lambda\boldsymbol{A}_{1r} \\ \vdots & & \vdots \\ \lambda\boldsymbol{A}_{s1} & \cdots & \lambda\boldsymbol{A}_{sr} \end{pmatrix}.$$

（3）设 $\boldsymbol{A}$ 为 $m\times l$ 矩阵，$\boldsymbol{B}$ 为 $l\times n$ 矩阵，分块成

$$\boldsymbol{A}=\begin{pmatrix}\boldsymbol{A}_{11} & \cdots & \boldsymbol{A}_{1t}\\ \vdots & & \vdots\\ \boldsymbol{A}_{s1} & \cdots & \boldsymbol{A}_{st}\end{pmatrix},\boldsymbol{B}=\begin{pmatrix}\boldsymbol{B}_{11} & \cdots & \boldsymbol{B}_{1r}\\ \vdots & & \vdots\\ \boldsymbol{B}_{t1} & \cdots & \boldsymbol{B}_{tr}\end{pmatrix},$$

其中 $\boldsymbol{A}_{i1},\boldsymbol{A}_{i2},\cdots,\boldsymbol{A}_{it}$ 的列数分别等于 $\boldsymbol{B}_{1j},\boldsymbol{B}_{2j},\cdots,\boldsymbol{B}_{tj}$ 的行数，那么

$$\boldsymbol{AB}=\begin{pmatrix}\boldsymbol{C}_{11} & \cdots & \boldsymbol{C}_{1r}\\ \vdots & & \vdots\\ \boldsymbol{C}_{s1} & \cdots & \boldsymbol{C}_{sr}\end{pmatrix},$$

其中

$$\boldsymbol{C}_{ij}=\sum_{k=1}^{t}\boldsymbol{A}_{ik}\boldsymbol{B}_{kj}\,(i=1,2,\cdots s;\ j=1,2,\cdots,r).$$

（4）设 $\boldsymbol{A}=\begin{pmatrix}\boldsymbol{A}_{11} & \cdots & \boldsymbol{A}_{1r}\\ \vdots & & \vdots\\ \boldsymbol{A}_{s1} & \cdots & \boldsymbol{A}_{sr}\end{pmatrix}$，则 $\boldsymbol{A}^{\mathrm{T}}=\begin{pmatrix}\boldsymbol{A}_{11}^{\mathrm{T}} & \cdots & \boldsymbol{A}_{s1}^{\mathrm{T}}\\ \vdots & & \vdots\\ \boldsymbol{A}_{1r}^{\mathrm{T}} & \cdots & \boldsymbol{A}_{sr}^{\mathrm{T}}\end{pmatrix}$.

（5）设 $\boldsymbol{A}$ 为 n 阶矩阵，若 $\boldsymbol{A}$ 的分块矩阵只有在对角线上有非零子块，其余子块均为零矩阵，且在对角线上的子块均为方阵，即

$$\boldsymbol{A}=\begin{pmatrix}\boldsymbol{A}_1 & & & \boldsymbol{O}\\ & \boldsymbol{A}_2 & & \\ & & \ddots & \\ \boldsymbol{O} & & & \boldsymbol{A}_s\end{pmatrix},$$

其中 $\boldsymbol{A}_i\,(i=1,2,\cdots,s)$ 都是方阵，那么称 $\boldsymbol{A}$ 为**分块对角矩阵**.

分块对角矩阵的行列式具有以下性质

$$|\boldsymbol{A}|=|\boldsymbol{A}_1||\boldsymbol{A}_2|\cdots|\boldsymbol{A}_s|.$$

很显然，若 $|\boldsymbol{A}_i|\neq \boldsymbol{0}(i=1,2,\cdots,s)$，则 $|\boldsymbol{A}|\neq\boldsymbol{0}$，并有

$$\boldsymbol{A}^{-1}=\begin{pmatrix}\boldsymbol{A}_1^{-1} & & & \boldsymbol{O}\\ & \boldsymbol{A}_2^{-1} & & \\ & & \ddots & \\ \boldsymbol{O} & & & \boldsymbol{A}_s^{-1}\end{pmatrix}.$$

对于两个有相同分块的分块对角矩阵

$$\boldsymbol{A}=\begin{pmatrix}\boldsymbol{A}_1 & & & \boldsymbol{O}\\ & \boldsymbol{A}_2 & & \\ & & \ddots & \\ \boldsymbol{O} & & & \boldsymbol{A}_s\end{pmatrix},\boldsymbol{B}=\begin{pmatrix}\boldsymbol{B}_1 & & & \boldsymbol{O}\\ & \boldsymbol{B}_2 & & \\ & & \ddots & \\ \boldsymbol{O} & & & \boldsymbol{B}_s\end{pmatrix},$$

如果它们相应的分块是同阶的，那么显然有

$$\boldsymbol{AB}=\begin{pmatrix}\boldsymbol{A}_1\boldsymbol{B}_1 & & & \boldsymbol{O}\\ & \boldsymbol{A}_2\boldsymbol{B}_2 & & \\ & & \ddots & \\ \boldsymbol{O} & & & \boldsymbol{A}_s\boldsymbol{B}_s\end{pmatrix},$$

$$A+B=\begin{pmatrix} A_1+B_1 & & & O \\ & A_2+B_2 & & \\ & & \ddots & \\ O & & & A_s+B_s \end{pmatrix},$$

它们还是分块对角矩阵.

例 20　设

$$A=\begin{pmatrix} 1 & 0 & 2 & 3 \\ 0 & 1 & 5 & 6 \\ 3 & 2 & 0 & 1 \\ 8 & 5 & 3 & 3 \end{pmatrix}, B=\begin{pmatrix} 2 & 0 & 5 & 1 \\ 0 & 3 & 3 & 2 \\ 0 & 0 & 3 & 0 \\ 6 & 1 & 0 & 3 \end{pmatrix},$$

求 $A+B$.

解　先将 A,B 分块为

$$A=\left(\begin{array}{cc:cc} 1 & 0 & 2 & 3 \\ 0 & 1 & 5 & 6 \\ \hdashline 3 & 2 & 0 & 1 \\ 8 & 5 & 3 & 3 \end{array}\right)=\begin{pmatrix} E_2 & A_1 \\ A_2 & A_3 \end{pmatrix},\quad B=\left(\begin{array}{cc:cc} 2 & 0 & 5 & 1 \\ 0 & 3 & 3 & 2 \\ \hdashline 0 & 0 & 3 & 0 \\ 6 & 1 & 0 & 3 \end{array}\right)=\begin{pmatrix} B_1 & B_2 \\ B_3 & 3E_2 \end{pmatrix},$$

$$A+B=\begin{pmatrix} E_2 & A_1 \\ A_2 & A_3 \end{pmatrix}+\begin{pmatrix} B_1 & B_2 \\ B_3 & 3E_2 \end{pmatrix}=\begin{pmatrix} 3 & 0 & 7 & 4 \\ 0 & 4 & 8 & 8 \\ 3 & 2 & 3 & 1 \\ 14 & 6 & 3 & 6 \end{pmatrix}.$$

将矩阵 A,B 分块后，对应子块分别相加，在对 A,B 分块时应注意分块后对应的子块应是行数和列数相同的矩阵.

例 21　设

$$A=\begin{pmatrix} 1 & 0 & 0 & 0 \\ 0 & 1 & 0 & 0 \\ -1 & 2 & 1 & 0 \\ 1 & 1 & 0 & 1 \end{pmatrix}, B=\begin{pmatrix} 1 & 0 & 1 & 0 \\ -1 & 2 & 0 & 1 \\ 1 & 0 & 4 & 1 \\ -1 & -1 & 2 & 0 \end{pmatrix},$$

求 AB.

解　把 A,B 分块成

$$A=\left(\begin{array}{cc:cc} 1 & 0 & 0 & 0 \\ 0 & 1 & 0 & 0 \\ \hdashline -1 & 2 & 1 & 0 \\ 1 & 1 & 0 & 1 \end{array}\right)=\begin{pmatrix} E & O \\ A_1 & E \end{pmatrix}, B=\left(\begin{array}{cc:cc} 1 & 0 & 1 & 0 \\ -1 & 2 & 0 & 1 \\ \hdashline 1 & 0 & 4 & 1 \\ -1 & -1 & 2 & 0 \end{array}\right)=\begin{pmatrix} B_{11} & E \\ B_{21} & B_{22} \end{pmatrix},$$

则

$$\begin{aligned} AB &= \begin{pmatrix} E & O \\ A_1 & E \end{pmatrix}\begin{pmatrix} B_{11} & E \\ B_{21} & B_{22} \end{pmatrix} \\ &= \begin{pmatrix} EB_{11}+OB_{21} & EE+OB_{22} \\ A_1B_{11}+EB_{21} & A_1E+EB_{22} \end{pmatrix} \\ &= \begin{pmatrix} B_{11} & E \\ A_1B_{11}+B_{21} & A_1+B_{22} \end{pmatrix}, \end{aligned}$$

而

$$A_1B_{11}+B_{21}=\begin{pmatrix}-1&2\\1&1\end{pmatrix}\begin{pmatrix}1&0\\-1&2\end{pmatrix}+\begin{pmatrix}1&0\\-1&-1\end{pmatrix}$$

$$=\begin{pmatrix}-3&4\\0&2\end{pmatrix}+\begin{pmatrix}1&0\\-1&-1\end{pmatrix}=\begin{pmatrix}-2&4\\-1&1\end{pmatrix},$$

$$A_1+B_{22}=\begin{pmatrix}-1&2\\1&1\end{pmatrix}+\begin{pmatrix}4&1\\2&0\end{pmatrix}=\begin{pmatrix}3&3\\3&1\end{pmatrix},$$

所以

$$AB=\left(\begin{array}{cc:cc}1&0&1&0\\-1&2&0&1\\\hdashline -2&4&3&3\\-1&1&3&1\end{array}\right).$$

本题将矩阵 A,B 进行适当分块后再利用分块矩阵的乘法进行计算，将大矩阵的运算转化成多个小矩阵的运算，从而简化了运算．由于要进行矩阵乘法的计算，在进行分块时，要保证 A 的列与 B 的行分法相同.

例 22　设 $A=\begin{pmatrix}5&0&0\\0&3&1\\0&2&1\end{pmatrix}$，求 A^{-1}.

解

$$A=\left(\begin{array}{c:cc}5&0&0\\\hdashline 0&3&1\\0&2&1\end{array}\right)=\begin{pmatrix}A_1&O\\O&A_2\end{pmatrix},$$

$$A_1=(5),A_1^{-1}=\left(\frac{1}{5}\right),$$

$$A_2=\begin{pmatrix}3&1\\2&1\end{pmatrix},A_2^{-1}=\begin{pmatrix}1&-1\\-2&3\end{pmatrix},$$

所以

$$A^{-1}=\left(\begin{array}{c:cc}\frac{1}{5}&0&0\\\hdashline 0&1&1\\0&-2&3\end{array}\right).$$

习题 2.4

1．用分块矩阵法求逆矩阵.

（1）$\begin{pmatrix}1&1&0&0\\1&2&0&0\\3&7&2&3\\2&5&1&2\end{pmatrix}$；　（2）$\begin{pmatrix}3&-2&0&-1\\0&2&2&1\\1&-2&-3&-2\\0&1&2&1\end{pmatrix}$；

（3）$\begin{pmatrix}1&1&1&1\\1&1&-1&-1\\1&-1&1&-1\\1&-1&-1&1\end{pmatrix}$.

第3章 矩阵的初等变换与线性方程组

第一章我们学习了利用克莱姆法则来求线性方程组的解. 用此法则解线性方程组应满足两个条件：一是方程个数等于未知量个数，二是系数行列式不等于零.现在又提出新的问题，线性方程组的解受哪些因素的影响?

本章首先引入矩阵的初等变换，建立矩阵的初等变换与矩阵乘法的关系，给出矩阵的秩的概念，并利用初等变换讨论矩阵的性质；然后在此基础上利用矩阵的秩讨论线性方程组无解、有唯一解或有无穷多解的充分必要条件，并介绍用初等变换解线性方程组的方法.

3.1 矩阵的初等变换

矩阵的初等变换在解线性方程组、求逆矩阵及矩阵理论的探讨中有很重要的作用.为引进矩阵的初等变换，先来看用消元法解线性方程组的例子.

3.1.1 矩阵的初等变换

引例：求解线性方程组

$$\begin{cases} 2x_1 - x_2 - x_3 + x_4 = 2, \\ x_1 + x_2 - 2x_3 + x_4 = 4, \\ 4x_1 - 6x_2 + 2x_3 - 2x_4 = 4, \\ 3x_1 + 6x_2 - 9x_3 + 7x_4 = 9. \end{cases} \qquad (1)$$

在用消元法解线性方程组的过程中，经常要采取的变换有 1）交换方程的次序；2）以非零常数 k 乘某个方程；3）一个方程加另一个方程的 k 倍.

$$\begin{cases} 2x_1 - x_2 - x_3 + x_4 = 2, ① \\ x_1 + x_2 - 2x_3 + x_4 = 4, ② \\ 4x_1 - 6x_2 + 2x_3 - 2x_4 = 4, ③ \\ 3x_1 + 6x_2 - 9x_3 + 7x_4 = 9. ④ \end{cases} \xrightarrow[③\div 2]{①\leftrightarrow②} \begin{cases} x_1 + x_2 - 2x_3 + x_4 = 4, ① \\ 2x_1 - x_2 - x_3 + x_4 = 2, ② \\ 2x_1 - 3x_2 + x_3 - x_4 = 2, ③ \\ 3x_1 + 6x_2 - 9x_3 + 7x_4 = 9. ④ \end{cases}$$

$$\xrightarrow[\substack{③-2① \\ ④-3①}]{②-③} \begin{cases} x_1 + x_2 - 2x_3 + x_4 = 4, ① \\ 2x_2 - 2x_3 + 2x_4 = 0, ② \\ -5x_2 + 5x_3 - 3x_4 = -6, ③ \\ 3x_2 - 3x_3 + 4x_4 = -3. ④ \end{cases}$$

$$\xrightarrow[\substack{③+5② \\ ④-3②}]{②\times\frac{1}{2}} \begin{cases} x_1 + x_2 - 2x_3 + x_4 = 4, ① \\ x_2 - x_3 + x_4 = 0, ② \\ 2x_4 = 6, ③ \\ x_4 = -3. ④ \end{cases}$$

$$\xrightarrow[④-2③]{③\leftrightarrow④} \begin{cases} x_1 + x_2 - 2x_3 + x_4 = 4, \\ x_2 - x_3 + x_4 = 0, \\ x_4 = -3, \\ 0 = 0. \end{cases}$$

取 x_3 为自由变量，则

$$\begin{cases} x_1 = x_3 + 4, \\ x_2 = x_3 + 3, \\ x_4 = -3. \end{cases}$$

令 $x_3 = c$，则 $x = \begin{pmatrix} x_1 \\ x_2 \\ x_3 \\ x_4 \end{pmatrix} = \begin{pmatrix} c+4 \\ c+3 \\ c \\ -3 \end{pmatrix} = c\begin{pmatrix} 1 \\ 1 \\ 1 \\ 0 \end{pmatrix} + \begin{pmatrix} 4 \\ 3 \\ 0 \\ -3 \end{pmatrix}$，　　（2）

其中 c 为任意实数.

由此可以得出：在消元过程中，始终把方程组看作一个整体，即不着眼于某一个方程的变形，而是着眼于整个方程组变成另一个方程组，由于这三种变换是可逆的，因此，变换前后的方程组同解；在上述变换过程中，实际上只对方程组的系数和常数进行运算，未知量并未参与计算.

因此，我们有如下定义.

定义 1　所谓矩阵的**初等行变换**是指下列三种变换：

（1）交换矩阵某两行的位置（交换第 i, j 两行，记为 $r_i \leftrightarrow r_j$）；

（2）以 $k \neq 0$ 去乘矩阵的某行（k 乘第 i 行，记为 kr_i）；

（3）将矩阵的某行的所有元素的 k 倍后加到另一行上去（k 乘第 i 行加到第 j 行上去，记为 $r_j + kr_i$）.

一般情况下，一个矩阵经过初等行变换后，就变成了另一个矩阵．比如说，把矩阵

$$\begin{pmatrix} 1 & 1 & 0 & 1 \\ 2 & 1 & 3 & 5 \\ 0 & 0 & 7 & 4 \end{pmatrix}$$

第一行的 3 倍加到第 3 行，就得到矩阵

$$\begin{pmatrix} 1 & 1 & 0 & 1 \\ 2 & 1 & 3 & 5 \\ 3 & 3 & 7 & 7 \end{pmatrix}.$$

对于矩阵，我们同样可以定义初等列变换，即

定义 2 下列的三种变换称为矩阵的**初等列变换**：

（1）交换矩阵某两列的位置（交换第 i, j 两列，记为 $c_i \leftrightarrow c_j$）；

（2）以 $k \neq 0$ 去乘矩阵的某列（k 乘第 j 列，记为 kc_j）；

（3）将矩阵的某列的所有元素的 k 倍后加到另一列上去（k 乘第 i 列加到第 j 列上去，记为 $c_j + kc_i$）.

矩阵的初等行变换与初等列变换统称为**初等变换**.

由定义可以看出，初等变换都是可逆的变换，且其逆变换都是同一类型的初等变换．变换 $r_i \leftrightarrow r_j$ 的逆变换就是其本身；变换 kr_i 的逆变换是 $\frac{1}{k}r_i$（也可记作 $r_i \div k$）；变换 $r_j + kr_i$ 的逆变换是 $r_j - kr_i$．初等列变换的逆变换亦然.

定义 3 若矩阵 $\boldsymbol{A}$ 经有限次初等行变换变为矩阵 $\boldsymbol{B}$，则称矩阵 $\boldsymbol{A}$ 与矩阵 $\boldsymbol{B}$ **行等价**，记为 $\boldsymbol{A} \overset{r}{\sim} \boldsymbol{B}$；若矩阵 $\boldsymbol{A}$ 经有限次初等列变换变为矩阵 $\boldsymbol{B}$，则称矩阵 $\boldsymbol{A}$ 与矩阵 $\boldsymbol{B}$ **列等价**，记为 $\boldsymbol{A} \overset{c}{\sim} \boldsymbol{B}$；若矩阵 $\boldsymbol{A}$ 经有限次初等变换变为矩阵 $\boldsymbol{B}$，则称矩阵 $\boldsymbol{A}$ 与矩阵 $\boldsymbol{B}$ **等价**，记为 $\boldsymbol{A} \sim \boldsymbol{B}$.

矩阵间的等价关系有如下的性质.

反身性 $\boldsymbol{A} \sim \boldsymbol{A}$；

对称性 若 $\boldsymbol{A} \sim \boldsymbol{B}$，则 $\boldsymbol{B} \sim \boldsymbol{A}$；

传递性 若 $\boldsymbol{A} \sim \boldsymbol{B}$，$\boldsymbol{B} \sim \boldsymbol{C}$，则 $\boldsymbol{A} \sim \boldsymbol{C}$.

3.1.2 阶梯形矩阵

由定义可以看出，对引例中线性方程组所做的变换可以转化为对其增广矩阵

$$\boldsymbol{B} = \begin{pmatrix} 2 & -1 & -1 & 1 & 2 \\ 1 & 1 & -2 & 1 & 4 \\ 4 & -6 & 2 & -2 & 4 \\ 3 & 6 & -9 & 7 & 9 \end{pmatrix}$$

的变换，其过程可与方程组的消元过程一一对照.

$$B=\begin{pmatrix}2&-1&-1&1&2\\1&1&-2&1&4\\4&-6&2&-2&4\\3&6&-9&7&9\end{pmatrix}\overset{r_1\leftrightarrow r_2}{\underset{r_3\div 2}{\sim}}B_1=\begin{pmatrix}1&1&-2&1&4\\2&-1&-1&1&2\\2&-3&1&-1&2\\3&6&-9&7&9\end{pmatrix}$$

$$\overset{\substack{r_2-r_3\\r_3-2r_1}}{\underset{r_4-3r_1}{\sim}}B_2=\begin{pmatrix}1&1&-2&1&4\\0&2&-2&2&0\\0&-5&5&-3&-6\\0&3&-3&4&-3\end{pmatrix}\overset{\substack{r_2\div 2\\r_3+5r_2}}{\underset{r_4-3r_2}{\sim}}B_3=\begin{pmatrix}1&1&-2&1&4\\0&1&-1&1&0\\0&0&0&2&-6\\0&0&0&1&-3\end{pmatrix}$$

$$\overset{r_3\leftrightarrow r_4}{\underset{r_4-2r_3}{\sim}}B_4=\begin{pmatrix}1&1&-2&1&4\\0&1&-1&1&0\\0&0&0&1&-3\\0&0&0&0&0\end{pmatrix}\overset{r_1-r_2}{\underset{r_2-r_3}{\sim}}B_5=\begin{pmatrix}1&0&-1&0&4\\0&1&-1&0&3\\0&0&0&1&-3\\0&0&0&0&0\end{pmatrix}$$

B_5 对应的方程组为

$$\begin{cases}x_1-x_3=4,\\x_2-x_3=3,\\x_4=-3.\end{cases}$$

取 x_3 为自由未知数，令 $x_3=c$，则 $x=\begin{pmatrix}x_1\\x_2\\x_3\\x_4\end{pmatrix}=\begin{pmatrix}c+4\\c+3\\c\\-3\end{pmatrix}=c\begin{pmatrix}1\\1\\1\\0\end{pmatrix}+\begin{pmatrix}4\\3\\0\\-3\end{pmatrix}$，

其中 c 为任意常数.

称 B_4 和 B_5 为**行阶梯形矩阵**，它们的特点是：可画出一条阶梯线，线以下的元素都是零；每个台阶只有一行，台阶数就是非零行的行数（如矩阵对应一线性方程组时，非零行的个数就是独立方程的个数），阶梯线的竖线（每段竖线的长度为一行）后面的第一个元素为非零元，也就是非零行的第一个非零元.

用数学归纳法可以得出：任何一个矩阵总可经过有限次的初等行变换把它变成行阶梯型矩阵.

以下三个矩阵是不是行阶梯形矩阵，划线试试看.

$$\begin{pmatrix}2&5&0&6&2\\0&-1&9&8&1\\0&0&0&7&5\end{pmatrix},\begin{pmatrix}5&3&9&3\\0&2&0&-2\\0&-1&6&1\\0&0&0&0\end{pmatrix},\begin{pmatrix}2&4&0&9&1\\0&1&1&7&0\\0&0&5&3&2\\0&0&0&0&0\end{pmatrix}.$$

行阶梯形矩阵 B_5 称为**行最简阶梯矩阵**，特点是：非零行的第一个非零元素为 1，而它所在的列除它自身外都是零.

以下几个矩阵是不是行最简形矩阵，划线试试看.

$$\begin{pmatrix}1&0&0&1\\0&1&0&-2\\0&0&1&1\\0&0&0&0\end{pmatrix},\begin{pmatrix}1&0&1&0\\0&1&0&0\\0&0&1&1\\0&0&0&0\end{pmatrix},\begin{pmatrix}1&0&0&0&0\\0&1&2&1&-1\\0&0&0&1&1\\0&0&0&0&1\end{pmatrix},\begin{pmatrix}1&0&0&0&3\\0&1&2&0&1\\0&0&0&1&1\\0&0&0&0&0\end{pmatrix}.$$

由引例可得，要解线性方程组只需把增广矩阵化为行最简形矩阵．由行最简形矩阵 $\boldsymbol{B}_5$，可写出方程组的解（2）；反之，由方程组的解（2）也可写出矩阵 $\boldsymbol{B}_5$．所以一个矩阵的行最简形矩阵是唯一确定的（行阶梯形矩阵中非零行的行数也是唯一确定的）．

对于行最简矩阵再施以初等列变换，还可以变成一种形式更简单的矩阵，称为**标准形**．例如，对 $\boldsymbol{B}_5$ 继续施行初等列变换

$$\boldsymbol{B}_5=\begin{pmatrix}1&0&-1&0&4\\0&1&-1&0&3\\0&0&0&1&-3\\0&0&0&0&0\end{pmatrix}\overset{c}{\sim}\begin{pmatrix}1&0&0&0&0\\0&1&0&0&0\\0&0&1&0&0\\0&0&0&0&0\end{pmatrix}=\boldsymbol{F},$$

得到的矩阵 $\boldsymbol{F}$ 有如下特点；$\boldsymbol{F}$ 左上角是一个单位矩阵，其余元素均为零，我们称矩阵 $\boldsymbol{F}$ 为矩阵 $\boldsymbol{B}$ 的标准形.

对于 $m\times n$ 矩阵 $\boldsymbol{A}$，总可以经过初等变换（初等行变换与初等列变换）化为它的标准形

$$\boldsymbol{F}=\begin{pmatrix}\boldsymbol{E}_r&\boldsymbol{O}\\\boldsymbol{O}&\boldsymbol{O}\end{pmatrix}_{m\times n},$$

此标准形由 m,n,r 这三个数完全确定，其中 r 就是行阶梯形矩阵中非零行的行数．所有与 $\boldsymbol{A}$ 等价的矩阵组成一个集合，标准形就是这个集合中最简单的矩阵.

例 1　利用初等行变换将矩阵

$$\boldsymbol{A}=\begin{pmatrix}1&-1&-1&0\\1&1&3&2\\3&-1&1&2\\1&3&7&8\end{pmatrix}$$

化为行阶梯形矩阵和行最简形矩阵.

解

$$\boldsymbol{A}\overset{\substack{r_2-r_1\\r_3-3r_1\\r_4-r_1}}{\sim}\begin{pmatrix}1&-1&-1&0\\0&2&4&2\\0&2&4&2\\0&4&8&8\end{pmatrix}\overset{\substack{r_3-r_2\\r_4-2r_2}}{\sim}\begin{pmatrix}1&-1&-1&0\\0&2&4&2\\0&0&0&0\\0&0&0&4\end{pmatrix}\overset{r_3\leftrightarrow r_4}{\sim}\begin{pmatrix}1&-1&-1&0\\0&2&4&2\\0&0&0&4\\0&0&0&0\end{pmatrix}=\boldsymbol{B}$$

矩阵 $\boldsymbol{B}$ 就是行阶梯形矩阵.

$$\boldsymbol{A}\sim\boldsymbol{B}=\begin{pmatrix}1&-1&-1&0\\0&2&4&2\\0&0&0&4\\0&0&0&0\end{pmatrix}\overset{\substack{\frac{1}{2}r_2\\\frac{1}{4}r_3}}{\sim}\begin{pmatrix}1&-1&-1&0\\0&1&2&1\\0&0&0&1\\0&0&0&0\end{pmatrix}\overset{r_2-r_3}{\sim}\begin{pmatrix}1&-1&-1&0\\0&1&2&0\\0&0&0&1\\0&0&0&0\end{pmatrix}$$

$$\overset{r_1+r_2}{\sim}\begin{pmatrix}1&0&1&0\\0&1&2&0\\0&0&0&1\\0&0&0&0\end{pmatrix}=\boldsymbol{C}.$$

矩阵 $\boldsymbol{C}$ 就是矩阵 $\boldsymbol{A}$ 的行最简形矩阵.

之前我们定义了 n 阶方阵 $\boldsymbol{A}$ 的行列式．一个 n 阶方阵 $\boldsymbol{A}$ 决定了一个 n 阶行列式，可以对

n 阶方阵 $\boldsymbol{A}$ 作初等行变换，第二章行列式的性质 2、性质 3、性质 6 恰好说明了方阵的初等行变换对行列式的值的影响. 任何一个 n 阶方阵 $\boldsymbol{A}$ 都可以经过有限次的初等行变换变成阶梯形矩阵. 对方阵作一次初等行变换，应用性质 2，行列式变号；应用性质 3，行列式差一非零倍数；应用性质 6，行列式不变. 阶梯形方阵的行列式都是上三角形行列式，很容易得出结果.

例 2　计算行列式

$$\begin{vmatrix} -2 & 5 & -1 & 3 \\ 1 & -9 & 13 & 7 \\ 3 & -1 & 5 & -5 \\ 2 & 8 & -7 & -10 \end{vmatrix}$$

的值.

解

$$\begin{vmatrix} -2 & 5 & -1 & 3 \\ 1 & -9 & 13 & 7 \\ 3 & -1 & 5 & -5 \\ 2 & 8 & -7 & -10 \end{vmatrix} = -\begin{vmatrix} 1 & -9 & 13 & 7 \\ -2 & 5 & -1 & 3 \\ 3 & -1 & 5 & -5 \\ 2 & 8 & -7 & -10 \end{vmatrix} = -\begin{vmatrix} 1 & -9 & 13 & 7 \\ 0 & -13 & 25 & 17 \\ 0 & 26 & -34 & -26 \\ 0 & 26 & -33 & -24 \end{vmatrix}$$

$$= -\begin{vmatrix} 1 & -9 & 13 & 7 \\ 0 & -13 & 25 & 17 \\ 0 & 0 & 16 & 8 \\ 0 & 0 & 17 & 10 \end{vmatrix} = -\begin{vmatrix} 1 & -9 & 13 & 7 \\ 0 & -13 & 25 & 17 \\ 0 & 0 & 16 & 8 \\ 0 & 0 & 0 & \frac{3}{2} \end{vmatrix} = -(-13)\cdot 16\cdot (\frac{3}{2}) = 312.$$

此题中，第一步是利用行列式性质 2，互换行列式两行，第二、三、四步都是利用性质 6，将一行的倍数加到另一行，最终的目的是把行列式变成上三角形行列式，从而求出其值. 当行列式阶数较大时，用此方法计算行列式优势更为明显，可以看出，这个方法是完全机械的，所以我们可以用计算机按此方法计算行列式.

需要强调的是，在行列式中，行和列地位是同等的，所以，为了计算行列式，我们也可以对矩阵进行初等列变换. 同时利用初等行变换和初等列变换，行列式的计算更为简便.

矩阵的初等变换是矩阵的一种最基本的运算，下面引进初等矩阵的知识.

定义 4　由单位矩阵 $\boldsymbol{E}$ 经过一次初等变换得到的方阵称为**初等方阵**（也称**初等矩阵**）.

显然，初等矩阵都是方阵，每个初等变换都对应一个与之相应的初等矩阵.

（1）互换矩阵 $\boldsymbol{E}$ 的第 i、j 两行（列）所得到的初等方阵记为 $\boldsymbol{E}(i,j)$，即

$$\boldsymbol{E}(i,j)=\begin{pmatrix} 1 & & & & & & \\ & \ddots & & & & & \\ & & 0 & \cdots & \cdots & \cdots & 1 \\ & & \vdots & 1 & & & \vdots \\ & & \vdots & & \ddots & & \vdots \\ & & \vdots & & & 1 & \vdots \\ & & 1 & \cdots & \cdots & \cdots & 0 \\ & & & & & & & \ddots \\ & & & & & & & & 1 \end{pmatrix} \begin{matrix} \\ \\ 第i行 \\ \\ \\ \\ 第j行 \\ \\ \\ \end{matrix},$$

（2）用数λ乘$\boldsymbol{E}$的第i行（列），得到的初等方阵记为$\boldsymbol{E}\big(i(\lambda)\big)$，即

$$\boldsymbol{E}(i(\lambda))=\begin{pmatrix}1 & & & & \\ & \ddots & & & \\ & & \lambda & & \\ & & & \ddots & \\ & & & & 1\end{pmatrix}\text{第}i\text{行},$$

（3）用数λ乘第j行加到第i行上去，得到的初等方阵记为$\boldsymbol{E}(i,j(\lambda))$，即

$$\boldsymbol{E}(i,j(\lambda))=\begin{pmatrix}1 & & & & & \\ & \ddots & & & & \\ & & 1 & \cdots & \lambda & \\ & & & \ddots & \vdots & \\ & & & & 1 & \\ & & & & & \ddots \\ & & & & & & 1\end{pmatrix}\begin{matrix}\text{第}i\text{行}\\ \\ \text{第}j\text{行}\end{matrix}.$$

关于初等方阵，利用矩阵乘法的定义，有如下结论.

性质 1　如果$\boldsymbol{A}$为一个$m\times n$型矩阵，对$\boldsymbol{A}$左乘一个m阶初等方阵，相当于对$\boldsymbol{A}$作一次初等行变换；对$\boldsymbol{A}$右乘一个n阶初等方阵，相当于对$\boldsymbol{A}$作一次初等列变换.

显然初等矩阵都是可逆的，且其逆矩阵是同一类型的初等矩阵.

根据性质1，对任一矩阵做初等变换就相当于用相应的初等矩阵去乘这个矩阵，所以可得

性质2　方阵$\boldsymbol{A}$可逆的充分必要条件是存在有限个初等方阵$\boldsymbol{P}_1,\boldsymbol{P}_2,\cdots,\boldsymbol{P}_l$，使得$\boldsymbol{A}=\boldsymbol{P}_1\boldsymbol{P}_2\cdots\boldsymbol{P}_l$.

由此即得

定理 1　设$\boldsymbol{A}$与$\boldsymbol{B}$为$m\times n$矩阵，则$\boldsymbol{A}$与$\boldsymbol{B}$等价的充分必要条件是存在m阶可逆矩阵$\boldsymbol{P}$及n阶可逆矩阵$\boldsymbol{Q}$，使得$\boldsymbol{PAQ}=\boldsymbol{B}$.

此定理将矩阵的初等变换与矩阵的乘法联系了起来，从而可以依据矩阵乘法的运算规律得到初等变换的运算规律，也可以利用矩阵的初等变换去研究矩阵的乘法.

性质2可改写为

$$\boldsymbol{P}_l^{-1}\cdots\boldsymbol{P}_2^{-1}\boldsymbol{P}_1^{-1}\boldsymbol{A}=\boldsymbol{E}.$$

因为初等矩阵的逆矩阵还是初等矩阵，同时在矩阵$\boldsymbol{A}$的左边左乘初等矩阵就相当于对$\boldsymbol{A}$作初等行变换.

下面给出推论，然后介绍一种利用初等变换求逆矩阵的方法.

推论　可逆矩阵总可经过一系列初等行变换化成单位矩阵.

以上的讨论得到了一个求逆矩阵的方法. 由推论，有一系列初等矩阵$\boldsymbol{P}_1$，$\boldsymbol{P}_2,\cdots$，$\boldsymbol{P}_l$使

$$\boldsymbol{P}_l\cdots\boldsymbol{P}_1\boldsymbol{A}=\boldsymbol{E},$$

即

$$\boldsymbol{A}^{-1}=\boldsymbol{P}_l\cdots\boldsymbol{P}_1=\boldsymbol{P}_l\cdots\boldsymbol{P}_1\boldsymbol{E},$$

也就是，如果用一系列初等行变换把可逆矩阵$\boldsymbol{A}$化为单位矩阵，那么同样地用这一系列初等行变换去化单位矩阵，就得到$\boldsymbol{A}^{-1}$.

求逆矩阵的方法：把$\boldsymbol{A},\boldsymbol{E}$这两个$n\times n$阶矩阵凑在一起，做成一个$n\times 2n$矩阵$(\boldsymbol{A},\boldsymbol{E})$（或

$(A|E)$），用初等行变换把它的左边一半化成 E，这时，右边的一半就是 A^{-1}.

例 3　求 $A=\begin{pmatrix}1&0&1\\2&1&0\\-3&2&-5\end{pmatrix}$ 的逆矩阵.

解　因为

$$|A|=\begin{vmatrix}1&0&1\\2&1&0\\-3&2&-5\end{vmatrix}=2\neq 0$$

所以 A 是可逆方阵，且

$$(A|E)=\left(\begin{array}{ccc|ccc}1&0&1&1&0&0\\2&1&0&0&1&0\\-3&2&-5&0&0&1\end{array}\right)\overset{r_2-2r_1}{\underset{r_3+3r_1}{\sim}}\left(\begin{array}{ccc|ccc}1&0&1&1&0&0\\0&1&-2&-2&1&0\\0&2&-2&3&0&1\end{array}\right)$$

$$\overset{r_3-2r_1}{\sim}\left(\begin{array}{ccc|ccc}1&0&1&1&0&0\\0&1&-2&-2&1&0\\0&0&2&7&-2&1\end{array}\right)\overset{\substack{r_2+r_3\\ r_1-\frac{1}{2}r_3}}{\underset{r_3\div 2}{\sim}}\left(\begin{array}{ccc|ccc}1&0&0&-\frac{5}{2}&1&-\frac{1}{2}\\0&1&0&5&-1&1\\0&0&1&\frac{7}{2}&-1&\frac{1}{2}\end{array}\right)$$

故

$$A^{-1}=\begin{pmatrix}-\frac{5}{2}&1&-\frac{1}{2}\\5&-1&1\\\frac{7}{2}&-1&\frac{1}{2}\end{pmatrix}.$$

同样可以得出，可逆矩阵也能够用初等列变换化为单位矩阵，这就给出了用初等列变换求矩阵的方法.

例 4　已知 $A=\begin{pmatrix}1&-1&2\\0&1&-1\\2&1&0\end{pmatrix}$，$B=\begin{pmatrix}1&0\\2&-1\\3&1\end{pmatrix}$，且 $AX=B$，求矩阵 X.

解　由

$$|A|=\begin{vmatrix}1&-1&2\\0&1&-1\\2&1&0\end{vmatrix}=-1\neq 0$$

可知 A 可逆，且

$$(A|E)=\left(\begin{array}{ccc|ccc}1&-1&2&1&0&0\\0&1&-1&0&1&0\\2&1&0&0&0&1\end{array}\right)\overset{r_3-2r_1}{\sim}\left(\begin{array}{ccc|ccc}1&-1&2&1&0&0\\0&1&-1&0&1&0\\0&3&-4&-2&0&1\end{array}\right)$$

$$\overset{\substack{r_1+r_2\\ r_3-3r_2}}{\sim}\left(\begin{array}{ccc|ccc}1&0&1&1&1&0\\0&1&-1&0&1&0\\0&0&-1&-2&-3&1\end{array}\right)\overset{\substack{r_1+r_3\\ r_2-r_3}}{\underset{-r_3}{\sim}}\left(\begin{array}{ccc|ccc}1&0&0&-1&-2&1\\0&1&0&2&4&-1\\0&0&1&2&3&-1\end{array}\right)$$

所以

$$A^{-1}=\begin{pmatrix}-1 & -2 & 1\\ 2 & 4 & -1\\ 2 & 3 & -1\end{pmatrix}$$

故

$$X=A^{-1}B=\begin{pmatrix}-1 & -2 & 1\\ 2 & 4 & -1\\ 2 & 3 & -1\end{pmatrix}\begin{pmatrix}1 & 0\\ 2 & -1\\ 3 & 1\end{pmatrix}=\begin{pmatrix}-2 & 3\\ 7 & -5\\ 5 & -4\end{pmatrix}.$$

例 5 设 $A=\begin{pmatrix}2 & 0\\ -1 & 2\end{pmatrix}$，且 $AB=A+B$，求 B.

解 由 $AB=A+B\Rightarrow AB-B=A\Rightarrow(A-E)B=A$，而

$$A-E=\begin{pmatrix}1 & 0\\ -1 & 1\end{pmatrix}，且 |A-E|=\begin{vmatrix}1 & 0\\ -1 & 1\end{vmatrix}=1\neq 0$$

所以 $A-E$ 可逆，易求得

$$(A-E)^{-1}=\begin{pmatrix}1 & 0\\ 1 & 1\end{pmatrix}$$

故

$$B=(A-E)^{-1}A=\begin{pmatrix}1 & 0\\ 1 & 1\end{pmatrix}\begin{pmatrix}2 & 0\\ -1 & 2\end{pmatrix}=\begin{pmatrix}2 & 0\\ 1 & 2\end{pmatrix}.$$

例 6 用逆矩阵的方法求线性方程组

$$\begin{cases}x_1-x_2-x_3=2,\\ 2x_1-x_2-3x_3=1,\\ 3x_1+2x_2-5x_3=0.\end{cases}$$

的解.

解 将线性方程组改写成矩阵方程

$$\begin{pmatrix}1 & -1 & -1\\ 2 & -1 & -3\\ 3 & 2 & -5\end{pmatrix}\begin{pmatrix}x_1\\ x_2\\ x_3\end{pmatrix}=\begin{pmatrix}2\\ 1\\ 0\end{pmatrix}$$

即

$$AX=B\ （或\ Ax=b\ ），$$

其中

$$A=\begin{pmatrix}1 & -1 & -1\\ 2 & -1 & -3\\ 3 & 2 & -5\end{pmatrix},X=\begin{pmatrix}x_1\\ x_2\\ x_3\end{pmatrix},B=\begin{pmatrix}2\\ 1\\ 0\end{pmatrix}$$

因为

$$(\boldsymbol{A},\boldsymbol{E})=\begin{pmatrix}1&-1&-1&1&0&0\\2&-1&-3&0&1&0\\3&2&-5&0&0&1\end{pmatrix}\overset{\substack{r_2-2r_1\\r_3-3r_1}}{\sim}\begin{pmatrix}1&-1&-1&1&0&0\\0&1&-1&-2&1&0\\0&5&-2&-3&0&1\end{pmatrix}$$

$$\overset{\substack{r_3-5r_2\\r_1+r_2}}{\sim}\begin{pmatrix}1&0&-2&-1&1&0\\0&1&-1&-2&1&0\\0&0&3&7&-5&1\end{pmatrix}\overset{\frac{1}{3}r_3}{\sim}\begin{pmatrix}1&0&-2&-1&1&0\\0&1&-1&-2&1&0\\0&0&1&\frac{7}{3}&\frac{-5}{3}&\frac{1}{3}\end{pmatrix}$$

$$\overset{\substack{r_2+r_3\\r_1+2r_3}}{\sim}\begin{pmatrix}1&0&0&\frac{11}{3}&-\frac{7}{3}&\frac{2}{3}\\0&1&0&\frac{1}{3}&-\frac{2}{3}&\frac{1}{3}\\0&0&1&\frac{7}{3}&-\frac{5}{3}&\frac{1}{3}\end{pmatrix}$$

所以 $\boldsymbol{A}$ 可逆，且

$$\boldsymbol{A}^{-1}=\frac{1}{3}\begin{pmatrix}11&-7&2\\1&-2&1\\7&-5&1\end{pmatrix}$$

所以 $\boldsymbol{X}=\boldsymbol{A}^{-1}\boldsymbol{B}$ ，即

$$\boldsymbol{X}=\begin{pmatrix}x_1\\x_2\\x_3\end{pmatrix}=\boldsymbol{A}^{-1}\boldsymbol{B}=\frac{1}{3}\begin{pmatrix}11&-7&2\\1&-2&1\\7&-5&1\end{pmatrix}\begin{pmatrix}2\\1\\0\end{pmatrix}=\begin{pmatrix}5\\0\\3\end{pmatrix}.$$

以上例题是利用初等行变换求 $\boldsymbol{A}^{-1}$ 及 $\boldsymbol{A}^{-1}\boldsymbol{B}$ 的方法. 当 $\boldsymbol{A}$ 为 3 阶或 3 阶以上矩阵时，求 $\boldsymbol{A}^{-1}$ 或者 $\boldsymbol{A}^{-1}\boldsymbol{B}$ 通常都用此方法. 这是当 $\boldsymbol{A}$ 为可逆矩阵时，求解方程 $\boldsymbol{AX}=\boldsymbol{B}$ 的方法（求 $\boldsymbol{A}^{-1}$ 也就是求方程 $\boldsymbol{AX}=\boldsymbol{E}$ 的解）. 这个方法就是把方程 $\boldsymbol{AX}=\boldsymbol{B}$ 的增广矩阵 $(\boldsymbol{A},\boldsymbol{B})$ 化为最简形，从而求得方程的解. 这与求解线性方程组 $\boldsymbol{A}x=b$ 时把增广矩阵 $(\boldsymbol{A},b)$ 化为行最简形的方法是一样的.

习题 3.1

1. 利用初等行变换，将下列矩阵化成行阶梯形矩阵和行最简形矩阵.

（1）$\begin{pmatrix}1&2&-3&0\\0&1&2&-3\\-3&0&1&2\\2&-3&0&1\end{pmatrix}$；　（2）$\begin{pmatrix}2&1&-3&1&-1\\1&2&-2&2&0\\-1&3&2&-2&5\end{pmatrix}$；

（3）$\begin{pmatrix}1&1&2&1\\2&-1&2&4\\1&-2&0&3\\4&1&4&2\end{pmatrix}$；　（4）$\begin{pmatrix}1&-1&2&1&0\\2&-2&4&-2&0\\3&0&6&-1&1\\2&1&4&2&1\end{pmatrix}$.

3.2 矩阵的秩

3.2.1 矩阵的秩的概念

对于一个$m \times n$矩阵$\boldsymbol{A}$，它的标准形

$$\boldsymbol{F}=\begin{pmatrix} \boldsymbol{E}_r & \boldsymbol{O} \\ \boldsymbol{O} & \boldsymbol{O} \end{pmatrix}_{m\times n}$$

由一个确定的数r完全确定．这个数r也就是$\boldsymbol{A}$的行阶梯形矩阵的非零行的行数，这个数便是矩阵的秩．为了建立矩阵的秩与行列式的关系，下面就这个不变量，给出相应的定义．

定义 5 在$m \times n$矩阵$\boldsymbol{A}$中，任取k行k列，位于这些选定的行和列的交点上的k^2个元素，不改变它们在矩阵$\boldsymbol{A}$中所处的位置次序而得到的k阶行列式，称为**矩阵$\boldsymbol{A}$的k阶子式**.

在定义中，当然有$k \leqslant \min(m,n)$，这里$\min\{m,n\}$表示m,n中较小的一个.

很显然，$m \times n$矩阵$\boldsymbol{A}$的k阶子式共有$C_m^k \cdot C_n^k$个.

例如，在矩阵

$$\boldsymbol{A}=\begin{pmatrix} 1 & 1 & 3 & 1 \\ 0 & 2 & -1 & 4 \\ 0 & 0 & 0 & 5 \\ 0 & 0 & 0 & 0 \end{pmatrix}$$

中，选第1，3行和第3，4列，它们的交点上的元素所组成的2阶行列式

$$\begin{vmatrix} 3 & 1 \\ 0 & 5 \end{vmatrix}=15$$

就是一个2阶子式；又如选第1，2，3行和第1，2，4列，相应的3阶子式就是

$$\begin{vmatrix} 1 & 1 & 1 \\ 0 & 2 & 4 \\ 0 & 0 & 5 \end{vmatrix}=10.$$

因为行和列的选法很多，所以k阶子式也有很多．矩阵的秩与行列式的关系表现为

定义 6 设在矩阵$\boldsymbol{A}$中有一个不等于零的r阶子式D，且所有的$r+1$阶子式（如果存在的话）全等于零，那么称D为矩阵的**最高阶非零子式**，数r称为**矩阵$\boldsymbol{A}$的秩**，记作$R(\boldsymbol{A})$．并规定零矩阵的秩等于0.

例如，写出矩阵$\boldsymbol{A}$的几个由低到高的各阶非零子式.

$$\boldsymbol{A}=\begin{pmatrix} 2 & 2 & 0 & 1 & 2 \\ 0 & 1 & 0 & -1 & 1 \\ 0 & 0 & 5 & 4 & 9 \\ 0 & 0 & 0 & 0 & 0 \end{pmatrix}.$$

（1）一阶非零子式，如$|2|=2$，$|-1|=-1$等；

（2）二阶非零子式，如$\begin{vmatrix} 2 & 2 \\ 0 & 1 \end{vmatrix}$，$\begin{vmatrix} 1 & 0 \\ 0 & 5 \end{vmatrix}$等，但二阶子式$\begin{vmatrix} 2 & 0 \\ 1 & 0 \end{vmatrix}$等于零；

（3）三阶非零子式，如 $\begin{vmatrix}2&2&0\\0&1&0\\0&0&5\end{vmatrix}$，$\begin{vmatrix}2&2&1\\0&1&-1\\0&0&4\end{vmatrix}$ 等；

（4）四阶子式均为零，因为每个四阶子式必有一个零行.

综上，我们说矩阵 $\boldsymbol{A}$ 的最高阶非零子式是三阶的.

通过学习行列式的知识，我们知道，在 $\boldsymbol{A}$ 中当所有 $r+1$ 阶子式全等于零时，所有高于 $r+1$ 阶的子式也全等于零，因此把 r 阶非零子式称为 $\boldsymbol{A}$ 的**最高阶非零子式**，而 $\boldsymbol{A}$ 的秩 $R(\boldsymbol{A})$ 就是 $\boldsymbol{A}$ 的非零子式的最高阶数.

由于 $R(\boldsymbol{A})$ 是 $\boldsymbol{A}$ 的非零子式的最高阶数，因此，若矩阵中有某个 s 阶子式不为零，则 $R(\boldsymbol{A})\geqslant s$；若 $\boldsymbol{A}$ 中所有 t 阶子式全为零，则 $R(\boldsymbol{A})<t$.

由定义可以得出：若 $\boldsymbol{A}$ 为 $m\times n$ 矩阵，则 $0\leqslant R(\boldsymbol{A})\leqslant \min\{m,n\}$.

由行列式的性质，行列式与其转置行列式相等，所以 $\boldsymbol{A}^{\mathrm{T}}$ 的子式与 $\boldsymbol{A}$ 的子式对应相等，从而 $R(\boldsymbol{A}^{\mathrm{T}})=R(\boldsymbol{A})$.

对于 n 阶方阵 $\boldsymbol{A}$，由于 $\boldsymbol{A}$ 的 n 阶子式只有一个 $|\boldsymbol{A}|$，所以当 $|\boldsymbol{A}|\neq 0$ 时 $R(\boldsymbol{A})=n$，当 $|\boldsymbol{A}|=0$ 时 $R(\boldsymbol{A})<n$. 可见可逆矩阵的秩等于矩阵的阶数，不可逆矩阵的秩小于矩阵的阶数. 因此，可逆矩阵（非奇异矩阵）又称**满秩矩阵**，不可逆矩阵（奇异矩阵）称为**降秩矩阵**.

由此，可逆阵、非奇异矩阵、满秩方阵这三种说法是一致的，而不可逆阵、奇异矩阵、降秩方阵这三种说法是一致的.

3.2.2　矩阵的秩的求法

最后我们来看一下，怎样来计算矩阵的秩. 在上一节中曾经指出，作为解线性方程组的一个解法，我们对矩阵作初等行变换，把矩阵化为阶梯形，这也是计算矩阵的秩的一种方法. 初等行变换可以将一个矩阵变成行阶梯形矩阵. 如果这个矩阵对应于一个线性方程组，那么这个阶梯形矩阵的每个非零行所对应方程，就是经过变换后保留下来的线性方程，因此阶梯形矩阵的非零行就对应着保留下来线性方程组，阶梯形矩阵的行数就是保留下来线性方程组所含线性方程的个数. 对于一个线性方程组而言，保留方程组所含线性方程的个数是个不变的量，因而，方程组所对应矩阵，经过初等行变换变成的行阶梯形矩阵的非零行的行数也是一个不变的量.

上面的讨论说明，为了计算矩阵的秩，只要用初等行变换把它变为阶梯形，这个阶梯形矩阵中非零行的个数就是原来矩阵的秩.

以上的讨论还说明，用初等变换化一个方程组为阶梯形，最后留下来的方程的个数与变换的过程无关，因为它就等于增广矩阵的秩.

定理 2　若 $\boldsymbol{A}\sim\boldsymbol{B}$，则 $R(\boldsymbol{A})=R(\boldsymbol{B})$.

例 7　求矩阵 $\boldsymbol{A}$ 和矩阵 $\boldsymbol{B}$ 的秩，其中

$$\boldsymbol{A}=\begin{pmatrix}1&2&3\\2&3&-5\\4&7&1\end{pmatrix},\boldsymbol{B}=\begin{pmatrix}2&-1&0&3&-2\\0&3&1&-2&5\\0&0&0&4&-3\\0&0&0&0&0\end{pmatrix}.$$

解　在矩阵 $\boldsymbol{A}$ 中，有一个 2 阶子式 $\begin{vmatrix}1 & 2\\ 2 & 3\end{vmatrix}=-1\neq 0$，$\boldsymbol{A}$ 的 3 阶子式只有一个 $|\boldsymbol{A}|=\begin{vmatrix}1 & 2 & 3\\ 2 & 3 & -5\\ 4 & 7 & 1\end{vmatrix}$，且 $|\boldsymbol{A}|=0$，所以 $R(\boldsymbol{A})=2$.

很容易看出，$\boldsymbol{B}$ 是一个行阶梯形矩阵，有 3 行非零行，而且 $\boldsymbol{B}$ 所有 4 阶子式均为零. 而以三个非零行的第一个非零元为对角元的 3 阶行列式

$$\begin{vmatrix}2 & -1 & 3\\ 0 & 3 & -2\\ 0 & 0 & 4\end{vmatrix}=24$$

不为 0，所以 $R(\boldsymbol{B})=3$.

例 8　用初等行变换求矩阵

$$\boldsymbol{A}=\begin{pmatrix}1 & 0 & 0 & 1\\ 1 & 2 & 0 & -1\\ 3 & -1 & 0 & 4\\ 1 & 4 & 5 & 1\end{pmatrix}$$

的秩.

解

$$\boldsymbol{A}=\begin{pmatrix}1 & 0 & 0 & 1\\ 1 & 2 & 0 & -1\\ 3 & -1 & 0 & 4\\ 1 & 4 & 5 & 1\end{pmatrix}\overset{\substack{r_2-r_1\\ r_3-3r_1\\ r_4-r_1}}{\sim}\begin{pmatrix}1 & 0 & 0 & 1\\ 0 & 2 & 0 & -2\\ 0 & -1 & 0 & 1\\ 0 & 4 & 5 & 0\end{pmatrix}\overset{\substack{(-1)r_3\\ r_2\leftrightarrow r_3}}{\sim}\begin{pmatrix}1 & 0 & 0 & 1\\ 0 & 1 & 0 & -1\\ 0 & 2 & 0 & -2\\ 0 & 4 & 5 & 0\end{pmatrix}$$

$$\overset{\substack{r_3-2r_2\\ r_4-4r_2\\ r_3\leftrightarrow r_4}}{\sim}\begin{pmatrix}1 & 0 & 0 & 1\\ 0 & 1 & 0 & -1\\ 0 & 0 & 5 & 4\\ 0 & 0 & 0 & 0\end{pmatrix}=\boldsymbol{A}_1$$

由定理，$R(\boldsymbol{A})=R(\boldsymbol{A}_1)$，而 $R(\boldsymbol{A}_1)=3$，故 $R(\boldsymbol{A})=3$.

例 9　用初等行变换求矩阵

$$\boldsymbol{A}=\begin{pmatrix}1 & -2 & -1 & 3 & -1\\ 2 & -1 & 0 & 1 & -2\\ -2 & -5 & -4 & 8 & 3\\ 1 & 1 & 1 & -1 & -2\end{pmatrix}$$

的秩.

解

$$\boldsymbol{A}\overset{\substack{r_2-2r_1\\ r_3+2r_1\\ r_4-r_1}}{\sim}\begin{pmatrix}1 & -2 & -1 & 3 & -1\\ 0 & 3 & 2 & -5 & 0\\ 0 & -9 & -6 & 14 & 1\\ 0 & 3 & 2 & -4 & -1\end{pmatrix}\overset{\substack{r_3+3r_2\\ r_4-r_2}}{\sim}\begin{pmatrix}1 & -2 & -1 & 3 & -1\\ 0 & 3 & 2 & -5 & 0\\ 0 & 0 & 0 & -1 & 1\\ 0 & 0 & 0 & 1 & -1\end{pmatrix}$$

$$\xrightarrow{\substack{r_4+r_3\\-r_3}}\begin{pmatrix}1&-2&-1&3&-1\\0&3&2&-5&0\\0&0&0&1&-1\\0&0&0&0&0\end{pmatrix}$$

显然 $R(\boldsymbol{A})=3$.

例 10　求 4 阶方阵 $\boldsymbol{A}=\begin{pmatrix}1&4&1&0\\2&1&-1&-3\\1&0&-3&-1\\0&2&-6&3\end{pmatrix}$ 的秩.

解

$$\boldsymbol{A}\xrightarrow{\substack{r_2-2r_1\\r_3-r_1}}\begin{pmatrix}1&4&1&0\\0&-7&-3&-3\\0&-4&-4&-1\\0&2&-6&3\end{pmatrix}\xrightarrow{\substack{r_2-2r_3\\r_3+2r_4}}\begin{pmatrix}1&4&1&0\\0&1&5&-1\\0&0&-16&5\\0&2&-6&3\end{pmatrix}$$

$$\xrightarrow{r_4-2r_2}\begin{pmatrix}1&4&1&0\\0&1&5&-1\\0&0&-16&5\\0&0&-16&5\end{pmatrix}\xrightarrow{r_4-r_3}\begin{pmatrix}1&4&1&0\\0&1&5&-1\\0&0&-16&5\\0&0&0&0\end{pmatrix}$$

显然 $R(\boldsymbol{A})=3$.

例 11　设

$$\boldsymbol{A}=\begin{pmatrix}1&2&-1&1\\3&2&a&-1\\5&6&3&b\end{pmatrix},$$

已知 $R(\boldsymbol{A})=2$，求 a 与 b 的值.

解　$\boldsymbol{A}\xrightarrow{\substack{r_2-3r_1\\r_3-5r_1}}\begin{pmatrix}1&2&-1&1\\0&-4&a+3&-4\\0&-4&8&b-5\end{pmatrix}\xrightarrow{r_3-r_2}\begin{pmatrix}1&2&-1&1\\0&-4&a+3&-4\\0&0&5-a&b-1\end{pmatrix}$

由已知 $R(\boldsymbol{A})=2$，故 $\begin{cases}5-a=0\\b-1=0\end{cases}\Rightarrow\begin{cases}a=5\\b=1\end{cases}$.

习题 3.2

1. 求下列矩阵的秩.

（1）$\begin{pmatrix}1&1&0&0\\0&1&1&0\\0&0&1&1\\1&0&0&1\end{pmatrix}$;　　（2）$\begin{pmatrix}2&1&4&1&4\\3&-1&2&1&3\\1&2&3&2&2\\4&-2&3&0&1\end{pmatrix}$;

(3) $\begin{pmatrix} 2 & 1 & 0 & 1 & 2 \\ 2 & 3 & 4 & 2 & 0 \\ 1 & -1 & -3 & 0 & 3 \\ 3 & 1 & -1 & 1 & 3 \end{pmatrix}$； (4) $\begin{pmatrix} 1 & -1 & 0 & -2 & -1 \\ -3 & 2 & 1 & 3 & -3 \\ 2 & -1 & -1 & -1 & 4 \\ 0 & 1 & -1 & 2 & 4 \end{pmatrix}$.

3.3 线性方程组的解

有了矩阵的理论准备之后，我们就可以来分析线性方程组的问题，给出线性方程组解的判别条件.

3.3.1 线性方程组有解判定定理

设 n 个未知数，m 个方程的线性方程组为

$$\begin{cases} a_{11}x_1 + a_{12}x_2 + \cdots + a_{1n}x_n = b_1 \\ a_{21}x_1 + a_{22}x_2 + \cdots + a_{2n}x_n = b_2 \\ \cdots\cdots \\ a_{m1}x_1 + a_{m2}x_2 + \cdots + a_{mn}x_n = b_m \end{cases} \tag{3}$$

记 $\boldsymbol{A} = \begin{pmatrix} a_{11} & a_{12} & \cdots & a_{1n} \\ a_{21} & a_{22} & \cdots & a_{2n} \\ \vdots & \vdots & & \vdots \\ a_{m1} & a_{m2} & \cdots & a_{mn} \end{pmatrix}$，$x = \begin{pmatrix} x_1 \\ x_2 \\ \vdots \\ x_m \end{pmatrix}$，$b = \begin{pmatrix} b_1 \\ b_2 \\ \vdots \\ b_m \end{pmatrix}$，$\boldsymbol{B} = (\boldsymbol{A}, b)$ 为增广矩阵，则由矩阵的乘法方程组可以写成

$$\boldsymbol{A}x = b\,.$$

线性方程组（3）如果有解，就称它是**相容的**，如果无解，就称它**不相容**．利用系数矩阵 $\boldsymbol{A}$ 和增广矩阵 $\boldsymbol{B} = (\boldsymbol{A}, b)$ 的秩，可以讨论线性方程组是否有解（也就是是否相容）以及若有解解是否惟一等问题.

定理 3 n 元线性方程组 $\boldsymbol{A}x=b$ 有解的充分必要条件是它的系数矩阵 $\boldsymbol{A}$ 与增广矩阵 $\boldsymbol{B}=(\boldsymbol{A},b)$ 有相同的秩.

证 先证必要性，设线性方程组（3）有解．用消元法解线性方程组（3）的第一步就是用初等行变换将增广矩阵 $\boldsymbol{B}$ 化成阶梯形

$$\begin{pmatrix} c_{11} & c_{12} & \cdots & c_{1r} & \cdots & c_{1n} & d_1 \\ 0 & c_{22} & \cdots & c_{2r} & \cdots & c_{2n} & d_2 \\ \vdots & \vdots & & \vdots & & \vdots & \vdots \\ 0 & 0 & \cdots & c_{rr} & \cdots & c_{rn} & d_r \\ 0 & 0 & \cdots & 0 & \cdots & 0 & d_{r+1} \\ 0 & 0 & \cdots & 0 & \cdots & 0 & 0 \\ \vdots & \vdots & & \vdots & & \vdots & \vdots \\ 0 & 0 & \cdots & 0 & \cdots & 0 & 0 \end{pmatrix}$$

其中 $c_{ii} \neq 0$，$i = 1, 2, \cdots, r$，若 $d_{r+1} \neq 0$，有 $0 = d_{r+1}$，所以线性方程组为矛盾方程组，故此方程组

无解．因此，必有 $d_{r+1}=0$，于是

$$R(\boldsymbol{A})=R(\boldsymbol{B}).$$

再证充分性．若 $R(\boldsymbol{A})=R(\boldsymbol{B})$，则必有

$$\begin{cases} c_{11}x_1+c_{12}x_2+\cdots+c_{1r}x_r=d_1-c_{1,r+1}x_{r+1}-\cdots-c_{1n}x_n \\ \qquad c_{22}x_2+\cdots+c_{2r}x_r=d_2-c_{2,r+1}x_{r+1}-\cdots-c_{2n}x_n \\ \cdots\cdots \\ \qquad\qquad c_{rr}x_r=d_r-c_{r,r+1}x_{r+1}-\cdots-c_{rn}x_n \end{cases}$$

取 $x_{r+1}=x_{r+2}=\cdots=x_n=0$，则有唯一解，$\boldsymbol{A}x=b$ 有解．

此定理又称为线性方程组有解判定定理，也就是说，当系数矩阵与增广矩阵的秩相等时，方程组有解；当增广矩阵的秩等于系数矩阵的秩加 1 时，方程组无解．

在解决了线性方程组有解的判别条件之后，我们进一步来讨论线性方程组解的结构．在方程组的解是唯一的情况下，当然没有什么结构问题．在有多个解的情况下，所谓解的结构问题就是解与解之间的关系问题．虽然有无穷多个解，但是全部的解都可以用有限的解表示出来．这就是本节要讨论的问题和要得到的主要结果．这些讨论当然是建立在有解的基础之上，这一点就不再每次说明了．

定理 4　n 元齐次线性方程组 $\boldsymbol{A}x=0$ 有非零解的充分必要条件是 $R(\boldsymbol{A})<n$．

证　先证必要性．对于 $m\times n$ 矩阵 $\boldsymbol{A}$ 来说，假设 $R(\boldsymbol{A})\geqslant n$，而由于 $R(\boldsymbol{A})\leqslant\min\{m,n\}$，所以 $R(\boldsymbol{A})\leqslant n$，于是只有 $R(\boldsymbol{A})=n$．它说明 $\boldsymbol{A}\overset{r}{\sim}\begin{pmatrix}E\\O\end{pmatrix}$，即它所对应的方程组有唯一零解，这与 $\boldsymbol{A}x=0$ 有非零解矛盾，故 $R(\boldsymbol{A})<n$．

再证充分性．设 $R(\boldsymbol{A})=r<n$，则不失一般性

$$\boldsymbol{A}\sim\begin{pmatrix} c_{11} & c_{12} & \cdots & c_{1r} & \cdots & c_{1n} \\ 0 & c_{22} & \cdots & c_{2r} & \cdots & c_{2n} \\ \vdots & \vdots & & \vdots & & \vdots \\ 0 & 0 & \cdots & c_{rr} & \cdots & c_{rn} \\ \vdots & \vdots & & \vdots & & \vdots \\ 0 & 0 & 0 & 0 & 0 & 0 \end{pmatrix},$$

其中 $c_{ii}\neq 0$，$i=1,2,\cdots,r$，则其对应的方程组可表为

$$\begin{cases} c_{11}x_1+c_{12}x_2+\cdots+c_{1r}x_r=-c_{1,r+1}x_{r+1}-\cdots-c_{1n}x_n \\ \qquad c_{22}x_2+\cdots+c_{2r}x_r=-c_{2,r+1}x_{r+1}-\cdots-c_{2n}x_n \\ \cdots\cdots \\ \qquad\qquad c_{rr}x_r=-c_{r,r+1}x_{r+1}-\cdots-c_{rn}x_n \end{cases},$$

取 $x_{r+1}=1$，$x_{r+2}=\cdots=x_n=0$，则方程组有一个非零解，故齐次线性方程组 $\boldsymbol{A}x=0$ 有非零解．

由定理 2 和定理 3，可得如下的结论：

定理 5　n 元线性方程组 $\boldsymbol{A}x=b$

（1）无解的充分必要条件是 $R(\boldsymbol{A})<R(\boldsymbol{A},b)$；

（2）有唯一解的充分必要条件是 $R(\boldsymbol{A})=R(\boldsymbol{A},b)=n$；

（3）有无穷多解的充分必要条件是 $R(\boldsymbol{A})=R(\boldsymbol{A},b)<n$．

证 只需证明条件的充分性，因为（1），（2），（3）中条件的必要性依次是（2）（3），（1）（3），（1）（2）中条件的充分性的逆否命题.

设 $R(\boldsymbol{A})=r$. 不妨设增广矩阵 $\boldsymbol{B}=(\boldsymbol{A},b)$ 的行最简形为

$$\boldsymbol{B}_1=\begin{pmatrix}1&0&\cdots&0&b_{11}&\cdots&b_{1,n-r}&d_1\\0&1&\cdots&0&b_{21}&\cdots&b_{2,n-r}&d_2\\\vdots&\vdots&&\vdots&\vdots&&\vdots&\vdots\\0&0&\cdots&1&b_{r1}&\cdots&b_{r,n-r}&d_r\\0&0&\cdots&0&0&\cdots&0&d_{r+1}\\0&0&\cdots&0&0&\cdots&0&0\\\vdots&\vdots&&\vdots&\vdots&&\vdots&\vdots\\0&0&\cdots&0&0&\cdots&0&0\end{pmatrix},$$

（1）若 $R(\boldsymbol{A})<R(\boldsymbol{B})$，则 $\boldsymbol{B}_1$ 中 $d_{r+1}=1$，于是 $\boldsymbol{B}_1$ 的第 $r+1$ 行对应矛盾方程 $0=1$，故方程 $\boldsymbol{A}x=b$ 无解.

（2）若 $R(\boldsymbol{A})=R(\boldsymbol{B})=r=n$，则 $\boldsymbol{B}_1$ 中 $d_{r+1}=0$（或 d_{r+1} 不出现），且 b_{ij} 都不出现，于是 $\boldsymbol{B}_1$ 对应方程组

$$\begin{cases}x_1=d_1,\\x_2=d_2,\\\cdots\cdots\\x_n=d_n.\end{cases}$$

所以方程 $\boldsymbol{A}x=b$ 有唯一解.

（3）若 $R(\boldsymbol{A})=R(\boldsymbol{B})=r<n$，则 $\boldsymbol{B}_1$ 中 $d_{r+1}=0$（或 d_{r+1} 不出现），于是 $\boldsymbol{B}_1$ 对应方程组

$$\begin{cases}x_1=-b_{11}x_{r+1}-\cdots-b_{1,n-r}x_n+d_1,\\x_2=-b_{21}x_{r+1}-\cdots-b_{2,n-r}x_n+d_2,\\\cdots\cdots\\x_r=-b_{r1}x_{r+1}-\cdots-b_{n,n-r}x_n+d_r.\end{cases}\tag{4}$$

令自由未知量 $x_{r+1}=c_1$，$x_{r+2}=c_2,\cdots$，$x_n=c_{n-r}$ 即得到方程 $\boldsymbol{A}x=b$ 的含有 $n-r$ 个参数的解

$$\begin{pmatrix}x_1\\\vdots\\x_r\\x_{r+1}\\\vdots\\x_n\end{pmatrix}=\begin{pmatrix}-b_{11}c_1-\cdots-b_{1,n-r}c_{n-r}+d_1\\\vdots\\-b_{r1}c_1-\cdots-b_{r,n-r}c_{n-r}+d_r\\c_1\\\vdots\\c_{n-r}\end{pmatrix},$$

即

$$\begin{pmatrix}x_1\\\vdots\\x_r\\x_{r+1}\\\vdots\\x_n\end{pmatrix}=c_1\begin{pmatrix}-b_{11}\\\vdots\\-b_{r1}\\1\\\vdots\\0\end{pmatrix}+\cdots+c_{n-r}\begin{pmatrix}-b_{1,n-r}\\\vdots\\-b_{r,n-r}\\0\\\vdots\\1\end{pmatrix}+\begin{pmatrix}d_1\\\vdots\\d_r\\0\\\vdots\\0\end{pmatrix},\tag{5}$$

因为参数 $c_1,\cdots,c_{n-r}$ 可任意取值，故方程 $\boldsymbol{A}x=b$ 有无限多解.

可以看出，当 $R(\boldsymbol{A})=R(\boldsymbol{B})=r<n$ 时，因为含有 $n-r$ 个参数的解（5）可表示线性方程组（4）的任一解，所以也可以表示线性方程组 $\boldsymbol{A}x=b$ 的任一解，因此解（5）称为**线性方程组 $\boldsymbol{A}x=b$ 的通解**.

3.3.2　线性方程组解的求法

事实上，以上内容已经给出了解线性方程组的一个方法，现总结如下：

（1）对于非齐次线性方程组，对它的增广矩阵 $\boldsymbol{B}$ 做初等行变换，将它化为行阶梯形矩阵，从 $\boldsymbol{B}$ 的行阶梯形可以看出系数矩阵的秩 $R(\boldsymbol{A})$ 和增广矩阵的秩 $R(\boldsymbol{B})$，比较 $R(\boldsymbol{A})$ 和 $R(\boldsymbol{B})$ 的大小，若 $R(\boldsymbol{A})<R(\boldsymbol{B})$，则线性方程组无解；

（2）若 $R(\boldsymbol{A})=R(\boldsymbol{B})$，那么还要继续把增广矩阵 $\boldsymbol{B}$ 化为行最简形矩阵. 如果是齐次线性方程组，把系数矩阵 $\boldsymbol{A}$ 化为行最简形矩阵；

（3）设 $R(\boldsymbol{A})=R(\boldsymbol{B})=r$，把行最简矩阵中 r 个非零行的首非零元所对应的未知数取做非自由未知数，其余 $n-r$ 个未知数取做自由未知数，并且令自由未知数分别等于 $c_1,\cdots,c_{n-r}$，最后由 $\boldsymbol{B}$ 或者 $\boldsymbol{A}$ 的行最简形矩阵，就可以写出含有 $n-r$ 个参数的通解.

例 12　求解齐次线性方程组

$$\begin{cases} x_1-3x_2+x_3+x_4-x_5=0, \\ x_1-3x_2+2x_3-x_4+x_5=0, \\ x_1-3x_2-x_3+5x_4-5x_5=0, \\ 2x_1-6x_2+x_3+4x_4-4x_5=0. \end{cases}$$

解　对系数矩阵 $\boldsymbol{A}$ 施行初等行变换变换为行最简形矩阵

$$\boldsymbol{A}=\begin{pmatrix} 1 & -3 & 1 & 1 & -1 \\ 1 & -3 & 2 & -1 & 1 \\ 1 & -3 & -1 & 5 & -5 \\ 2 & -6 & 1 & 4 & -4 \end{pmatrix} \overset{\substack{r_2-r_1 \\ r_3-r_1 \\ r_4-2r_1}}{\sim} \begin{pmatrix} 1 & -3 & 1 & 1 & -1 \\ 0 & 0 & 1 & -2 & 2 \\ 0 & 0 & -2 & 4 & -4 \\ 0 & 0 & -1 & 2 & -2 \end{pmatrix}$$

$$\overset{\substack{r_3+2r_2 \\ r_4+r_2}}{\sim} \begin{pmatrix} 1 & -3 & 1 & 1 & -1 \\ 0 & 0 & 1 & -2 & 2 \\ 0 & 0 & 0 & 0 & 0 \\ 0 & 0 & 0 & 0 & 0 \end{pmatrix} \overset{r_1-r_2}{\sim} \begin{pmatrix} 1 & -3 & 0 & 3 & -3 \\ 0 & 0 & 1 & -2 & 2 \\ 0 & 0 & 0 & 0 & 0 \\ 0 & 0 & 0 & 0 & 0 \end{pmatrix},$$

即得到与原方程组同解的方程组

$$\begin{cases} x_1-3x_2\quad+3x_4-3x_5=0, \\ \qquad\qquad x_3-2x_4+2x_5=0. \end{cases}$$

由此可得

$$\begin{cases} x_1=3x_2-3x_4+3x_5, \\ x_3=\qquad\quad 2x_4-2x_5. \end{cases}\text{（}x_2,x_4,x_5\text{ 可任意取值）}$$

令 $x_2=c_1,x_4=c_2,x_5=c_3$，把它写成通常的参数形式

$$\begin{cases}x_1=3c_1-3c_2+3c_3,\\ x_2=c_1,\\ x_3=\quad 2c_2-2c_3,\\ x_4=\quad c_2,\\ x_5=\quad c_3.\end{cases}$$

其中 c_1,c_2,c_3 为任意实数，也可以改写成向量形式

$$\begin{pmatrix}x_1\\x_2\\x_3\\x_4\\x_5\end{pmatrix}=\begin{pmatrix}3c_1-3c_2+3c_3\\c_1\\2c_2-2c_3\\c_2\\c_3\end{pmatrix}=c_1\begin{pmatrix}3\\1\\0\\0\\0\end{pmatrix}+c_2\begin{pmatrix}-3\\0\\2\\1\\0\end{pmatrix}+c_3\begin{pmatrix}3\\0\\-2\\0\\1\end{pmatrix}.$$

例 13 求解非齐次线性方程组

$$\begin{cases}x_1+x_2+x_3+x_4+x_5=1,\\ 3x_1+2x_2+x_3+x_4-3x_5=0,\\ x_2+2x_3+2x_4+6x_5=3,\\ 5x_1+4x_2+3x_3+3x_4-x_5=2.\end{cases}$$

解 对增广矩阵 $\boldsymbol{B}$ 施行初等行变换

$$\boldsymbol{B}=\begin{pmatrix}1&1&1&1&1&1\\3&2&1&1&-3&0\\0&1&2&2&6&3\\5&4&3&3&-1&2\end{pmatrix}\overset{\substack{r_2-3r_1\\r_4-5r_1}}{\sim}\begin{pmatrix}1&1&1&1&1&1\\0&-1&-2&-2&-6&-3\\0&1&2&2&6&3\\0&-1&-2&-2&-6&-3\end{pmatrix}$$

$$\overset{\substack{r_3+r_2\\r_4-r_2}}{\sim}\begin{pmatrix}1&1&1&1&1&1\\0&-1&-2&-2&-6&-3\\0&0&0&0&0&0\\0&0&0&0&0&0\end{pmatrix}\overset{\substack{r_1+r_2\\(-1)r_2}}{\sim}\begin{pmatrix}1&0&-1&-1&-5&-2\\0&1&2&2&6&3\\0&0&0&0&0&0\\0&0&0&0&0&0\end{pmatrix},$$

即得

$$\begin{cases}x_1\quad -x_3-x_4-5x_5=-2,\\ x_2+2x_3+2x_4+6x_5=3.\end{cases}$$

设 $x_3=c_1,x_4=c_2,x_5=c_3$，得

$$\begin{cases}x_1=\quad c_1+c_2+5c_3-2,\\ x_2=-2c_1-2c_2-6c_3+3,\\ x_3=\quad c_1,\\ x_4=\quad c_2,\\ x_5=\quad c_3,\end{cases}$$

写成向量的形式为

$$\begin{pmatrix}x_1\\x_2\\x_3\\x_4\\x_5\end{pmatrix}=\begin{pmatrix}c_1+c_2+5c_3-2\\-2c_1-2c_2-6c_3+3\\c_1\\c_2\\c_3\end{pmatrix}=c_1\begin{pmatrix}1\\-2\\1\\0\\0\end{pmatrix}+c_2\begin{pmatrix}1\\-2\\0\\1\\0\end{pmatrix}+c_3\begin{pmatrix}5\\-6\\0\\0\\1\end{pmatrix}+\begin{pmatrix}-2\\3\\0\\0\\0\end{pmatrix},$$

其中 c_1,c_2,c_3 为任意实数.

例 14　求解非齐次线性方程组

$$\begin{cases}x_1-2x_2+3x_3-x_4=1,\\3x_1-x_2+5x_3-3x_4=2,\\2x_1+2x_2+2x_3-3x_4=3.\end{cases}$$

解　对增广矩阵 $\boldsymbol{B}$ 施行初等行变换

$$\boldsymbol{B}=\begin{pmatrix}1&-2&3&-1&1\\3&-1&5&-3&2\\2&1&2&-2&3\end{pmatrix}\overset{\substack{r_2-3r_1\\r_3-2r_1}}{\sim}\begin{pmatrix}1&-2&3&-1&1\\0&5&-4&0&-1\\0&5&-4&0&1\end{pmatrix}$$

$$\overset{r_3-r_2}{\sim}\begin{pmatrix}1&-2&3&-1&1\\0&5&-4&0&-1\\0&0&0&0&2\end{pmatrix},$$

可见 $R(\boldsymbol{A})=2,R(\boldsymbol{B})=3$，故方程组无解.

例 15　设线性方程组

$$\begin{cases}(1+\lambda)x_1+x_2+x_3=0,\\x_1+(1+\lambda)x_2+x_3=3,\\x_1+x_2+(1+\lambda)x_3=\lambda.\end{cases}$$

问 λ 取何值时，线性方程组（1）有唯一解；（2）无解；（3）有无穷多个解，并求通解.

解　方法一　因为此方程组有唯一解的充分必要条件是 $|\boldsymbol{A}|\neq 0$，而

$$|A|=\begin{vmatrix}1+\lambda&1&1\\1&1+\lambda&1\\1&1&1+\lambda\end{vmatrix}\xlongequal{r_1+r_2+r_3}(3+\lambda)\begin{vmatrix}1&1&1\\1&1+\lambda&1\\1&1&1+\lambda\end{vmatrix}\xlongequal[r_3-r_1]{r_2-r_1}(3+\lambda)\begin{vmatrix}1&1&1\\0&\lambda&0\\0&0&\lambda\end{vmatrix}=(3+\lambda)\lambda^2$$

因此，当 $\lambda\neq 0$ 且 $\lambda\neq -3$ 时，方程组有唯一解.

当 $\lambda=0$ 时

$$\boldsymbol{B}=\begin{pmatrix}1&1&1&0\\1&1&1&3\\1&1&1&0\end{pmatrix}\overset{r}{\sim}\begin{pmatrix}1&1&1&0\\0&0&0&1\\0&0&0&0\end{pmatrix}$$

所以 $R(\boldsymbol{A})=1,R(\boldsymbol{B})=2$，故方程组无解.

当 $\lambda=-3$ 时

$$B=\begin{pmatrix}-2&1&1&0\\1&-2&1&3\\1&1&-2&-3\end{pmatrix}\underset{r_2-r_3}{\overset{r_1+r_2+r_3}{\sim}}\begin{pmatrix}0&0&0&0\\0&-3&3&6\\1&1&-2&-3\end{pmatrix}\underset{r_1-r_2}{\overset{\substack{r_1\leftrightarrow r_3\\ r_2\div(-3)}}{\sim}}\begin{pmatrix}1&0&-1&-1\\0&1&-1&-2\\0&0&0&0\end{pmatrix}$$

所以 $R(A)=R(B)=2$，故方程组有无穷多组解.

由于 $\begin{cases}x_1=x_3-1\\x_2=x_3-2\\x_3=x_3\end{cases}$，设 $x_3=c\in R$，则通解为

$$\begin{pmatrix}x_1\\x_2\\x_3\end{pmatrix}=\begin{pmatrix}c-1\\c-2\\c\end{pmatrix}=c\begin{pmatrix}1\\1\\1\end{pmatrix}+\begin{pmatrix}-1\\-2\\0\end{pmatrix}$$

方法二

$$B=\begin{pmatrix}1+\lambda&1&1&0\\1&1+\lambda&1&3\\1&1&1+\lambda&\lambda\end{pmatrix}\overset{r_1\leftrightarrow r_3}{\sim}\begin{pmatrix}1&1&1+\lambda&\lambda\\1&1+\lambda&1&3\\1+\lambda&1&1&0\end{pmatrix}$$

$$\underset{r_3-(1+\lambda)r_1}{\overset{r_2-r_1}{\sim}}\begin{pmatrix}1&1&1+\lambda&\lambda\\0&\lambda&-\lambda&3-\lambda\\0&-\lambda&-\lambda(2+\lambda)&-\lambda(1+\lambda)\end{pmatrix}\overset{r_3+r_2}{\sim}\begin{pmatrix}1&1&1+\lambda&\lambda\\0&\lambda&-\lambda&3-\lambda\\0&0&-\lambda(3+\lambda)&(1-\lambda)(3+\lambda)\end{pmatrix}$$

（1）当 $\lambda\neq 0$ 且 $\lambda\neq -3$ 时，$R(A)=R(B)=3$，方程组有唯一解；

（2）当 $\lambda=0$ 时，$R(A)=1, R(B)=2$，方程组无解；

（3）当 $\lambda=-3$ 时，$R(A)=R(B)=2$，方程组有无穷多个解，而

$$B\overset{r}{\sim}\begin{pmatrix}1&1&-2&-3\\0&-3&3&6\\0&0&0&0\end{pmatrix}\overset{r}{\sim}\begin{pmatrix}1&0&-1&-1\\0&1&-1&-2\\0&0&0&0\end{pmatrix}$$

于是通解为

$$\begin{pmatrix}x_1\\x_2\\x_3\end{pmatrix}=\begin{pmatrix}c-1\\c-2\\c\end{pmatrix}=c\begin{pmatrix}1\\1\\1\end{pmatrix}+\begin{pmatrix}-1\\-2\\0\end{pmatrix}\quad(c\in R).$$

例 16 图 3.1 是某城市一个区域内单行道的交通流量（每小时通过车辆数）部分统计数据.

满足下面两个条件：

（1）全部流入一个节点（十字路口）的流量等于全部流出此节点（十字路口）的流量；

（2）全部流入网络的流量等于全部流出网络的流量.

建立数学模型，确定该区域交通网络未知部分的具体流量.

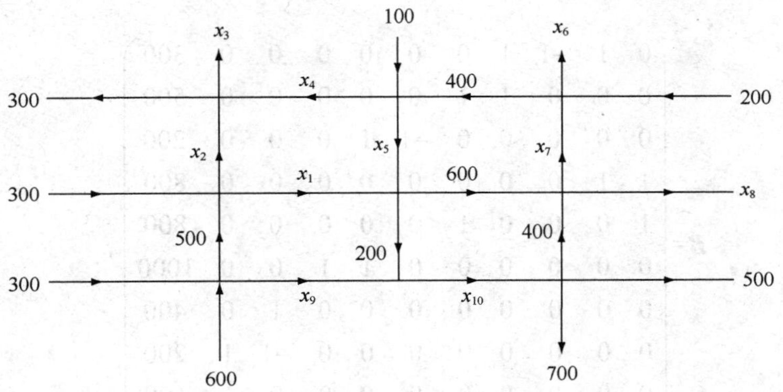

图 3.1

解　根据条件（1），由于各个节点流入与流出的流量相等，可以依次列出以下 9 个方程：

$$x_2+x_4=x_3+300,$$
$$x_4+\ x_5=100+400,$$
$$x_7+200=x_6+400,$$
$$x_1+x_2=300+500,$$
$$x_1+x_5=200+600,$$
$$x_7+x_8=400+600,$$
$$x_9+500=300+600,$$
$$x_9+200=x_{10},$$
$$x_{10}+500=400+700.$$

根据条件（2），对于整个网络流入与流出的流量相等，可列一个方程：

$$100+200+500+600+300+300=x_3+x_6+x_8+700+300,$$

综合上述，所给问题满足如下线性方程组：

$$\begin{cases} x_2-x_3+x_4=300 \\ x_4+\ x_5=500 \\ -x_6+x_7=200 \\ x_1+x_2=800 \\ x_1+x_5=800 \\ x_7+x_8=1000 \\ x_9=400 \\ -x_9+x_{10}=200 \\ x_{10}=600 \\ x_3+x_6+x_8=1000 \end{cases}$$

方程组的增广矩阵为

$$B=\begin{pmatrix} 0 & 1 & -1 & 1 & 0 & 0 & 0 & 0 & 0 & 0 & 300 \\ 0 & 0 & 0 & 1 & 1 & 0 & 0 & 0 & 0 & 0 & 500 \\ 0 & 0 & 0 & 0 & 0 & -1 & 1 & 0 & 0 & 0 & 200 \\ 1 & 1 & 0 & 0 & 0 & 0 & 0 & 0 & 0 & 0 & 800 \\ 1 & 0 & 0 & 0 & 1 & 0 & 0 & 0 & 0 & 0 & 800 \\ 0 & 0 & 0 & 0 & 0 & 0 & 1 & 1 & 0 & 0 & 1000 \\ 0 & 0 & 0 & 0 & 0 & 0 & 0 & 0 & 1 & 0 & 400 \\ 0 & 0 & 0 & 0 & 0 & 0 & 0 & 0 & -1 & 1 & 200 \\ 0 & 0 & 0 & 0 & 0 & 0 & 0 & 0 & 0 & 1 & 600 \\ 0 & 0 & 1 & 0 & 0 & 1 & 0 & 1 & 0 & 0 & 1000 \end{pmatrix},$$

对增广矩阵做初等行变换得：

$$B \sim \begin{pmatrix} 1 & 0 & 0 & 0 & 1 & 0 & 0 & 0 & 0 & 0 & 800 \\ 0 & 1 & 0 & 0 & -1 & 0 & 0 & 0 & 0 & 0 & 0 \\ 0 & 0 & 1 & 0 & 0 & 0 & 0 & 0 & 0 & 0 & 200 \\ 0 & 0 & 0 & 1 & 1 & 0 & 0 & 0 & 0 & 0 & 500 \\ 0 & 0 & 0 & 0 & 0 & 1 & 0 & 1 & 0 & 0 & 800 \\ 0 & 0 & 0 & 0 & 0 & 0 & 1 & 1 & 0 & 0 & 1000 \\ 0 & 0 & 0 & 0 & 0 & 0 & 0 & 0 & 1 & 0 & 400 \\ 0 & 0 & 0 & 0 & 0 & 0 & 0 & 0 & 0 & 1 & 600 \\ 0 & 0 & 0 & 0 & 0 & 0 & 0 & 0 & 0 & 0 & 0 \\ 0 & 0 & 0 & 0 & 0 & 0 & 0 & 0 & 0 & 0 & 0 \end{pmatrix},$$

由此得 $R(A)=R(B)=8<10$，方程组有无穷多个解．其对应的非齐次方程组为

$$\begin{cases} x_1+x_5=800 \\ x_2-x_5=0 \\ x_3=200 \\ x_4+x_5=500 \\ x_6+x_8=800 \\ x_7+x_8=1000 \\ x_9=400 \\ x_{10}=600 \end{cases},$$

其中取 x_5,x_8 为自由未知量，即

$$\begin{cases} x_1 = -x_5 + 800 \\ x_2 = x_5 \\ x_3 = 200 \\ x_4 = -x_5 + 500 \\ x_5 = x_5 \\ x_6 = -x_8 + 800 \\ x_7 = -x_8 + 1000 \\ x_8 = x_8 \\ x_9 = 400 \\ x_{10} = 600 \end{cases},$$

令 $x_5 = c_1$，$x_8 = c_2$，得非齐次线性方程组的通解为

$$\begin{pmatrix} x_1 \\ x_2 \\ x_3 \\ x_4 \\ x_5 \\ x_6 \\ x_7 \\ x_8 \\ x_9 \\ x_{10} \end{pmatrix} = c_1 \begin{pmatrix} -1 \\ 1 \\ 0 \\ -1 \\ 1 \\ 0 \\ 0 \\ 0 \\ 0 \\ 0 \end{pmatrix} + c_2 \begin{pmatrix} 0 \\ 0 \\ 0 \\ 0 \\ 0 \\ -1 \\ -1 \\ 1 \\ 0 \\ 0 \end{pmatrix} + \begin{pmatrix} 800 \\ 0 \\ 200 \\ 500 \\ 0 \\ 800 \\ 1000 \\ 0 \\ 400 \\ 600 \end{pmatrix},$$

其中 c_1, c_2 为任意实数.

取 c_1, c_2 一组值，就得到一组交通网络未知部分的具体流量. 它有无穷多个流量分布状态.

习题 3.3

1. 解下列方程组.

（1）$\begin{cases} 2x_1 + x_2 + x_4 = 0 \\ x_2 - x_3 + x_4 = 0 \end{cases}$；

（2）$\begin{cases} 2x_1 + x_2 + 2x_3 + 3x_4 = 0 \\ 4x_1 + x_2 + 3x_3 + 5x_4 = 0 \\ 2x_1 + x_3 + 2x_4 = 0 \end{cases}$；

（3）$\begin{cases} x_1 + x_2 - x_3 + x_4 = 0 \\ x_1 - x_2 + 2x_3 - x_4 = 0 \\ 3x_1 + x_2 + x_4 = 0 \end{cases}$；

（4）$\begin{cases} x_1 + x_2 + x_3 + x_4 + x_5 = 0 \\ 3x_1 + 2x_2 + x_3 + x_4 - 3x_5 = 0 \\ 5x_1 + 4x_2 + 3x_3 + 3x_4 - x_5 = 0 \\ x_2 + 2x_3 + 2x_4 + 6x_5 = 0 \end{cases}$；

（5）$\begin{cases}2x_1-x_2-x_3+x_4=1\\3x_1+x_2-2x_3-x_4=1\\4x_1+3x_2-3x_3-3x_4=1\end{cases}$；（6）$\begin{cases}2x_1+x_2-x_3=1\\x_1-3x_2+4x_3=2\\11x_1-12x_2+17x_3=3\end{cases}$；

（7）$\begin{cases}x_1+2x_2+x_3-x_4=4\\3x_1+6x_2-x_3-3x_4=8\\5x_1+10x_2x_3-5x_4=16\end{cases}$；（8）$\begin{cases}-3x_1+x_2-4x_3+2x_4=-5\\x_1-5x_2+2x_3-3x_4=11\\-x_1-9x_2\qquad-4x_4=17\\5x_1+3x_2+6x_3-x_4=-1\end{cases}$.

第 4 章

线性方程组解的结构

由前面的学习我们可以看出，线性方程组与矩阵是一一对应的，利用矩阵消元法求解线性方程组十分便利，而且我们还介绍了用初等行变换法求线性方程组的解. 对于方程组的解是如何构成的，我们将借助向量组的线性相关性进一步研究.

4.1 n 维向量空间与线性组合

4.1.1 n 维向量空间

定义 1 由 n 个有次序的数 a_1，a_2,⋯，a_n 所组成的数组称为 n **维向量**，这 n 个数称为该向量的 n 个分量，第 i 个数 a_i 称为第 i 个分量.

几何上的向量可以认为是它的特殊情形，即 $n=2,3$ 时，且分量为实数的情形. 在空间解析几何中，我们定义向量为“既有大小又有方向的量”，而且涉及的向量都是自由向量，即平移后能够完全重合的向量. 之后引入了空间直角坐标系后，用三个有次序的实数来表示向量. 当 $n>3$ 时，n 维向量就没有直观的几何意义了，但我们仍然称它为向量，一是因为它包括通常的向量作为特殊情形，再有它与通常的向量有许多性质是共同的，因此采取这样一个几何名词有好处.

分量全为实数的向量称为**实向量**，分量全为复数的向量称为**复向量**. 本书中的向量都指实向量.

由 n 维向量定义及矩阵知识可得，n 维向量可以写成一行称为**行向量**，也可以写成一列称为**列向量**，也就是行矩阵和列矩阵. n 维列向量

$$\begin{pmatrix} a_1 \\ a_2 \\ \vdots \\ a_n \end{pmatrix}$$

与 n 维行向量

$$(a_1,a_2,\cdots,a_n)$$

总看作是两个不同的向量（它们的区别只是写法上的不同，由定义 1，应是同一个向量）.

本书中，向量用希腊小写字母 $\boldsymbol{\alpha},\boldsymbol{\beta},\boldsymbol{\gamma},\ldots$ 等表示.

分量全为零的向量称为**零向量**，记为 **0**.

定义 2 若 n 维向量

$$\boldsymbol{\alpha}=(a_1,a_2,\cdots,a_n),\boldsymbol{\beta}=(b_1,b_2,\cdots,b_n)$$

的对应分量都相等，即

$$a_i=b_i \quad (i=1,2,\cdots,n)$$

就称这两个**向量是相等的**，记作 $\boldsymbol{\alpha}=\boldsymbol{\beta}$.

n 维向量之间的基本关系都是用向量的加法和数量乘法表达的.

定义 3 向量

$$\boldsymbol{\gamma}=(a_1+b_1,a_2+b_2,\cdots,a_n+b_n)$$

称为向量

$$\boldsymbol{\alpha}=(a_1,a_2,\cdots,a_n),\boldsymbol{\beta}=(b_1,b_2,\cdots,b_n)$$

的**和**，记作

$$\boldsymbol{\gamma}=\boldsymbol{\alpha}+\boldsymbol{\beta}.$$

由定义可得：

（1）$\boldsymbol{\alpha}+\boldsymbol{\beta}=\boldsymbol{\beta}+\boldsymbol{\alpha}$；

（2）$\boldsymbol{\alpha}+(\boldsymbol{\beta}+\boldsymbol{\gamma})=(\boldsymbol{\alpha}+\boldsymbol{\beta})+\boldsymbol{\gamma}$；

定义 4 向量

$$(-a_1,-a_2,\cdots,-a_n)$$

称为向量

$$\boldsymbol{\alpha}=(a_1,a_2,\cdots,a_n)$$

的**负向量**，记作 $-\boldsymbol{\alpha}$.

由定义可得：

（3）$\boldsymbol{\alpha}+0=\boldsymbol{\alpha}$；

（4）$\boldsymbol{\alpha}+(-\boldsymbol{\alpha})=0$；

利用负向量，我们可以定义向量的减法.

定义 5 $\boldsymbol{\alpha}-\boldsymbol{\beta}=\boldsymbol{\alpha}+(-\boldsymbol{\beta})$.

定义 6 向量

$$(ka_1,ka_2,\cdots,ka_n)$$

称为向量 $\boldsymbol{\alpha}=(a_1,a_2,\cdots,a_n)$ 与数 k 的**数量乘积**，记为 $k\boldsymbol{\alpha}$.

由定义可得：

（5）$1\cdot\boldsymbol{\alpha}=\boldsymbol{\alpha}$；

（6）$\lambda(\mu\boldsymbol{\alpha})=\lambda(\mu)\boldsymbol{\alpha}$；

（7）$\lambda(\boldsymbol{\alpha}+\boldsymbol{\beta})=\lambda\boldsymbol{\alpha}+\lambda\boldsymbol{\beta}$；

（8）$(\lambda+\mu)\boldsymbol{\alpha}=\lambda\boldsymbol{\alpha}+\mu\boldsymbol{\alpha}$.

可以看出，由于向量的概念是由矩阵定义的，因此向量的运算就与矩阵的运算相一致. 要注意，不同维的向量不能相加，同维行向量与同维列向量也不能相加.

定义 7　若干个同维数的列向量（或同维数的行向量）所组成的集合叫做**向量组**.

例如

$$\boldsymbol{\alpha}_1=(2,3,1,4)，\boldsymbol{\alpha}_2=(0,1,5,-1)，\boldsymbol{\alpha}_3=(1,1,0,1)$$

是由三个四维向量构成的向量组.

由定义，矩阵的列向量组和行向量组都是只含有有限个向量的向量组，反过来，一个含有有限个向量的向量组总可以构成一个矩阵，所以对于一个 $m\times n$ 矩阵

$$\boldsymbol{A}=\begin{pmatrix} a_{11} & a_{12} & \cdots & a_{1n} \\ a_{21} & a_{22} & \cdots & a_{2n} \\ \vdots & \vdots & & \vdots \\ a_{m1} & a_{m2} & \cdots & a_{mn} \end{pmatrix}$$

来说可以看成是由 m 个 n 维行向量组成的向量组 $\boldsymbol{\alpha}_1,\boldsymbol{\alpha}_2,\cdots,\boldsymbol{\alpha}_m$ 构成，即

$$\boldsymbol{A}=\begin{pmatrix} \alpha_1 \\ \alpha_2 \\ \vdots \\ \alpha_m \end{pmatrix}，其中\ \boldsymbol{\alpha}_i=(a_{i1},a_{i2},\cdots,a_{in}),\ i=1,2,\cdots,m$$

或是由 n 个 m 维列向量组成的向量组 $\boldsymbol{\beta}_1,\boldsymbol{\beta}_2,\cdots,\boldsymbol{\beta}_n$ 构成，即

$$\boldsymbol{A}=(\boldsymbol{\beta}_1,\boldsymbol{\beta}_2,\cdots,\boldsymbol{\beta}_n),其中\ \boldsymbol{\beta}_j=\begin{pmatrix} a_{1j} \\ a_{2j} \\ \vdots \\ a_{mj} \end{pmatrix}\ j=1,2,\cdots,n\cdot$$

4.1.2　线性组合

我们接着来研究向量之间的关系. 两个向量之间最简单的关系是成比例，在多个向量之间，成比例的关系体现为线性组合.

设有一组向量组

$$\boldsymbol{\alpha}_1=(2,-1,3,1)，\boldsymbol{\alpha}_2=(4,-2,5,4)，\boldsymbol{\alpha}_3=(2,-1,4,-1)，$$

观察发现

$$\boldsymbol{\alpha}_3=3\boldsymbol{\alpha}_1-\boldsymbol{\alpha}_2\cdot$$

此时我们说，向量 $\boldsymbol{\alpha}_3$ 是向量组 $\boldsymbol{\alpha}_1$，$\boldsymbol{\alpha}_2$ 的一个线性组合.

定义 8　设向量组 A： $\boldsymbol{\alpha}_1,\boldsymbol{\alpha}_2,\cdots,\boldsymbol{\alpha}_m$ 对于任何一组实数 $k_1,k_2,\cdots,k_m$，表达式

$$k_1\boldsymbol{\alpha}_1+k_2\boldsymbol{\alpha}_2+\cdots+k_m\boldsymbol{\alpha}_m$$

称为向量组 $\boldsymbol{A}$ 的一个**线性组合**，$k_1,k_2,\cdots,k_m$ 称为这个线性组合的系数.

定义 9　给定向量组 A： $\boldsymbol{\alpha}_1,\boldsymbol{\alpha}_2,\cdots,\boldsymbol{\alpha}_m$ 和向量 $\boldsymbol{\beta}$，如果存在一组数 $k_1,k_2,\cdots,k_m$，使得

$$\boldsymbol{\beta}=k_1\boldsymbol{\alpha}_1+k_2\boldsymbol{\alpha}_2+\cdots+\boldsymbol{\alpha}_m$$

则向量 $\boldsymbol{\beta}$ 是向量组 $\boldsymbol{A}$ 的线性组合，这时称向量 $\boldsymbol{\beta}$ 可由向量组 $\boldsymbol{A}$ **线性表示**.

向量 $\boldsymbol{\beta}$ 能由向量组 $\boldsymbol{A}$ 线性表示，也就是方程组 $x_1\boldsymbol{\alpha}_1+x_2\boldsymbol{\alpha}_2+\cdots+x_m\boldsymbol{\alpha}_m=\boldsymbol{\beta}$ 有解.

定义 10 若向量组 $\boldsymbol{A}$：$\boldsymbol{\beta}_1,\boldsymbol{\beta}_2,\cdots,\boldsymbol{\beta}_t$ 中的每个向量都可由向量组 $\boldsymbol{B}$：$\boldsymbol{\alpha}_1,\boldsymbol{\alpha}_2,\cdots,\boldsymbol{\alpha}_s$ 线性表示，则称向量组 $\boldsymbol{A}$ 能被向量组 $\boldsymbol{B}$ 线性表示；若向量组 $\boldsymbol{A}$ 与向量组 $\boldsymbol{B}$ 能够相互线性表示，则称向量组 $\boldsymbol{A}$ 与向量组 $\boldsymbol{B}$ **等价**，记为 $\boldsymbol{A}\sim\boldsymbol{B}$.

由定义可以看出，零向量是任意一个向量组的线性组合，这时只取全为零系数即可.

再有，对于任何一个 n 维向量 $\boldsymbol{\alpha}=(a_1,a_2,\cdots,a_n)$ 都是向量组

$$\boldsymbol{\varepsilon}_1=(1,0,\cdots,0),\boldsymbol{\varepsilon}_2=(0,1,\cdots,0),\cdots,\boldsymbol{\varepsilon}_n=(0,0,\cdots,1)$$

的一个线性组合，因为

$$\boldsymbol{\alpha}=a_1\boldsymbol{\varepsilon}_1+a_2\boldsymbol{\varepsilon}_2+\cdots+a_n\boldsymbol{\varepsilon}_n .$$

向量 $\boldsymbol{\varepsilon}_1,\boldsymbol{\varepsilon}_2,\cdots,\boldsymbol{\varepsilon}_n$ 称为 **n 维单位向量**.

例 1 设 $\boldsymbol{\beta}=(1,0,2)$，$\boldsymbol{\alpha}_1=(1,1,-1)$，$\boldsymbol{\alpha}_2=(1,2,1)$，$\boldsymbol{\alpha}_3=(0,0,1)$，求 $\boldsymbol{\beta}$ 关于 $\boldsymbol{\alpha}_1,\boldsymbol{\alpha}_2,\boldsymbol{\alpha}_3$ 的一个线性组合.

解 设 $k_1\boldsymbol{\alpha}_1+k_2\boldsymbol{\alpha}_2+k_3\boldsymbol{\alpha}_3=\boldsymbol{\beta}$，即

$$k_1\boldsymbol{\alpha}_1^{\mathrm{T}}+k_2\boldsymbol{\alpha}_2^{\mathrm{T}}+k_3\boldsymbol{\alpha}_3^{\mathrm{T}}=\boldsymbol{\beta}^{\mathrm{T}}$$

所以

$$k_1\begin{pmatrix}1\\1\\-1\end{pmatrix}+k_2\begin{pmatrix}1\\2\\1\end{pmatrix}+k_3\begin{pmatrix}0\\0\\1\end{pmatrix}=\begin{pmatrix}1\\0\\2\end{pmatrix}$$

即求方程组

$$\begin{cases}k_1+k_2=1,\\k_1+2k_2=0,\\-k_1+k_2+k_3=2.\end{cases}$$

的解. 因为

$$\begin{vmatrix}1&1&0\\1&2&0\\-1&1&1\end{vmatrix}=1\neq 0$$

由克莱姆法则可求得

$$k_1=2,\ k_2=-1,\ k_3=5$$

于是

$$\boldsymbol{\beta}=2\boldsymbol{\alpha}_1-\boldsymbol{\alpha}_2+5\boldsymbol{\alpha}_3 .$$

例 2 设 $\boldsymbol{\beta}=(0,-5,2)$，$\boldsymbol{\alpha}_1=(1,-2,0)$，$\boldsymbol{\alpha}_2=(0,-1,1)$，求 $\boldsymbol{\beta}$ 关于 $\boldsymbol{\alpha}_1,\boldsymbol{\alpha}_2$ 的一个线性组合.

解 设 $k_1\boldsymbol{\alpha}_1+k_2\boldsymbol{\alpha}_2=\boldsymbol{\beta}$，即

$$k_1\boldsymbol{\alpha}_1^{\mathrm{T}}+k_2\boldsymbol{\alpha}_2^{\mathrm{T}}=\boldsymbol{\beta}^{\mathrm{T}}$$

所以

$$k_1\begin{pmatrix}1\\-2\\0\end{pmatrix}+k_2\begin{pmatrix}0\\-1\\1\end{pmatrix}=\begin{pmatrix}0\\-5\\2\end{pmatrix}$$

即求方程组

$$\begin{cases} k_1 = 0, \\ -2k_1 - k_2 = -5, \\ k_2 = 2. \end{cases}$$

的解．然而，由第一个和第三个方程可将第二个方程化为$0=1$，这是一个矛盾方程，所以方程组无解，因此$\boldsymbol{\beta}$关于$\boldsymbol{\alpha}_1$，$\boldsymbol{\alpha}_2$的一个线性组合不存在．

例 3　设$\boldsymbol{\beta}=(2,1,-1)$，$\boldsymbol{\alpha}_1=(2,3,1)$，$\boldsymbol{\alpha}_2=(3,2,-1)$，$\boldsymbol{\alpha}_3=(1,2,1)$，求$\boldsymbol{\beta}$关于$\boldsymbol{\alpha}_1$，$\boldsymbol{\alpha}_2$，$\boldsymbol{\alpha}_3$的一个线性组合．

解　设$k_1\boldsymbol{\alpha}_1+k_2\boldsymbol{\alpha}_2+k_3\boldsymbol{\alpha}_3=\boldsymbol{\beta}$，即

$$k_1\boldsymbol{\alpha}_1^{\mathrm{T}}+k_2\boldsymbol{\alpha}_2^{\mathrm{T}}+k_3\boldsymbol{\alpha}_3^{\mathrm{T}}=\boldsymbol{\beta}^{\mathrm{T}}$$

所以

$$k_1\begin{pmatrix}2\\3\\1\end{pmatrix}+k_2\begin{pmatrix}3\\2\\-1\end{pmatrix}+k_3\begin{pmatrix}1\\2\\1\end{pmatrix}=\begin{pmatrix}2\\1\\-1\end{pmatrix}$$

即求方程组

$$\begin{cases} 2k_1+3k_2+k_3=2, \\ 3k_1+2k_2+2k_3=1, \\ k_1-k_2+k_3=-1. \end{cases}$$

的解．显然，第一个方程加第三个方程就是第二个方程，所以，第二个方程是多余的，故得同解方程组

$$\begin{cases} 2k_1+3k_2+k_3=2, \\ k_1-k_2+k_3=-1. \end{cases}$$

将k_3移项到方程的右边，得

$$\begin{cases} 2k_1+3k_2=2-k_3 \\ k_1-k_2=-1-k_3 \end{cases}$$

令$k_3=0$，得

$$k_1=-\frac{1}{5},\ k_2=\frac{4}{5}$$

所以有

$$\boldsymbol{\beta}=-\frac{1}{5}\boldsymbol{\alpha}_1+\frac{4}{5}\boldsymbol{\alpha}_2+0\boldsymbol{\alpha}_3$$

但由于k_3可以任意取值，所以这样的线性组合就有无穷多个．

习题 4.1

1. 已知向量$\boldsymbol{\alpha}_1=(0,1,0,1)$，$\boldsymbol{\alpha}_2=(1,0,2,1)$，求

（1）$-\boldsymbol{\alpha}_1$；　　（2）$4\boldsymbol{\alpha}_2$；

（3）$\boldsymbol{\alpha}_1-\boldsymbol{\alpha}_2$；　　（4）$\boldsymbol{\alpha}_1+\boldsymbol{\alpha}_2$．

2. 已知向量$\boldsymbol{\alpha}_1=(3,-1,0),\boldsymbol{\alpha}_2=(0,2,0),\boldsymbol{\alpha}_3=(-2,4,3)$，求

（1）$2\boldsymbol{\alpha}_1-\boldsymbol{\alpha}_2+\boldsymbol{\alpha}_3$；　　（2）$\boldsymbol{\alpha}_1+3\boldsymbol{\alpha}_2-\boldsymbol{\alpha}_3$．

3．已知向量$\boldsymbol{\alpha}_1=\begin{pmatrix}1\\2\\-1\end{pmatrix}$，$\boldsymbol{\alpha}_2=\begin{pmatrix}2\\5\\-3\end{pmatrix}$，$\boldsymbol{\alpha}_3=\begin{pmatrix}1\\-3\\4\end{pmatrix}$，求

（1）$2\boldsymbol{\alpha}_1-3\boldsymbol{\alpha}_2+4\boldsymbol{\alpha}_3$；　　（2）$5\boldsymbol{\alpha}_1+2\boldsymbol{\alpha}_2-\boldsymbol{\alpha}_3$.

4．已知向量$\boldsymbol{\alpha}_1=(3,1,0,1,1)$，$\boldsymbol{\alpha}_2(2,1,2,3,4)$，若$\boldsymbol{\alpha}+\boldsymbol{\alpha}_1=\boldsymbol{\alpha}_2$，求$\boldsymbol{\alpha}$.

5．已知向量$\boldsymbol{\alpha}_1=\begin{pmatrix}4\\5\\-5\\3\end{pmatrix}$，$\boldsymbol{\alpha}_2=\begin{pmatrix}10\\1\\5\\10\end{pmatrix}$，$\boldsymbol{\alpha}_3=\begin{pmatrix}4\\1\\-1\\1\end{pmatrix}$，若$3(\boldsymbol{\alpha}_1-\boldsymbol{\alpha}_2)+2(\boldsymbol{\alpha}_2+\boldsymbol{\alpha})-2(\boldsymbol{\alpha}_3-\boldsymbol{\alpha})=\boldsymbol{0}$，求$\boldsymbol{\alpha}$.

6．已知$\boldsymbol{\alpha}-\boldsymbol{\beta}=(5,3,0,3)$，$\boldsymbol{\alpha}+\boldsymbol{\beta}=(1,3,4,-1)$，求$\boldsymbol{\alpha}$和$\boldsymbol{\beta}$.

7．将向量$\boldsymbol{\beta}$表示成向量$\boldsymbol{\alpha}_1$，$\boldsymbol{\alpha}_2$，$\boldsymbol{\alpha}_3$的线性组合.

（1）$\boldsymbol{\beta}=(1,-1)$，$\boldsymbol{\alpha}_1=(1,1)$，$\boldsymbol{\alpha}_2=(0,1)$，$\boldsymbol{\alpha}_3=(1,0)$；

（2）$\boldsymbol{\beta}=(1,0,-2)$，$\boldsymbol{\alpha}_1=(1,1,-1)$，$\boldsymbol{\alpha}_2=(1,2,1)$，$\boldsymbol{\alpha}_3=(0,0,1)$；

（3）$\boldsymbol{\beta}=(1,1,1)$，$\boldsymbol{\alpha}_1=(0,1,-1)$，$\boldsymbol{\alpha}_2=(1,1,0)$，$\boldsymbol{\alpha}_3=(1,0,2)$；

（4）$\boldsymbol{\beta}=(-3,3,7)$，$\boldsymbol{\alpha}_1=(1,-1,2)$，$\boldsymbol{\alpha}_2=(2,1,0)$，$\boldsymbol{\alpha}_3=(-1,2,1)$；

（5）$\boldsymbol{\beta}=(1,2,0)$，$\boldsymbol{\alpha}_1=(1,-1,0)$，$\boldsymbol{\alpha}_2=(1,0,2)$，$\boldsymbol{\alpha}_3=(-1,2,1)$；

（6）$\boldsymbol{\beta}=(3,1,11)$，$\boldsymbol{\alpha}_1=(1,2,3)$，$\boldsymbol{\alpha}_2=(1,0,4)$，$\boldsymbol{\alpha}_3=(1,3,1)$；

（7）$\boldsymbol{\beta}=(2,0,2)$，$\boldsymbol{\alpha}_1=(1,1,1)$，$\boldsymbol{\alpha}_2=(1,1,-1)$，$\boldsymbol{\alpha}_3=(1,-1,1)$；

（8）$\boldsymbol{\beta}=(0,10,8)$，$\boldsymbol{\alpha}_1=(-1,2,3)$，$\boldsymbol{\alpha}_2=(1,3,2)$，$\boldsymbol{\alpha}_3=(1,8,7)$.

4.2　线性相关性与向量组的秩

4.2.1　线性相关性

定义 11　如果向量组$\boldsymbol{\alpha}_1,\boldsymbol{\alpha}_2,\cdots,\boldsymbol{\alpha}_m$中有一向量可以经其余的向量线性表示，即如果存在一组不全为零的数$k_1,k_2,\cdots,k_m$，使得

$$k_1\boldsymbol{\alpha}_1+k_2\boldsymbol{\alpha}_2+\cdots+k_m\boldsymbol{\alpha}_m=\boldsymbol{0}$$

成立，那么称向量组$\boldsymbol{\alpha}_1,\boldsymbol{\alpha}_2,\cdots,\boldsymbol{\alpha}_m$**线性相关**.

定义 12　向量组$\boldsymbol{\alpha}_1,\boldsymbol{\alpha}_2,\cdots,\boldsymbol{\alpha}_m$不线性相关，即没有不全为零的数$k_1,k_2,\cdots,k_m$，使得

$$k_1\boldsymbol{\alpha}_1+k_2\boldsymbol{\alpha}_2+\cdots+k_m\boldsymbol{\alpha}_m=\boldsymbol{0},$$

那么称向量组$\boldsymbol{\alpha}_1,\boldsymbol{\alpha}_2,\cdots,\boldsymbol{\alpha}_m$**线性无关**. 换句话说，如果只有当$k_1=k_2=\cdots=k_m=0$时，等式

$$k_1\boldsymbol{\alpha}_1+k_2\boldsymbol{\alpha}_2+\cdots+k_m\boldsymbol{\alpha}_m=\boldsymbol{0}$$

才能成立.

例如向量组

$$\boldsymbol{\alpha}_1=(2,-1,3,1)，\boldsymbol{\alpha}_2=(4,-2,5,4)，\boldsymbol{\alpha}_3=(2,-1,4,-1)，$$

是线性相关的，因为

$$3\boldsymbol{\alpha}_1-\boldsymbol{\alpha}_2-\boldsymbol{\alpha}_3=\boldsymbol{0}.$$

显然，在空间直角坐标系中，两个向量线性相关的几何意义是它们共线，三个向量线性相关的几何意义是它们共面.

由定义可以看出，因为零向量可以被任意一个向量组线性表示，所以任何一个含有零向量的向量组必线性相关. 如果一个向量组的一部分线性相关，则这个向量组线性相关.

特别地，对于由 n 维单位向量 $\boldsymbol{\varepsilon}_1=(1,0,\cdots,0),\boldsymbol{\varepsilon}_2=(0,1,\cdots,0),\cdots,\boldsymbol{\varepsilon}_n=(0,0,\cdots,1)$ 组成的向量组是线性无关的. 这是因为，若

$$k_1\boldsymbol{\varepsilon}_1+k_2\boldsymbol{\varepsilon}_2+\cdots+k_n\boldsymbol{\varepsilon}_n=\boldsymbol{0},$$

则

$$\begin{aligned}&k_1(1,0,\cdots,0)+k_2(0,1,\cdots,0)+\cdots+k_n(0,0,\cdots,1)\\&=(k_1,k_2,\cdots,k_n)\\&=(0,0,\cdots,0)\end{aligned}$$

可以推出

$$k_1=k_2=\cdots=k_n=0,$$

由定义线性无关.

接着我们又提出了新的问题，怎样来判断一个向量组是线性相关还是线性无关？例如，讨论向量组

$$\boldsymbol{\alpha}_1=(1,2,4),\ \boldsymbol{\alpha}_2=(2,-3,1),\ \boldsymbol{\alpha}_3=(-1,1,-1)$$

的线性相关性.

由定义，可取 x_1,x_2,x_3 为未知数，建立向量方程

$$x_1\boldsymbol{\alpha}_1+x_2\boldsymbol{\alpha}_2+x_3\boldsymbol{\alpha}_3=\boldsymbol{0},$$

即

$$x_1\boldsymbol{\alpha}_1^{\mathrm{T}}+x_2\boldsymbol{\alpha}_2^{\mathrm{T}}+x_3\boldsymbol{\alpha}_3^{\mathrm{T}}=\boldsymbol{0}$$

看它是否有 x_1,x_2,x_3 的不全为零的解，

于是

$$x_1\begin{pmatrix}1\\2\\4\end{pmatrix}+x_2\begin{pmatrix}2\\-3\\1\end{pmatrix}+x_3\begin{pmatrix}-1\\1\\-1\end{pmatrix}=\begin{pmatrix}0\\0\\0\end{pmatrix},$$

就写为下列方程组

$$\begin{cases}x_1+2x_2-x_3=0,\\2x_1-3x_2+x_3=0,\\4x_1+\ x_2-x_3=0.\end{cases}$$

向量组是否线性相关等价于向量方程有无非零解，等价于线性方程组有无非零解. 我们可以用消元法解这个线性方程组，矩阵的系数行列式

$$\boldsymbol{D}=\begin{vmatrix}1&2&-1\\2&-3&1\\4&1&-1\end{vmatrix}=\boldsymbol{0},$$

由克莱姆法则，齐次线性方程组有无穷多个解，当然有非零解，故向量组 $\boldsymbol{\alpha}_1$，$\boldsymbol{\alpha}_2$，$\boldsymbol{\alpha}_3$ 线性相

关. 特别的一组解，可取 $x_1=1$，$x_2=3$，$x_3=7$. 即 $\boldsymbol{\alpha}_1+3\boldsymbol{\alpha}_2+7\boldsymbol{\alpha}_3=\mathbf{0}$.

定理 1 向量组 $\boldsymbol{A}$：$\boldsymbol{\alpha}_1,\boldsymbol{\alpha}_2,\cdots,\boldsymbol{\alpha}_m\ (m\geqslant 2)$ 线性相关的充分必要条件是向量组 $\boldsymbol{A}$ 中至少有一个向量可被其余的向量线性表示.

证 必要性 因为向量组 $\boldsymbol{A}$ 线性相关，故存在不全为零的数 $k_1,k_2,\cdots,k_m$ 使得

$$k_1\boldsymbol{\alpha}_1+k_2\boldsymbol{\alpha}_2+\cdots+k_m\boldsymbol{\alpha}_m=\mathbf{0}$$

不妨设 $k_1\neq 0$，则

$$\boldsymbol{\alpha}_1=-\frac{k_2}{k_1}\boldsymbol{\alpha}_2-\cdots-\frac{k_m}{k_1}\boldsymbol{\alpha}_m$$

充分性 不妨设 $\boldsymbol{\alpha}_1=k_2\boldsymbol{\alpha}_2+\cdots+k_m\boldsymbol{\alpha}_m$，则

$$\boldsymbol{\alpha}_1-k_2\boldsymbol{\alpha}_2-\cdots-k_m\boldsymbol{\alpha}_m=\mathbf{0}$$

由于 $k_1=1$，故向量组 $\boldsymbol{A}$ 线性相关.

因此判断一个向量组是线性相关还是线性无关可以转化为求解线性方程组的问题. 要判断向量组

$$\boldsymbol{\alpha}_i=\left(a_{i1},a_{i2},\cdots,a_{im}\right)\quad i=1,2,\cdots,m$$

是否线性相关，就是看向量方程

$$x_1\boldsymbol{\alpha}_1+x_2\boldsymbol{\alpha}_2+\cdots+x_m\boldsymbol{\alpha}_m=\mathbf{0}$$

即

$$x_1\boldsymbol{\alpha}_1^{\mathrm{T}}+x_2\boldsymbol{\alpha}_2^{\mathrm{T}}+\cdots+x_m\boldsymbol{\alpha}_m^{\mathrm{T}}=\mathbf{0}$$

有无非零解. 也就是看齐次线性方程组

$$\begin{cases}a_{11}x_1+a_{21}x_2+\cdots+a_{m1}x_m=0,\\ a_{12}x_1+a_{22}x_2+\cdots+a_{m2}x_m=0,\\ \cdots\cdots\cdots\cdots\cdots\cdots\cdots\cdots\\ a_{1n}x_1+a_{2n}x_2+\cdots+a_{mn}x_m=0.\end{cases}$$

是否有非零解.

例 4 判别向量组

$$\boldsymbol{\alpha}_1=(2,1,0),\boldsymbol{\alpha}_2=(1,2,1),\boldsymbol{\alpha}_3=(0,1,2)$$

的线性相关性.

解 设存在三个数 x_1,x_2,x_3 使得

$$x_1\boldsymbol{\alpha}_1+x_2\boldsymbol{\alpha}_2+x_3\boldsymbol{\alpha}_3=\mathbf{0},$$

成立，即

$$x_1\boldsymbol{\alpha}_1^{\mathrm{T}}+x_2\boldsymbol{\alpha}_2^{\mathrm{T}}+x_3\boldsymbol{\alpha}_3^{\mathrm{T}}=\mathbf{0},$$

亦即

$$x_1\begin{pmatrix}2\\1\\0\end{pmatrix}+x_2\begin{pmatrix}1\\2\\1\end{pmatrix}+x_3\begin{pmatrix}0\\1\\2\end{pmatrix}=\begin{pmatrix}0\\0\\0\end{pmatrix},$$

所以

$$\begin{cases}2x_1+x_2 \qquad\quad =0,\\ x_1+2x_2+\ x_3=0,\\ \qquad x_2+2x_3=0.\end{cases}$$

因为，方程组的系数行列式

$$\boldsymbol{D}=\begin{vmatrix}2&1&0\\1&2&1\\0&1&2\end{vmatrix}=4\neq\boldsymbol{0}，$$

所以，由克莱姆法则可知方程组有唯一零解.

这说明，若使

$$x_1\boldsymbol{\alpha}_1+x_2\boldsymbol{\alpha}_2+x_3\boldsymbol{\alpha}_3=\boldsymbol{0}$$

成立，必有 $k_1=k_2=k_3=0$.

由定义可知，向量组 $\boldsymbol{\alpha}_1$，$\boldsymbol{\alpha}_2$，$\boldsymbol{\alpha}_3$ 线性无关.

例 5　判别向量组

$$\boldsymbol{\alpha}_1=(1,2,1)，\ \boldsymbol{\alpha}_2=(-1,1,1)，\ \boldsymbol{\alpha}_3=(0,3,2)$$

的线性相关性.

解　设存在三个数 x_1,x_2,x_3 使得

$$x_1\boldsymbol{\alpha}_1+x_2\boldsymbol{\alpha}_2+x_3\boldsymbol{\alpha}_3=\boldsymbol{0}，$$

成立，即

$$x_1\boldsymbol{\alpha}_1^{\mathrm{T}}+x_2\boldsymbol{\alpha}_2^{\mathrm{T}}+x_3\boldsymbol{\alpha}_3^{\mathrm{T}}=\boldsymbol{0}，$$

亦即

$$x_1\begin{pmatrix}1\\2\\1\end{pmatrix}+x_2\begin{pmatrix}-1\\1\\1\end{pmatrix}+x_3\begin{pmatrix}0\\3\\2\end{pmatrix}=\begin{pmatrix}0\\0\\0\end{pmatrix}，$$

所以

$$\begin{cases}x_1-x_2 \qquad\quad =0,\\ 2x_1+x_2+3x_3=0,\\ x_1+x_2+2x_3=0.\end{cases}$$

由于方程组的系数行列式

$$\begin{vmatrix}1&-1&0\\2&1&3\\1&1&2\end{vmatrix}=0$$

可知齐次线性方程组有无穷多解，用矩阵消元法解线性方程组，得

$$\begin{cases}x_1-x_2 \qquad =0\\ \qquad x_2+x_3=0\end{cases}$$

即

$$\begin{cases}x_1=x_2\\ x_3=-x_2\end{cases}\quad（x_2\text{ 可任意取值}）$$

则

$$\begin{cases} x_1=c, \\ x_2=c, \\ x_3=-c \end{cases}$$

其中，c 为任意实数.

若取 $c=1$，得一组不全为零的数

$$x_1=1,\ x_2=1,\ x_3=-1,$$

使得

$$\boldsymbol{\alpha}_1+\boldsymbol{\alpha}_2-\boldsymbol{\alpha}_3=\mathbf{0}$$

成立，因此向量组 $\boldsymbol{\alpha}_1$，$\boldsymbol{\alpha}_2$，$\boldsymbol{\alpha}_3$ 线性相关.

例 6 求下列两个向量组构成的矩阵 $\boldsymbol{A},\boldsymbol{B}$ 的秩.

（1）$\boldsymbol{\alpha}_1=\begin{pmatrix}2\\1\\0\end{pmatrix}$，$\boldsymbol{\alpha}_2=\begin{pmatrix}1\\2\\1\end{pmatrix}$，$\boldsymbol{\alpha}_3=\begin{pmatrix}0\\1\\2\end{pmatrix}$ $\Rightarrow \boldsymbol{A}=\begin{pmatrix}2&1&0\\1&2&1\\0&1&2\end{pmatrix}$；

（2）$\boldsymbol{\alpha}_1=\begin{pmatrix}1\\2\\1\end{pmatrix}$，$\boldsymbol{\alpha}_2=\begin{pmatrix}-1\\1\\1\end{pmatrix}$，$\boldsymbol{\alpha}_3=\begin{pmatrix}0\\3\\2\end{pmatrix}$ $\Rightarrow \boldsymbol{B}=\begin{pmatrix}1&-1&0\\2&1&3\\1&1&2\end{pmatrix}$.

解 （1）因为

$$\boldsymbol{A}=\begin{pmatrix}2&1&0\\1&2&1\\0&1&2\end{pmatrix}\overset{r_1\leftrightarrow r_2}{\sim}\begin{pmatrix}1&2&1\\2&1&0\\0&1&2\end{pmatrix}\overset{r_2-2r_1}{\sim}\begin{pmatrix}1&2&1\\0&-3&-2\\0&1&2\end{pmatrix}$$

$$\overset{r_2\leftrightarrow r_3}{\sim}\begin{pmatrix}1&2&1\\0&1&2\\0&-3&-2\end{pmatrix}\overset{r_3+3r_2}{\sim}\begin{pmatrix}1&2&1\\0&1&2\\0&0&4\end{pmatrix}.$$

所以 $R(\boldsymbol{A})=3$.

（2）因为

$$\boldsymbol{B}=\begin{pmatrix}1&-1&0\\2&1&3\\1&1&2\end{pmatrix}\underset{r_3-r_1}{\overset{r_2-2r_1}{\sim}}\begin{pmatrix}1&-1&0\\0&3&3\\0&2&2\end{pmatrix}\overset{r_3-\frac{2}{3}r_2}{\sim}\begin{pmatrix}1&-1&0\\0&3&3\\0&0&0\end{pmatrix}$$

所以 $R(\boldsymbol{B})=2$.

由以上 2 个例子可以看出：当向量组含有向量的个数，等于以向量为列构成矩阵的秩时，该向量组线性无关；当向量组含有向量的个数，小于以向量为列构成矩阵的秩时，该向量组线性相关. 可以证明，这是一个十分重要的结论.

定理 2 向量组 $\boldsymbol{\alpha}_1,\boldsymbol{\alpha}_2,\cdots,\boldsymbol{\alpha}_m$ 线性相关的充分必要条件是，由向量组构成的矩阵 A，有

$$R(\boldsymbol{A})<m.$$

证 不失一般性，不妨设 $\boldsymbol{\alpha}_1,\boldsymbol{\alpha}_2,\cdots,\boldsymbol{\alpha}_m$ 为列向量组.

由定义，向量组 $\boldsymbol{\alpha}_1,\boldsymbol{\alpha}_2,\cdots,\boldsymbol{\alpha}_m$ 线性相关的充分必要条件是，存在 m 个不全为零的数 $k_1,k_2,\cdots,k_m$ 使得

$$k_1\boldsymbol{\alpha}_1+k_2\boldsymbol{\alpha}_2+\cdots+k_m\boldsymbol{\alpha}_m=\mathbf{0}$$

成立；而

$$k_1\boldsymbol{\alpha}_1+k_2\boldsymbol{\alpha}_2+\cdots+k_m\boldsymbol{\alpha}_m=\mathbf{0}$$

成立的充分必要条件是齐次线性方程组 $\boldsymbol{Ak}=0$ 有非零解

其中 $\boldsymbol{A}=(\boldsymbol{\alpha}_1,\boldsymbol{\alpha}_2,\cdots,\boldsymbol{\alpha}_m)$，$\boldsymbol{k}=\begin{pmatrix}k_1\\k_2\\\vdots\\k_m\end{pmatrix}$，而齐次线性方程组 $\boldsymbol{Ak}=0$ 有非零解的充分必要条件是

$$R(\boldsymbol{A})<m\,.$$

推论　向量组 $\boldsymbol{\alpha}_1,\boldsymbol{\alpha}_2,\cdots,\boldsymbol{\alpha}_m$ 线性无关的充分必要条件是，由向量组构成的矩阵 $\boldsymbol{A}$ 有

$$R(\boldsymbol{A})=m\,.$$

证　**必要性**　假设 $R(\boldsymbol{A})\neq m$，由于 $\boldsymbol{A}$ 的秩不可能大于 m，则必有 $R(\boldsymbol{A})<m$，于是，根据定理 2 知向量组 $\boldsymbol{\alpha}_1,\boldsymbol{\alpha}_2,\cdots,\boldsymbol{\alpha}_m$ 线性相关，这与向量组 $\boldsymbol{\alpha}_1,\boldsymbol{\alpha}_2,\cdots,\boldsymbol{\alpha}_m$ 线性无关相矛盾，所以有 $R(\boldsymbol{A})=m.$

充分性　假设向量组 $\boldsymbol{\alpha}_1,\boldsymbol{\alpha}_2,\cdots,\boldsymbol{\alpha}_m$ 线性相关，由定理 2 知 $R(\boldsymbol{A})<m$，这与 $R(\boldsymbol{A})=m$ 相矛盾，所以有向量组 $\boldsymbol{\alpha}_1,\boldsymbol{\alpha}_2,\cdots,\boldsymbol{\alpha}_m$ 线性无关.

推论　对于 n 维向量组 $\boldsymbol{\alpha}_1,\boldsymbol{\alpha}_2,\cdots,\boldsymbol{\alpha}_m$，$m>n$ 时，必线性相关.

证　假设 $\boldsymbol{\alpha}_1,\boldsymbol{\alpha}_2,\cdots,\boldsymbol{\alpha}_m$ 线性无关，则由向量组构成的矩阵 A 必有

$$R(\boldsymbol{A})=m>n\,,$$

但由于

$$R(\boldsymbol{A})\leqslant\min\{m,n\}$$

所以 $R(\boldsymbol{A})\leqslant n$，这与 $R(\boldsymbol{A})=m>n$ 矛盾，所以 $\boldsymbol{\alpha}_1,\boldsymbol{\alpha}_2,\cdots,\boldsymbol{\alpha}_m$ 必线性相关.

定理 3　设向量组

$$\boldsymbol{\alpha}_i=(a_{i1},a_{i2},\cdots,a_{ir}),\ \ i=1,2,\cdots,m$$

与

$$\boldsymbol{\beta}_i=(a_{i1},a_{i2},\cdots,a_{ir},a_{i,r+1},\cdots,a_{in}),\ \ i=1,2,\cdots,m\,,$$

若向量组 $\boldsymbol{\alpha}_1,\boldsymbol{\alpha}_2,\cdots,\boldsymbol{\alpha}_m$ 线性无关，则向量组 $\boldsymbol{\beta}_1,\boldsymbol{\beta}_2,\cdots,\boldsymbol{\beta}_m$ 也线性无关；反之，若向量组 $\boldsymbol{\beta}_1,\boldsymbol{\beta}_2,\cdots,\boldsymbol{\beta}_m$ 线性相关，则向量组 $\boldsymbol{\alpha}_1,\boldsymbol{\alpha}_2,\cdots,\boldsymbol{\alpha}_m$ 也线性相关.

证　若向量组 $\boldsymbol{\alpha}_1,\boldsymbol{\alpha}_2,\cdots,\boldsymbol{\alpha}_m$ 线性无关，则根据推论，由向量组 $\boldsymbol{\alpha}_1,\boldsymbol{\alpha}_2,\cdots,\boldsymbol{\alpha}_m$ 构成的矩阵 $\boldsymbol{A}$ 有 $R(\boldsymbol{A})=m\leqslant r$．而在向量组 $\boldsymbol{\beta}_1,\boldsymbol{\beta}_2,\cdots,\boldsymbol{\beta}_m$ 构成的矩阵 $\boldsymbol{B}$ 中，它的前 r 列与矩阵 $\boldsymbol{A}$ 完全相同，所以矩阵 $\boldsymbol{A}$ 与矩阵 $\boldsymbol{B}$ 的行阶梯形矩阵的非零行的行数也完全相同，于是 $R(\boldsymbol{B})=m$，故向量组 $\boldsymbol{\alpha}_1,\boldsymbol{\alpha}_2,\cdots,\boldsymbol{\alpha}_m$ 线性无关.

反过来，假设向量组 $\boldsymbol{\alpha}_1,\boldsymbol{\alpha}_2,\cdots,\boldsymbol{\alpha}_m$ 线性无关，则向量组 $\boldsymbol{\beta}_1,\boldsymbol{\beta}_2,\cdots,\boldsymbol{\beta}_m$ 也线性无关，这与向量组 $\boldsymbol{\beta}_1,\boldsymbol{\beta}_2,\cdots,\boldsymbol{\beta}_m$ 线性相关相矛盾，故向量组 $\boldsymbol{\alpha}_1,\boldsymbol{\alpha}_2,\cdots,\boldsymbol{\alpha}_m$ 线性相关.

定理 4　若向量组 $\boldsymbol{\alpha}_1,\boldsymbol{\alpha}_2,\cdots,\boldsymbol{\alpha}_m$ 线性无关，而向量组 $\boldsymbol{\alpha}_1,\boldsymbol{\alpha}_2,\cdots,\boldsymbol{\alpha}_m,\boldsymbol{\alpha}_{m+1}$ 线性相关，则 $\boldsymbol{\alpha}_{m+1}$ 必可由向量组 $\boldsymbol{\alpha}_1,\boldsymbol{\alpha}_2,\cdots,\boldsymbol{\alpha}_m$ 线性表示.

证　若证 $\boldsymbol{\alpha}_{m+1}$ 可由向量组 $\boldsymbol{\alpha}_1,\boldsymbol{\alpha}_2,\cdots,\boldsymbol{\alpha}_m$ 线性表示，只需证明在

$$k_1\boldsymbol{\alpha}_1+k_2\boldsymbol{\alpha}_2+\cdots+k_m\boldsymbol{\alpha}_m+k_{m+1}\boldsymbol{\alpha}_{m+1}=\mathbf{0}$$

中 $k_{m+1}\neq 0$ 即可.

反证 若$k_{m+1}=0$则有

$$k_1\boldsymbol{\alpha}_1+k_2\boldsymbol{\alpha}_2+\cdots k_m\boldsymbol{\alpha}_m=\mathbf{0}$$

由于向量组$\boldsymbol{\alpha}_1,\boldsymbol{\alpha}_2,\cdots,\boldsymbol{\alpha}_m$线性无关，因此

$$k_1=k_2=\cdots=k_m=0$$

所以有

$$k_1=k_2=\cdots=k_m=k_{m+1}=0$$

于是向量组$\boldsymbol{\alpha}_1,\boldsymbol{\alpha}_2,\cdots,\boldsymbol{\alpha}_m,\boldsymbol{\alpha}_{m+1}$线性无关，这与向量组$\boldsymbol{\alpha}_1,\boldsymbol{\alpha}_2,\cdots,\boldsymbol{\alpha}_m,\boldsymbol{\alpha}_{m+1}$线性相关相矛盾，故$k_{m+1}\neq 0$.

根据定理 2，可得判定向量组$\boldsymbol{\alpha}_1,\boldsymbol{\alpha}_2,\cdots,\boldsymbol{\alpha}_m$线性相关性的**矩阵判别法**. 方法如下：首先写出由向量组$\boldsymbol{\alpha}_1,\boldsymbol{\alpha}_2,\cdots,\boldsymbol{\alpha}_m$构成的矩阵$\boldsymbol{A}$；然后求矩阵$\boldsymbol{A}$的秩；最后比较$R(\boldsymbol{A})$与$m$，判定向量组的线性相关性.

例 7 判别向量组

$$\boldsymbol{\alpha}_1=(1,1,3,1),\quad \boldsymbol{\alpha}_2=(-1,1,-1,3),\quad \boldsymbol{\alpha}_3=(-1,3,1,7),\quad \boldsymbol{\alpha}_4=(0,2,2,8)$$

的线性相关性.

解 由向量组$\boldsymbol{\alpha}_1$，$\boldsymbol{\alpha}_2$，$\boldsymbol{\alpha}_3$，$\boldsymbol{\alpha}_4$为列构成的矩阵为

$$\boldsymbol{A}=\begin{pmatrix}1&-1&-1&0\\1&1&3&2\\3&-1&1&2\\1&3&7&8\end{pmatrix},$$

下面对矩阵$\boldsymbol{A}$进行初等行变换求矩阵$\boldsymbol{A}$的秩，因为

$$\boldsymbol{A}\overset{\substack{r_2-r_1\\r_3-3r_1\\r_4-r_1}}{\sim}\begin{pmatrix}1&-1&-1&0\\0&2&4&2\\0&2&4&2\\0&4&8&8\end{pmatrix}\overset{\substack{r_3-r_2\\r_4-2r_2}}{\sim}\begin{pmatrix}1&-1&-1&0\\0&2&4&2\\0&0&0&0\\0&0&0&4\end{pmatrix}\overset{r_3\leftrightarrow r_4}{\sim}\begin{pmatrix}1&-1&-1&0\\0&2&4&2\\0&0&0&4\\0&0&0&0\end{pmatrix},$$

所以，$R(\boldsymbol{A})=3$；

由定理 2，因为$m=4$，$R(\boldsymbol{A})=3$，所以向量组$\boldsymbol{\alpha}_1$，$\boldsymbol{\alpha}_2$，$\boldsymbol{\alpha}_3$，$\boldsymbol{\alpha}_4$线性相关.

例 8 证明向量组

$$\boldsymbol{\alpha}_1=(1,0,0,1,2,1),\quad \boldsymbol{\alpha}_2=(0,1,0,2,2,1),\quad \boldsymbol{\alpha}_3=(0,0,1,1,3,2)$$

线性无关.

证 **方法一** 按定义令$x_1\boldsymbol{\alpha}_1+x_2\boldsymbol{\alpha}_2+x_3\boldsymbol{\alpha}_3=\mathbf{0}$，即

$$x_1\boldsymbol{\alpha}_1^{\mathrm{T}}+x_2\boldsymbol{\alpha}_2^{\mathrm{T}}+x_3\boldsymbol{\alpha}_3^{\mathrm{T}}=\mathbf{0}$$

于是

$$x_1\begin{pmatrix}1\\0\\0\\1\\2\\1\end{pmatrix}+x_2\begin{pmatrix}0\\1\\0\\2\\2\\1\end{pmatrix}+x_3\begin{pmatrix}0\\0\\1\\1\\3\\2\end{pmatrix}=\begin{pmatrix}0\\0\\0\\0\\0\\0\end{pmatrix}$$

若写成

$$\begin{pmatrix}1&0&0\\0&1&0\\0&0&1\\1&2&1\\2&2&3\\1&1&2\end{pmatrix}\begin{pmatrix}x_1\\x_2\\x_3\end{pmatrix}=\begin{pmatrix}0\\0\\0\\0\\0\\0\end{pmatrix}$$

显然此方程组只有 $x_1=x_2=x_3=0$ 一个解，即零解，故 $\boldsymbol{\alpha}_1$，$\boldsymbol{\alpha}_2$，$\boldsymbol{\alpha}_3$ 线性无关.

方法二　显然 $\boldsymbol{\alpha}_1$，$\boldsymbol{\alpha}_2$，$\boldsymbol{\alpha}_3$ 是由向量组 $\boldsymbol{\varepsilon}_1=(1,0,0)$，$\boldsymbol{\varepsilon}_2=(0,1,0)$，$\boldsymbol{\varepsilon}_3=(0,0,1)$ 构成的，易知 $\boldsymbol{\varepsilon}_1$，$\boldsymbol{\varepsilon}_2$，$\boldsymbol{\varepsilon}_3$ 线性无关，根据定理 3 知 $\boldsymbol{\alpha}_1$，$\boldsymbol{\alpha}_2$，$\boldsymbol{\alpha}_3$ 也线性无关.

方法三　由 $\boldsymbol{\alpha}_1$，$\boldsymbol{\alpha}_2$，$\boldsymbol{\alpha}_3$ 构成的矩阵

$$\boldsymbol{A}=\begin{pmatrix}1&0&0&1&2&1\\0&1&0&2&2&1\\0&0&1&1&3&2\end{pmatrix}$$

的秩显然为 3，即向量的个数与它所构成的矩阵 $\boldsymbol{A}$ 的秩相等，因此，根据定理 2 及推论可知 $\boldsymbol{\alpha}_1$，$\boldsymbol{\alpha}_2$，$\boldsymbol{\alpha}_3$ 线性无关.

4.2.2　向量组的秩

为了更好地讨论线性相关性，我们引入向量组的秩.

定义 13　如果能在一个已知的向量组 $\boldsymbol{A}$ 中选出 r 个向量 $\boldsymbol{\alpha}_1,\boldsymbol{\alpha}_2,\cdots,\boldsymbol{\alpha}_r$，满足以下两个条件

（1）向量组 $\boldsymbol{A}_0:\boldsymbol{\alpha}_1,\boldsymbol{\alpha}_2,\cdots,\boldsymbol{\alpha}_r$ 线性无关；

（2）向量组 $\boldsymbol{A}$ 中任意 $r+1$ 个向量（如果有 $r+1$ 个向量的话）都线性相关.

则称向量组 $\boldsymbol{A}_0$ 为向量组 $\boldsymbol{A}$ 的一个**极大线性无关组**，亦称**极大无关组**.

例如，在向量组

$$\boldsymbol{\alpha}_1=(2,-1,3,1),\quad \boldsymbol{\alpha}_2=(4,-2,5,4),\quad \boldsymbol{\alpha}_3=(2,-1,4,-1)$$

中，由向量 $\boldsymbol{\alpha}_1,\boldsymbol{\alpha}_2$ 组成的部分组就是一个极大线性无关组. 这是因为，若

$$\begin{aligned}k_1\boldsymbol{\alpha}_1+k_2\boldsymbol{\alpha}_2&=k_1(2,-1,3,1)+k_2(4,-2,5,4)\\&=(2k_1+4k_2,-k_1-2k_2,3k_1+5k_2,k_1+4k_2)\\&=(0,0,0,0)\end{aligned}$$

则必有 $k_1=k_2=0$，即 $\boldsymbol{\alpha}_1,\boldsymbol{\alpha}_2$ 是线性无关的，由上一节可得 $\boldsymbol{\alpha}_1,\boldsymbol{\alpha}_2,\boldsymbol{\alpha}_3$ 是线性相关的. 同理可得，向量 $\boldsymbol{\alpha}_2,\boldsymbol{\alpha}_3$ 组成的部分组也是一个极大线性无关组.

很显然，向量组的极大线性无关组不是唯一的；一个线性无关的向量组的极大线性无关组就是这个向量组本身；任意一个极大线性无关组都与向量组本身等价，也就是一个向量组的任意两个极大线性无关组都是等价的. 所以可得如下定理

定理 5　一个向量组的极大线性无关组都含有相同个数的向量.

此定理表明，一个向量组的极大线性无关组所含向量个数与极大线性无关组的选择无关，反应的是向量组本身的性质.

定义 14　向量组 $\boldsymbol{A}$ 的极大线性无关组中所含向量的个数，称为向量组 $\boldsymbol{A}$ 的秩．记为 $R(\boldsymbol{A})$．

由定义可以看出，一个向量组线性无关的充要条件是向量组的秩与向量组所含向量个数相同．

定理 6　设向量组 $\boldsymbol{A}$：$\boldsymbol{\alpha}_1,\boldsymbol{\alpha}_2,\cdots,\boldsymbol{\alpha}_s$ 线性无关，向量组 $\boldsymbol{B}$：$\boldsymbol{\beta}_1,\boldsymbol{\beta}_2,\cdots,\boldsymbol{\beta}_t$ 也线性无关，且向量组 $\boldsymbol{A}$ 与向量组 $\boldsymbol{B}$ 等价，则向量组 $\boldsymbol{A}$ 与向量组 $\boldsymbol{B}$ 有相同的秩，即

$$R(\boldsymbol{A})=R(\boldsymbol{B}).$$

此定理也可叙述为：等价的线性无关的向量组有相同的秩．

我们知道，每一个向量组都与它的极大线性无关组等价．由等价的传递性可知，任意两个等价向量组的极大线性无关组也等价，因此

推论　等价向量组有相同的秩．

根据矩阵的秩与向量组的秩的定义容易得出如下的结论．

定理 7　矩阵的秩等于其列构成的向量组的秩，也等于其行构成的向量组的秩．

由定理 7 可以看出，对于含有有限个向量的向量组的秩，与这个向量组所对应的矩阵的秩相等．因此可以将一组列向量构成一个矩阵，通过对其行的初等变换，变成行阶梯形矩阵，找出它的一个极大无关组；也可将一组行向量转置后构成一个矩阵，仍通过对其行的初等变换变成阶梯形矩阵，找出它的一个极大无关组．

例 9　求向量组

$$\boldsymbol{\alpha}_1=(1,1,1,0),\ \boldsymbol{\alpha}_2=(0,1,1,0),\ \boldsymbol{\alpha}_3=(1,0,1,0),\ \boldsymbol{\alpha}_4=(0,1,0,1)$$

的一个极大线性无关组．

解　将 $\boldsymbol{\alpha}_1$，$\boldsymbol{\alpha}_2$，$\boldsymbol{\alpha}_3$，$\boldsymbol{\alpha}_4$ 写成

$$\boldsymbol{A}=(\boldsymbol{\alpha}_1^{\mathrm{T}},\boldsymbol{\alpha}_2^{\mathrm{T}},\boldsymbol{\alpha}_3^{\mathrm{T}},\boldsymbol{\alpha}_4^{\mathrm{T}})=\begin{pmatrix}1&0&1&0\\1&1&0&1\\1&1&1&0\\0&0&0&1\end{pmatrix}\overset{\substack{r_2-r_1\\r_3-r_1}}{\sim}\begin{pmatrix}1&0&1&0\\0&1&-1&1\\0&1&0&0\\0&0&0&1\end{pmatrix}\overset{\substack{r_3-r_2\\r_4-r_3}}{\sim}\begin{pmatrix}1&0&1&0\\0&1&-1&1\\0&0&1&-1\\0&0&0&1\end{pmatrix}$$

显然，$R(\boldsymbol{A})=4$，所以 $\boldsymbol{\alpha}_1$，$\boldsymbol{\alpha}_2$，$\boldsymbol{\alpha}_3$，$\boldsymbol{\alpha}_4$ 的秩为 4，即 $\boldsymbol{\alpha}_1$，$\boldsymbol{\alpha}_2$，$\boldsymbol{\alpha}_3$，$\boldsymbol{\alpha}_4$ 就是一个极大无关组．

例 10　求向量组

$$\boldsymbol{\alpha}_1=(1,4,1,0),\ \boldsymbol{\alpha}_2=(2,1,-1,-3),\ \boldsymbol{\alpha}_3=(1,0,-3,-1),\ \boldsymbol{\alpha}_4=(0,2,-6,3)$$

的一个极大线性无关组．

解　将 $\boldsymbol{\alpha}_1$，$\boldsymbol{\alpha}_2$，$\boldsymbol{\alpha}_3$，$\boldsymbol{\alpha}_4$ 写成

$$\boldsymbol{A}=(\boldsymbol{\alpha}_1^{\mathrm{T}},\boldsymbol{\alpha}_2^{\mathrm{T}},\boldsymbol{\alpha}_3^{\mathrm{T}},\boldsymbol{\alpha}_4^{\mathrm{T}})=\begin{pmatrix}1&2&1&0\\4&1&0&2\\1&-1&-3&-6\\0&-3&-1&3\end{pmatrix}\overset{\substack{r_2-4r_1\\r_3-r_1}}{\sim}\begin{pmatrix}1&2&1&0\\0&-7&-4&2\\0&-3&-4&-6\\0&-3&-1&3\end{pmatrix}$$

$$\overset{\substack{r_2-r_3-r_4\\r_4-r_3}}{\sim}\begin{pmatrix}1&2&1&0\\0&-1&1&5\\0&-3&-4&-6\\0&0&3&9\end{pmatrix}\overset{r_3-3r_2}{\sim}\begin{pmatrix}1&2&1&0\\0&-1&1&5\\0&0&-7&-21\\0&0&3&9\end{pmatrix}\overset{\substack{r_3\div(-7)\\r_4-3r_3}}{\sim}\begin{pmatrix}1&2&1&0\\0&-1&1&5\\0&0&1&3\\0&0&0&0\end{pmatrix}$$

显然，$R(\boldsymbol{A})=3$，所以$\boldsymbol{\alpha}_1$，$\boldsymbol{\alpha}_2$，$\boldsymbol{\alpha}_3$，$\boldsymbol{\alpha}_4$的秩为 3，$\boldsymbol{\alpha}_1$，$\boldsymbol{\alpha}_2$，$\boldsymbol{\alpha}_3$（或$\boldsymbol{\alpha}_1$，$\boldsymbol{\alpha}_2$，$\boldsymbol{\alpha}_4$）是一个极大无关组.

例 11　设矩阵

$$\boldsymbol{A}=\begin{pmatrix}2 & -1 & -1 & 1 & 2\\ 1 & 1 & -2 & 1 & 4\\ 4 & -6 & 2 & -2 & 4\\ 3 & 6 & -9 & 7 & 9\end{pmatrix},$$

求矩阵的列向量组的一个极大线性无关组，并把不属于极大线性无关组的列向量用极大线性无关组线性表示.

解　对矩阵施行行初等变换把它化为行阶梯形矩阵，即

$$\boldsymbol{A}\overset{r}{\sim}\begin{pmatrix}1 & 1 & -2 & 1 & 4\\ 0 & 1 & -1 & 1 & 0\\ 0 & 0 & 0 & 1 & -3\\ 0 & 0 & 0 & 0 & 0\end{pmatrix},$$

矩阵$\boldsymbol{A}$的秩$R(\boldsymbol{A})=3$，所以矩阵列向量的极大线性无关组含有 3 个非零向量，而三个非零行的非零首元在 1,2,4 列，所以$\boldsymbol{\alpha}_1$，$\boldsymbol{\alpha}_2$，$\boldsymbol{\alpha}_4$为列向量组的一个极大线性无关组，这是因为

$$(\boldsymbol{\alpha}_1,\ \boldsymbol{\alpha}_2,\ \boldsymbol{\alpha}_4)\overset{r}{\sim}\begin{pmatrix}1 & 1 & 1\\ 0 & 1 & 1\\ 0 & 0 & 1\\ 0 & 0 & 0\end{pmatrix},$$

可得$R(\boldsymbol{\alpha}_1,\ \boldsymbol{\alpha}_2,\ \boldsymbol{\alpha}_4)=3$，故$\boldsymbol{\alpha}_1$，$\boldsymbol{\alpha}_2$，$\boldsymbol{\alpha}_4$线性无关.

为了用$\boldsymbol{\alpha}_1$，$\boldsymbol{\alpha}_2$，$\boldsymbol{\alpha}_4$来表示，我们接着把矩阵化为行最简形矩阵

$$\boldsymbol{A}\overset{r}{\sim}\begin{pmatrix}1 & 0 & -1 & 0 & 4\\ 0 & 1 & -1 & 0 & 3\\ 0 & 0 & 0 & 1 & -3\\ 0 & 0 & 0 & 0 & 0\end{pmatrix}$$

把这个行最简形矩阵记作$\boldsymbol{B}=(\boldsymbol{\beta}_1,\boldsymbol{\beta}_2,\boldsymbol{\beta}_3,\boldsymbol{\beta}_4,\boldsymbol{\beta}_5)$，因为方程$\boldsymbol{A}x=0$与$\boldsymbol{B}x=0$同解，即向量方程

$$x_1\boldsymbol{\alpha}_1+x_2\boldsymbol{\alpha}_2+x_3\boldsymbol{\alpha}_3+x_4\boldsymbol{\alpha}_4+x_5\boldsymbol{\alpha}_5=0$$
$$x_1\boldsymbol{\beta}_1+x_2\boldsymbol{\beta}_2+x_3\boldsymbol{\beta}_3+x_4\boldsymbol{\beta}_4+x_5\boldsymbol{\beta}_5=0$$

同解，因此向量$\boldsymbol{\alpha}_1,\boldsymbol{\alpha}_2,\boldsymbol{\alpha}_3,\boldsymbol{\alpha}_4,\boldsymbol{\alpha}_5$与$\boldsymbol{\beta}_1,\boldsymbol{\beta}_2,\boldsymbol{\beta}_3,\boldsymbol{\beta}_4,\boldsymbol{\beta}_5$有相同的线性关系．因为

$$\boldsymbol{\beta}_3=\begin{pmatrix}-1\\ -1\\ 0\\ 0\end{pmatrix}=(-1)\begin{pmatrix}1\\ 0\\ 0\\ 0\end{pmatrix}+(-1)\begin{pmatrix}0\\ 1\\ 0\\ 0\end{pmatrix}=-\boldsymbol{\beta}_1-\boldsymbol{\beta}_2,$$

$$\boldsymbol{\beta}_5=\begin{pmatrix}4\\ 3\\ -3\\ 0\end{pmatrix}=4\begin{pmatrix}1\\ 0\\ 0\\ 0\end{pmatrix}+3\begin{pmatrix}0\\ 1\\ 0\\ 0\end{pmatrix}+(-3)\begin{pmatrix}0\\ 0\\ 1\\ 0\end{pmatrix}=4\boldsymbol{\beta}_1+3\boldsymbol{\beta}_2-3\boldsymbol{\beta}_4,$$

所以

$$\alpha_3 = -\alpha_1 - \alpha_2,$$
$$\alpha_5 = 4\alpha_1 + 3\alpha_2 - 3\alpha_4.$$

习题 4.2

1. 判定向量组的线性相关性.

（1）$\alpha_1 = (1,1,1)$，$\alpha_2 = (0,1,2)$；

（2）$\alpha_1 = (1,0)$，$\alpha_2 = (1,1)$，$\alpha_3 = (0,-1)$；

（3）$\alpha_1 = (1,0,1)$，$\alpha_2 = (0,1,0)$，$\alpha_3 = (1,2,1)$；

（4）设$\alpha_1 = (1,2,1)$，$\alpha_2 = (-1,0,1)$，$\alpha_3 = (-1,1,1)$；

（5）$\alpha_1 = (1,1,2)$，$\alpha_2 = (1,3,0)$，$\alpha_3 = (3,-1,10)$；

（6）$\alpha_1 = (1,-1,0)$，$\alpha_2 = (2,1,1)$，$\alpha_3 = (1,3,-1)$；

（7）$\alpha_1 = (3,1,0,2)$，$\alpha_2 = (1,-1,2,-1)$，$\alpha_3 = (1,3,-4,4)$；

（8）$\alpha_1 = (1,0,-1,0,1)$，$\alpha_2 = (1,1,3,1,1)$，$\alpha_3 = (2,2,0,0,0)$，$\alpha_4 = (0,0,1,1,1)$.

2. 求下列向量组的秩及一个极大无关组.

（1）$\alpha_1 = (2,1,3,-1)$，$\alpha_2 = (3,-1,2,0)$，$\alpha_3 = (4,2,6,-2)$，$\alpha_4 = (4,-3,1,1)$；

（2）$\alpha_1 = (1,2,1,3)$，$\alpha_2 = (4,-1,-5,-6)$，$\alpha_3 = (1,-3,-4,-7)$，$\alpha_4 = (2,1,-1,0)$；

（3）$\alpha_1 = (1,1,2,3)$，$\alpha_2 = (1,-1,1,1)$，$\alpha_3 = (1,3,3,5)$；

（4）$\alpha_1 = (1,-2,-1,-2,2)$，$\alpha_2 = (4,1,2,1,3)$，$\alpha_3 = (2,5,5,-1,0)$，$\alpha_4 = (1,1,1,-1,\frac{1}{3})$；

（5）$\alpha_1 = (4,3,-1,1,-1)$，$\alpha_2 = (2,1,-3,2,5)$，$\alpha_3 = (1,-3,0,1,-2)$，$\alpha_4 = (1,5,2,-2,-4)$；

（6）$\alpha_1 = (4,3,1,-2)$，$\alpha_2 = (1,5,0,8)$，$\alpha_3 = (-1,-10,0,-16)$，$\alpha_4 = (5,8,1,6)$；

（7）$\alpha_1 = (1,4,1,0)$，$\alpha_2 = (2,1,-1,-3)$，$\alpha_3 = (0,0,0,0)$，$\alpha_4 = (1,0,3,-1)$；

（8）$\alpha_1 = (6,-1,5,7)$，$\alpha_2 = (1,5,6,-4)$，$\alpha_3 = (2,3,4,-1)$，$\alpha_4 = (-4,6,2,-9)$.

4.3 线性方程组解的结构

之前我们介绍了用克莱姆法则和初等行变换的方法来求线性方程组的解．方程组可能无解，有唯一解，有无穷多个解．有多个解的情况下还要讨论解与解之间的关系问题，之后可以证明虽然有无穷多个解，但是全部的解都可以用有限的解表示出来.

上面我们提到，n元线性方程组的解是n维向量，在解不是唯一的情况下，作为方程组的解的这些向量之间有什么关系呢？这节我们用向量的线性相关性来讨论线性方程组的解.

4.3.1 齐次线性方程组解的结构

齐次线性方程组

$$\begin{cases} a_{11}x_1 + a_{12}x_2 + \cdots + a_{1n}x_n = 0 \\ a_{21}x_1 + a_{22}x_2 + \cdots + a_{2n}x_n = 0 \\ \qquad\cdots\cdots \\ a_{m1}x_1 + a_{m2}x_2 + \cdots + a_{mn}x_n = 0 \end{cases} \tag{1}$$

可将（1）写成

$$Ax = 0 \tag{2}$$

其中

$$A = \begin{pmatrix} a_{11} & a_{12} & \cdots & a_{1n} \\ a_{21} & a_{22} & \cdots & a_{2n} \\ \vdots & \vdots & & \vdots \\ a_{m1} & a_{m2} & \cdots & a_{mn} \end{pmatrix},\quad x = \begin{pmatrix} x_1 \\ x_2 \\ \vdots \\ x_n \end{pmatrix}.$$

若 $x_1 = \xi_{11}$，$x_2 = \xi_{21}, \cdots, x_n = \xi_{n1}$ 为（1）的解，则

$$x = \xi_1 = \begin{pmatrix} \xi_{11} \\ \xi_{21} \\ \vdots \\ \xi_{n1} \end{pmatrix}$$

称为线性方程组的解向量，它同时也是向量方程（2）的解.

性质 1　两个解的和还是方程组的解. 即若 ξ_1，ξ_2 都是（1）的解，则 $\xi_1 + \xi_2$ 也是（1）的解.

证　因为 ξ_1，ξ_2 都是（1）的解，所以有

$$A\xi_1 = \mathbf{0},\quad A\xi_2 = \mathbf{0}$$

于是

$$A(\xi_1 + \xi_2) = A\xi_1 + A\xi_2 = \mathbf{0}$$

故结论正确.

性质 2　一个解的倍数还是方程组的解. 即 $k \in R$，若 ξ 是（1）的解，则 $k\xi$ 也是（1）的解.

证　因为 ξ 是（1）的解，所以有

$$A\xi = 0,$$

于是

$$A(k\xi) = k(A\xi) = k0 = 0$$

故结论正确.

从解析几何上看，这两个性质显然成立. 因为当 $n = 3$ 时，每一个三元一次方程即齐次方程都表示一个经过坐标原点的平面. 那么线性方程组的解，也就是这些平面的交，如果不只是原点的话，就是一条通过原点的直线或一个过原点的平面. 以原点为起点，而端点在这样的直线或平面上的向量显然有上述性质.

对于齐次线性方程组来说，由以上两个性质可得，解的线性组合还是方程组的解. 这两个性质同时也说明，如果线性方程组有几个解，那么这些解的所有的线性组合就给出了很多的解. 所以可以得出：齐次线性方程组的全部解能够通过它的有限几个解的线性组合表示出来. 所以，我们引入如下定义.

定义 15　齐次线性方程组（1）的一组解 $\xi_1, \xi_2, \cdots, \xi_m$ 称为（1）的一个**基础解系**，如果

1）$\xi_1, \xi_2, \cdots, \xi_m$ 线性无关；

2）齐次线性方程组（1）的任一解都能表示成 $\xi_1,\xi_2,\cdots,\xi_m$ 的线性组合.

由定义可知，要求齐次线性方程组的通解，只需求出它的基础解系. 本定义所说的基础解系，实际上就是指（1）全体解向量的一个极大线性无关组，而

$$\xi = k_1\xi_1 + k_2\xi_2 + \cdots + k_m\xi_m$$

就是（1）的通解. 定义中的第一个条件是为了保证基础解系中没有多余的解. 而且任何一个线性无关的与某一个基础解系等价的向量组都是基础解系. 上一章我们用初等变换的方法求线性方程组的通解，之后我们将用同一方法求齐次线性方程组的基础解系.

以下将证明，齐次线性方程组都有基础解系.

定理8 若齐次线性方程组（1）的系数矩阵 $\boldsymbol{A}$ 的秩为 $R(\boldsymbol{A})=r<n$，则（1）的基础解系存在，且基础解系中含有 $n-r$ 个解向量，即（1）的全体解向量的秩为 $n-r$.

证 因为 $R(\boldsymbol{A})=r<n$，所以，不妨设（1）中前 r 个方程为保留方程组，且设前 r 个变量所对应的系数行列式不为零，因此有

$$\begin{cases} a_{11}x_1+\cdots+a_{1r}x_r=-a_{1,r+1}x_{r+1}-\cdots-a_{1n}x_n \\ \cdots\cdots \\ a_{r1}x_1+\cdots+a_{rr}x_r=-a_{r,r+1}x_{r+1}-\cdots-a_{rn}x_n \end{cases} \tag{3}$$

则此方程组（3）与（1）为同解方程组. 且（3）有 $n-r$ 个自由未知量，根据克莱姆法则，方程组中的 $x_1,x_2,\cdots,x_r$ 的解由后 $n-r$ 个自由未知量 $x_{r+1},\cdots,x_n,x_{n+1},\cdots,x_n$ 惟一地确定，不妨取

$$\begin{pmatrix} x_{r+1} \\ x_{r+2} \\ \vdots \\ x_n \end{pmatrix} = \begin{pmatrix} 1 \\ 0 \\ \vdots \\ 0 \end{pmatrix}, \begin{pmatrix} 0 \\ 1 \\ \vdots \\ 0 \end{pmatrix}, \cdots, \begin{pmatrix} 0 \\ 0 \\ \vdots \\ 1 \end{pmatrix}$$

相应地

$$\begin{pmatrix} x_1 \\ x_2 \\ \vdots \\ x_r \end{pmatrix} = \begin{pmatrix} b_{11} \\ b_{21} \\ \vdots \\ b_{r1} \end{pmatrix}, \begin{pmatrix} b_{12} \\ b_{22} \\ \vdots \\ b_{r2} \end{pmatrix}, \cdots, \begin{pmatrix} b_{1,n-r} \\ b_{2,n-r} \\ \vdots \\ b_{r,n-r} \end{pmatrix}$$

从而，可得（1）的 $n-r$ 个解

$$\xi_1 = \begin{pmatrix} b_{11} \\ \vdots \\ b_{r1} \\ 1 \\ 0 \\ \vdots \\ 0 \end{pmatrix}, \quad \xi_2 = \begin{pmatrix} b_{12} \\ \vdots \\ b_{r2} \\ 0 \\ 1 \\ \vdots \\ 0 \end{pmatrix}, \cdots, \quad \xi_{n-r} = \begin{pmatrix} b_{1,n-r} \\ \vdots \\ b_{r,n-r} \\ 0 \\ 0 \\ \vdots \\ 1 \end{pmatrix}$$

我们现在来证明，$\xi_1,\xi_2,\cdots,\xi_{n-r}$ 为（1）的一个基础解系.

显然 $\xi_1,\xi_2,\cdots,\xi_{n-r}$ 线性无关，再证明方程组（1）的任一解都可以由 $\xi_1,\xi_2,\cdots,\xi_{n-r}$ 线性表示.

$$\forall \xi \in T，\xi=\begin{pmatrix}k_1\\ \vdots\\ k_r\\ k_{r+1}\\ \vdots\\ k_n\end{pmatrix}，作 \boldsymbol{\eta}=k_{r+1}\xi_1+k_{r+2}\xi_2+\cdots+k_n\xi_{n-r}=\begin{pmatrix}c_1\\ \vdots\\ c_r\\ k_{r+1}\\ \vdots\\ k_n\end{pmatrix}，$$

由于$\xi_1,\xi_2,\cdots,\xi_{n-r}$都是（1）的解，所以$\boldsymbol{\eta}$也是（1）的解，从而$\xi$与$\boldsymbol{\eta}$的前$r$个分量都由它们后$n-r$个分量唯一确定．而$\xi$与$\boldsymbol{\eta}$的后$n-r$个分量相同，所以$\xi$与$\boldsymbol{\eta}$的前$r$个分量也相同，故而$\xi=\boldsymbol{\eta}$，即

$$\xi=k_{r+1}\xi_1+k_{r+2}\xi_2+\cdots+k_n\xi_{n-r}.$$

由此可知$\xi_1,\xi_2,\cdots,\xi_{n-r}$为全体解向量组的一个基础解系，因此齐次线性方程组都有基础解系．如果$r=n$，那么方程组没有自由未知量，方程组（3）的右端为零．这时方程组只有零解，当然也不存在基础解系．

通过以上讨论可得，我们可以先求出齐次线性方程组的通解，再从通解中求出基础解系．或者先求基础解系，再写出通解．

例 12　求齐次线性方程组

$$\begin{cases}x_1+x_2+x_3+x_4=0,\\ x_1+3x_2+2x_3+4x_4=0,\\ 2x_1+x_3-x_4=0.\end{cases}$$

的基础解系及通解．

解　对齐次线性方程组的系数矩阵作初等行变换，变为行最简形矩阵，得

$$\boldsymbol{A}=\begin{pmatrix}1&1&1&1\\1&3&2&4\\2&0&1&-1\end{pmatrix}\overset{\substack{r_2-r_1\\ r_3-2r_1}}{\sim}\begin{pmatrix}1&1&1&1\\0&2&1&3\\0&-2&-1&-3\end{pmatrix}\overset{\substack{r_3+r_2\\ r_2\div 2}}{\sim}\begin{pmatrix}1&1&1&1\\0&1&\frac{1}{2}&\frac{3}{2}\\0&0&0&0\end{pmatrix}\overset{r_1-r_2}{\sim}\begin{pmatrix}1&0&\frac{1}{2}&-\frac{1}{2}\\0&1&\frac{1}{2}&\frac{3}{2}\\0&0&0&0\end{pmatrix}$$

所以

$$\begin{cases}x_1+\frac{1}{2}x_3-\frac{1}{2}x_4=0,\\ x_2+\frac{1}{2}x_3+\frac{3}{2}x_4=0.\end{cases}$$

即

$$\begin{cases}x_1=-\frac{1}{2}x_3+\frac{1}{2}x_4,\\ x_2=-\frac{1}{2}x_3-\frac{3}{2}x_4.\end{cases}$$

取$\begin{pmatrix}x_3\\x_4\end{pmatrix}=\begin{pmatrix}1\\0\end{pmatrix},\begin{pmatrix}0\\1\end{pmatrix}$，可求得

$$\begin{pmatrix} x_1 \\ x_2 \end{pmatrix} = \begin{pmatrix} -\frac{1}{2} \\ -\frac{1}{2} \end{pmatrix}, \begin{pmatrix} \frac{1}{2} \\ -\frac{3}{2} \end{pmatrix}$$

于是所求基础解系为

$$\boldsymbol{\xi}_1 = \begin{pmatrix} -\frac{1}{2} \\ -\frac{1}{2} \\ 1 \\ 0 \end{pmatrix}, \quad \boldsymbol{\xi}_2 = \begin{pmatrix} \frac{1}{2} \\ -\frac{3}{2} \\ 0 \\ 1 \end{pmatrix}$$

从而所求通解为

$$\begin{pmatrix} x_1 \\ x_2 \\ x_3 \\ x_4 \end{pmatrix} = k_1 \begin{pmatrix} -\frac{1}{2} \\ -\frac{1}{2} \\ 1 \\ 0 \end{pmatrix} + k_2 \begin{pmatrix} \frac{1}{2} \\ -\frac{3}{2} \\ 0 \\ 1 \end{pmatrix} \left(k_1,\ k_2 \in \mathbf{R}\right),$$

即 $\boldsymbol{\xi} = k_1\boldsymbol{\xi}_1 + k_2\boldsymbol{\xi}_2$，$k_1$，$k_2 \in \mathbf{R}$.

其实，由

$$\begin{cases} x_1 = -\frac{1}{2}x_3 + \frac{1}{2}x_4 \\ x_2 = -\frac{1}{2}x_3 - \frac{3}{2}x_4 \end{cases}$$

知 x_3，x_4 为自由未知量，令 $x_3 = k_1$，$x_4 = k_2$，k_1，$k_2 \in \mathbf{R}$ 即得

$$\begin{pmatrix} x_1 \\ x_2 \\ x_3 \\ x_4 \end{pmatrix} = \begin{pmatrix} -\frac{1}{2}k_1 + \frac{1}{2}k_2 \\ -\frac{1}{2}k_1 - \frac{3}{2}k_2 \\ k_1 \\ k_2 \end{pmatrix} = k_1 \begin{pmatrix} -\frac{1}{2} \\ -\frac{1}{2} \\ 1 \\ 0 \end{pmatrix} + k_2 \begin{pmatrix} \frac{1}{2} \\ -\frac{3}{2} \\ 0 \\ 1 \end{pmatrix}$$

或令 $k_1 = 2c_1$，$k_2 = 2c_2$，c_1，$c_2 \in \mathbf{R}$，即有

$$\begin{pmatrix} x_1 \\ x_2 \\ x_3 \\ x_4 \end{pmatrix} = c_1 \begin{pmatrix} -1 \\ -1 \\ 2 \\ 0 \end{pmatrix} + c_2 \begin{pmatrix} 1 \\ -3 \\ 0 \\ 2 \end{pmatrix}.$$

从此例可以看出，上一章中线性方程组的解法是先写出通解，此时表达式中含有基础解系，这一章先取基础解系，再写出通解，两种解法差别不大.

例 13　求齐次线性方程组

$$\begin{cases} x_1 + x_2 - x_3 - x_4 = 0, \\ 2x_1 - 5x_2 + 3x_3 + 2x_4 = 0, \\ 7x_1 - 7x_2 + 3x_3 + x_4 = 0. \end{cases}$$

的基础解系及通解.

解　对齐次线性方程组的系数矩阵作初等行变换，变为行最简形矩阵，得

$$\boldsymbol{A} = \begin{pmatrix} 1 & 1 & -1 & -1 \\ 2 & -5 & 3 & 2 \\ 7 & -7 & 3 & 1 \end{pmatrix} \overset{\substack{r_2-2r_1 \\ r_3-7r_1}}{\sim} \begin{pmatrix} 1 & 1 & -1 & -1 \\ 0 & -7 & 5 & 4 \\ 0 & -14 & 10 & 8 \end{pmatrix}$$

$$\overset{r_3-2r_2}{\sim} \begin{pmatrix} 1 & 1 & -1 & -1 \\ 0 & -7 & 5 & 4 \\ 0 & 0 & 0 & 0 \end{pmatrix} \overset{\substack{r_2\div(-7) \\ r_1-r_2}}{\sim} \begin{pmatrix} 1 & 0 & -\frac{2}{7} & -\frac{3}{7} \\ 0 & 1 & -\frac{5}{7} & -\frac{4}{7} \\ 0 & 0 & 0 & 0 \end{pmatrix},$$

所以

$$\begin{cases} x_1 = \dfrac{2}{7}x_3 + \dfrac{3}{7}x_4, \\ x_2 = \dfrac{5}{7}x_3 + \dfrac{4}{7}x_4. \end{cases}$$

取$\begin{pmatrix} x_3 \\ x_4 \end{pmatrix} = \begin{pmatrix} 1 \\ 0 \end{pmatrix}, \begin{pmatrix} 0 \\ 1 \end{pmatrix}$，可求得

$$\begin{pmatrix} x_1 \\ x_2 \end{pmatrix} = \begin{pmatrix} \frac{2}{7} \\ \frac{5}{7} \end{pmatrix}, \begin{pmatrix} \frac{3}{7} \\ \frac{4}{7} \end{pmatrix}.$$

于是所求基础解系为

$$\boldsymbol{\xi}_1 = \begin{pmatrix} \frac{2}{7} \\ \frac{5}{7} \\ 1 \\ 0 \end{pmatrix}，\boldsymbol{\xi}_2 = \begin{pmatrix} \frac{3}{7} \\ \frac{4}{7} \\ 0 \\ 1 \end{pmatrix}$$

从而所求通解为

$$\begin{pmatrix} x_1 \\ x_2 \\ x_3 \\ x_4 \end{pmatrix} = k_1 \begin{pmatrix} \frac{2}{7} \\ \frac{5}{7} \\ 1 \\ 0 \end{pmatrix} + k_2 \begin{pmatrix} \frac{3}{7} \\ \frac{4}{7} \\ 0 \\ 1 \end{pmatrix} \quad (k_1,\ k_2 \in \mathbf{R}).$$

此题中，如果取$\begin{pmatrix}x_3\\x_4\end{pmatrix}=\begin{pmatrix}1\\1\end{pmatrix},\begin{pmatrix}1\\-1\end{pmatrix}$，可求得

$$\begin{pmatrix}x_1\\x_2\end{pmatrix}=\begin{pmatrix}\frac{5}{7}\\\frac{9}{7}\end{pmatrix},\begin{pmatrix}-\frac{1}{7}\\\frac{1}{7}\end{pmatrix}$$

则得不同基础解系为

$$\boldsymbol{\xi}_1=\begin{pmatrix}\frac{5}{7}\\\frac{9}{7}\\1\\1\end{pmatrix},\quad \boldsymbol{\xi}_2=\begin{pmatrix}-\frac{1}{7}\\\frac{1}{7}\\1\\-1\end{pmatrix}$$

从而所求通解为

$$\begin{pmatrix}x_1\\x_2\\x_3\\x_4\end{pmatrix}=k_1\begin{pmatrix}\frac{5}{7}\\\frac{9}{7}\\1\\1\end{pmatrix}+k_2\begin{pmatrix}-\frac{1}{7}\\\frac{1}{7}\\1\\-1\end{pmatrix}\quad (k_1,\ k_2\in\mathbf{R}).$$

显然这两组基础解系是等价的，虽然通解形式不一样，但都含有两个任意常数，都可以表示方程组的任一解.

例 14 三家物流公司 A_1,A_2,A_3 为了运输需要，他们同意彼此实行资源共享，由于运输工具与成本各异，他们达成如下协议：每个公司总共工作 10 天（包括给自己公司运输在内）；

（1）每个公司的日资金根据测算在 60～80 万元之间；

（2）每个公司的日资金数应使得每个公司的总收入与总支出相等.

表 4.1 是他们协商后制定出的工作天数的分配方案，如何计算出他们每个公司应得的日资金？

表 4.1

公司 / 天数 / 工作地点	A_1	A_2	A_3
在公司 A_1 的工作天数	2	1	6
在公司 A_2 的工作天数	4	5	1
在公司 A_3 的工作天数	4	4	3

解 建立数学模型：

设 $x_i=\{$公司 A_i 的日资金$\}$（$i=1，2，3$），则

$$10x_i=\{公司\ A_i\ 10\ 个工作日的总收入\},（i=1，2，3）.$$

由于三家公司 A_1,A_2,A_3 在公司 A_1 的工作天数依次为 2、1、6，故公司 A_1 的总支出为

$$2x_1+x_2+6x_3\ （元）.$$

又由于公司 A_1 总支出与总收入要相等，于是公司 A_1 的收支平衡关系为

$$2x_1+x_2+6x_3=10x_1.$$

同理可得公司 A_2,A_3 的收支平衡关系，进而得线性方程组：

$$\begin{cases}2x_1+\ x_2+\ 6x_3=10x_1,\\4x_1+5x_2+\ \ x_3=10x_2,\\4x_1+4x_2+3x_3=10x_3.\end{cases}$$

化简得

$$\begin{cases}-8x_1+\ x_2+6x_3=0,\\\ \ 4x_1-5x_2\ \ +x_3=0,\\\ \ 4x_1+4x_2-7x_3=0.\end{cases}$$

解之得

$$\begin{pmatrix}x_1\\x_2\\x_3\end{pmatrix}=c\begin{pmatrix}\frac{31}{36}\\\frac{8}{9}\\1\end{pmatrix},$$

其中，c 为任意实数.

由协议（2），观察可知，取 $c=72$，得三家公司 A_1,A_2,A_3 每天的日资金依次为 62 万元，64 万元和 72 万元.

4.3.2　非齐次线性方程组解的结构

非齐次线性方程组

$$\begin{cases}a_{11}x_1+a_{12}x_2+\cdots+a_{1n}x_n=b_1,\\a_{21}x_1+a_{22}x_2+\cdots+a_{2n}x_n=b_2,\\\cdots\cdots\\a_{m1}x_1+a_{m2}x_2+\cdots+a_{mn}x_n=b_m.\end{cases}\tag{4}$$

可将（4）写成

$$\boldsymbol{A}\boldsymbol{x}=b\tag{5}$$

其中 $\boldsymbol{A}=\begin{pmatrix}a_{11}&a_{12}&\cdots&a_{1n}\\a_{21}&a_{22}&\cdots&a_{2n}\\\vdots&\vdots&&\vdots\\a_{m1}&a_{m2}&\cdots&a_{mn}\end{pmatrix}$，$\boldsymbol{x}=\begin{pmatrix}x_1\\x_2\\\vdots\\x_n\end{pmatrix}$，$\boldsymbol{b}=\begin{pmatrix}b_1\\b_2\\\vdots\\b_m\end{pmatrix}$.

方程组（1）称为方程组（4）的**导出组**．方程组（4）的解与它的导出组（1）的解之间有密切的联系.

向量方程（5）的解也就是方程组（4）的解向量，由性质 1 与 2，可得

性质 3 若ξ与ξ^*都是方程组（5）的解，则$\xi-\xi^*$是方程组（1）的解.

证 因为ξ与ξ^*都是（5）的解，所以有

$$\boldsymbol{A}\xi=\boldsymbol{b},\ \boldsymbol{A}\xi^*=\boldsymbol{b}$$

于是

$$\boldsymbol{A}(\xi-\xi^*)=\boldsymbol{A}\xi-\boldsymbol{A}\xi^*=\boldsymbol{b}-\boldsymbol{b}=\boldsymbol{0}$$

故结论正确.

即非齐次线性方程组的两个解的差是它的导出组的解.

性质 4 设$\boldsymbol{\eta}$是方程组（4）的解，ξ是方程组（1）的解，则$\xi+\eta$仍为方程组（4）的解.

即非齐次线性方程组的一个解与它的导出组的一个解之和还是这个非齐次线性方程组的解.

由性质 3 和性质 4 可得

定理 9 若非齐次线性方程组（4）满足$R(\boldsymbol{A})=R(\boldsymbol{B})=r<n$，则它的通解为对应的齐次线性方程组（1）的通解与非齐次线性方程组（4）的一个特解之和.

由定理 9 可以得出，为了求一个线性方程组的全部解，我们只要求出它的一个特殊的解和它的导出组的全部的解就可以．导出组是齐次线性方程组，它的解的全体可以用基础解系来表示．所以我们可以用导出组的基础解系来表示非齐次线性方程组的一般解：如果η_0是方程组（4）的一个特解，$\xi_1,\xi_2,\cdots,\xi_{n-r}$为其导出组的一个基础解系，则（4）的任一解都可以表示为

$$\eta=\eta_0+k_1\xi_1+k_2\xi_2+\cdots+k_{n-r}\xi_{n-r}.$$

例 15 求非齐次线性方程组

$$\begin{cases}x_1+2x_2-x_3+2x_4=1,\\2x_1+4x_2+x_3+x_4=5,\\x_1+2x_2+2x_3-x_4=4.\end{cases}$$

的通解.

解 对增广阵进行初等行变换，得

$$\boldsymbol{B}=\begin{pmatrix}1&2&-1&2&1\\2&4&1&1&5\\1&2&2&-1&4\end{pmatrix}\overset{r_2-2r_1}{\underset{r_3-r_1}{\sim}}\begin{pmatrix}1&2&-1&2&1\\0&0&3&-3&3\\0&0&3&-3&3\end{pmatrix}$$

$$\overset{r_3-r_2}{\underset{r_2\div 3}{\sim}}\begin{pmatrix}1&2&-1&2&1\\0&0&1&-1&1\\0&0&0&0&0\end{pmatrix}\overset{r_1+r_2}{\sim}\begin{pmatrix}1&2&0&1&2\\0&0&1&-1&1\\0&0&0&0&0\end{pmatrix}$$

可见$R(\boldsymbol{A})=R(\boldsymbol{B})=2$，故方程组有解，并且

$$\begin{cases}x_1=2-2x_2-x_4,\\x_3=1\qquad\quad+x_4.\end{cases}$$

取 $x_2=x_4=0$，则 $x_1=2,x_3=1$，既得方程组的一个解

$$\boldsymbol{\eta}_0=\begin{pmatrix}2\\0\\1\\0\end{pmatrix},$$

在对应的齐次线性方程组 $\begin{cases}x_1=-2x_2-x_4,\\x_3=\qquad\quad x_4.\end{cases}$ 中，取

$$\begin{pmatrix}x_2\\x_4\end{pmatrix}=\begin{pmatrix}1\\0\end{pmatrix},\begin{pmatrix}0\\1\end{pmatrix}\text{，可求得}\begin{pmatrix}x_1\\x_3\end{pmatrix}=\begin{pmatrix}-2\\0\end{pmatrix},\begin{pmatrix}-1\\1\end{pmatrix},$$

既得对应的齐次线性方程组的基础解系

$$\boldsymbol{\xi}_1=\begin{pmatrix}-2\\1\\0\\0\end{pmatrix},\boldsymbol{\xi}_2=\begin{pmatrix}-1\\0\\1\\1\end{pmatrix},$$

即得线性方程组的通解为

$$\begin{pmatrix}x_1\\x_2\\x_3\\x_4\end{pmatrix}=\begin{pmatrix}2\\0\\1\\0\end{pmatrix}+k_1\begin{pmatrix}-2\\1\\0\\0\end{pmatrix}+k_2\begin{pmatrix}-1\\0\\1\\1\end{pmatrix},(k_1,k_2\in\mathbf{R}).$$

例 16　求非齐次线性方程组

$$\begin{cases}x_1-x_2-x_3+x_4=0,\\x_1-x_2+x_3-3x_4=1,\\x_1-x_2-2x_3+3x_4=-\dfrac{1}{2}.\end{cases}$$

的通解.

解　对增广阵进行初等行变换，得

$$\boldsymbol{B}=\begin{pmatrix}1&-1&-1&1&0\\1&-1&1&-3&1\\1&-1&-2&3&-\dfrac{1}{2}\end{pmatrix}\underset{r_3-r_1}{\overset{r_2-r_1}{\sim}}\begin{pmatrix}1&-1&-1&1&0\\0&0&2&-4&1\\0&0&-1&2&-\dfrac{1}{2}\end{pmatrix}\underset{\substack{r_2\div 2\\r_3+r_2}}{\overset{r_1-r_3}{\sim}}\begin{pmatrix}1&-1&0&-1&\dfrac{1}{2}\\0&0&1&-2&\dfrac{1}{2}\\0&0&0&0&0\end{pmatrix},$$

可见 $R(\boldsymbol{A})=R(\boldsymbol{B})=2$，故方程组有解，并且

$$\begin{cases}x_1=\dfrac{1}{2}+x_2+x_4,\\x_3=\dfrac{1}{2}\qquad\ +2x_4.\end{cases}$$

取 $x_2 = x_4 = 0$，则 $x_1 = x_3 = \dfrac{1}{2}$，既得方程组的一个解

$$\boldsymbol{\eta}_0 = \begin{pmatrix} \frac{1}{2} \\ 0 \\ \frac{1}{2} \\ 0 \end{pmatrix},$$

在对应的齐次线性方程组 $\begin{cases} x_1 = x_2 + x_4, \\ x_3 = \quad 2x_4. \end{cases}$ 中，取

$$\begin{pmatrix} x_2 \\ x_4 \end{pmatrix} = \begin{pmatrix} 1 \\ 0 \end{pmatrix}, \begin{pmatrix} 0 \\ 1 \end{pmatrix}，可求得 \begin{pmatrix} x_1 \\ x_3 \end{pmatrix} = \begin{pmatrix} 1 \\ 0 \end{pmatrix}, \begin{pmatrix} 1 \\ 2 \end{pmatrix},$$

既得对应的齐次线性方程组的基础解系

$$\boldsymbol{\xi}_1 = \begin{pmatrix} 1 \\ 1 \\ 0 \\ 0 \end{pmatrix}, \boldsymbol{\xi}_2 = \begin{pmatrix} 1 \\ 0 \\ 2 \\ 1 \end{pmatrix},$$

即得线性方程组的通解为

$$\begin{pmatrix} x_1 \\ x_2 \\ x_3 \\ x_4 \end{pmatrix} = \begin{pmatrix} \frac{1}{2} \\ 0 \\ \frac{1}{2} \\ 0 \end{pmatrix} + k_1 \begin{pmatrix} 1 \\ 1 \\ 0 \\ 0 \end{pmatrix} + k_2 \begin{pmatrix} 1 \\ 0 \\ 2 \\ 1 \end{pmatrix}, (k_1, k_2 \in \mathbf{R}).$$

习题 4.3

1. 求下列齐次线性方程组的一个基础解系.

（1）$\begin{cases} x_1 + x_2 + 2x_3 - x_4 = 0, \\ 2x_1 + x_2 + x_3 - x_4 = 0, \\ 2x_1 + 2x_2 + x_3 + 2x_4 = 0. \end{cases}$

（2）$\begin{cases} x_1 + 2x_2 + x_3 - x_4 = 0, \\ 3x_1 + 6x_2 - x_3 - 3x_4 = 0, \\ 5x_1 + 10x_2 + x_3 - 5x_4 = 0. \end{cases}$

（3）$\begin{cases} x_1 + x_2 - 3x_3 - x_4 = 0, \\ x_1 + 2x_2 - 4x_3 - x_4 = 0, \\ x_1 - x_2 - x_3 + x_4 = 0. \end{cases}$

（4）$\begin{cases} 2x_1 + 3x_2 - x_3 + 5x_4 = 0, \\ 3x_1 + x_2 + 2x_3 - 7x_4 = 0, \\ 4x_1 + x_2 - 3x_3 + 6x_4 = 0, \\ x_1 - 2x_2 + 4x_3 - 7x_4 = 0. \end{cases}$

（5）$\begin{cases} 3x_1 + 4x_2 - 5x_3 + 7x_4 = 0, \\ 2x_1 - 3x_2 + 3x_3 - 2x_4 = 0, \\ 14x_1 + 11x_2 - 13x_3 + 16x_4 = 0, \\ 7x_1 - 2x_2 + x_3 + 3x_4 = 0. \end{cases}$

（6）$\begin{cases} x_1 + x_2 - 3x_3 = 0, \\ 3x_1 - x_2 - 3x_3 = 0, \\ x_1 - x_2 + x_3 = 0. \end{cases}$

2. 求下列非齐次线性方程组的解.

（1）$\begin{cases}4x_1+2x_2-x_3=2,\\3x_1-x_2+x_3=10,\\11x_1+3x_2\quad=8.\end{cases}$　　（2）$\begin{cases}x_1+\quad x_3=0,\\x_1-x_2+2x_3=-1,\\2x_1+x_2+x_3=1,\\5x_1+x_2+4x_3=1.\end{cases}$

（3）$\begin{cases}2x_1+3x_2+x_3=4,\\x_1-2x_2+4x_3=-5,\\3x_1+8x_2-2x_3=13,\\4x_1-x_2+9x_3=-6.\end{cases}$　　（4）$\begin{cases}2x_1+x_2-x_3+x_4=1,\\3x_1-2x_2+x_3-3x_4=4,\\x_1+4x_2-3x_3+5x_4=-2.\end{cases}$

（5）$\begin{cases}x_1-2x_2+3x_3-x_4=1,\\3x_1-x_2+5x_3-3x_4=2,\\2x_1+x_2+2x_3-2x_4=3.\end{cases}$　　（6）$\begin{cases}x_1+x_2+2x_3+x_4=5,\\2x_1+3x_2-x_3-2x_4=2,\\4x_1+5x_2+3x_3\quad=12.\end{cases}$

（7）$\begin{cases}2x_1+7x_2+3x_3+x_4=6,\\3x_1+5x_2+2x_3+2x_4=4,\\9x_1+4x_2+x_3+7x_4=2.\end{cases}$　　（8）$\begin{cases}x_1+2x_2-x_3+2x_4=1,\\2x_1+4x_2+x_3+x_4=5,\\x_1+2x_2+2x_3-x_4=4.\end{cases}$

3. 问 k 为何值时，线性方程组

$$\begin{cases}kx_1+x_2+x_3=1,\\x_1+kx_2+x_3=1,\\x_1+x_2+kx_3=1.\end{cases}$$

（1）有非零解；（2）无解；（3）有无穷多解，并求解.

4.4　线性规划

本节首先介绍线性规划基本概念，然后介绍一般线性规划问题的求解方法即单纯形法. 单纯形法的基本步骤是换基迭代，求解过程实质上是对线性规划问题所确定的某个特定矩阵施行初等变换以达到某种形式的过程. 因此本节利用线性方程组的同解理论，通过引入人工变量等手段，化一般线性规划为标准线性规划，建立线性方程组，写出其系数矩阵，对系数矩阵进行一系列最优化过程，得到最优矩阵从而得到最优解.

4.4.1　线性规划的基本理论

线性规划是解决多变量最优决策的方法，在实际应用中体现在各种相互关联的多变量约束条件下，解决或规划一个对象的线性目标函数最优的问题. 先看几个案例.

案例 1　有限资源利用问题

某工厂可以生产两种产品，各种资源的可供量以及每种产品所耗资源的数量及利润详见下表 4.2.

表 4.2

	A	B	资源限制
电（度）	5	3	200
设备（小时）	1	1	50
劳动力（小时）	3	5	220
单位利润（百元）	4	3	

解 设A、B两种产品各生产x_1,x_2，则问题变为求x_1,x_2，满足下列条件

$$\begin{aligned}&5x_1+3x_2\leqslant 200\\&x_1+x_2\leqslant 50\\&3x_1+5x_2\leqslant 220\\&x_1,x_2\geqslant 0\end{aligned}$$

使得利润

$$f(x_1,x_2)=4x_1+3x_2$$

取得最大值.

一般地，用m资源（其限制为$b_i,i=1,\cdots,m$）生产n种产品，如果已知生产第j种单位产品消耗第i种资源的数量是a_{ij}，利润为c_j，则问题归结为求一组变量$x_1,x_2,\cdots,x_n$，满足条件

$$\begin{aligned}&\sum_{j=1}^{n}a_{ij}x_j\leqslant b_i,i=1,2,\cdots,m\\&x_j\geqslant 0,j=1,2,\cdots,n.\end{aligned}\tag{6}$$

使

$$f=\sum_{k=1}^{n}c_kx_k$$

达到最大.

用矩阵形式表示即为

$$\begin{cases}\boldsymbol{Ax}\leqslant\boldsymbol{b}\\\boldsymbol{x}\geqslant 0\\\max f=\boldsymbol{cx}\end{cases}\tag{7}$$

其中

$$\boldsymbol{A}=\begin{pmatrix}a_{11}&a_{12}\cdots a_{1n}\\a_{21}&a_{22}\cdots a_{2n}\\\cdots\cdots&\cdots\cdots\\a_{m1}&a_{m2}\cdots a_{mn}\end{pmatrix},\quad\boldsymbol{x}=\begin{pmatrix}x_1\\x_2\\\vdots\\x_n\end{pmatrix},\quad\boldsymbol{b}=\begin{pmatrix}b_1\\b_2\\\vdots\\b_n\end{pmatrix},\quad\boldsymbol{c}^{\mathrm{T}}=\begin{pmatrix}c_1\\c_2\\\vdots\\c_n\end{pmatrix}.$$

案例 2　平衡运输问题

设某种物资从m个发点$A_1,\cdots,A_m$运到n个收点$B_1,\cdots,B_n$，其中发量分别为$a_1,\cdots,a_m$，收量分别为$b_1,\cdots,b_n$，收发平衡，即$\sum_{i=1}^{m}a_i=\sum_{j=1}^{n}b_j$，已知从第$i$个发点到第$j$个收点的单位运费是$c_{ij}(i=1,\cdots,m.j=1,\cdots,n)$. 问应如何分配才能使总运费最小.

解　设自第 i 个发点到第 j 个收点的运量为 $x_{ij}(i=1,\cdots,m.j=1,\cdots,n)$．则要求如何分配才能使总运费最小归结为求

$$\begin{cases}\sum_{j=1}^{n}x_{ij}=a_i \quad (i=1,2,\cdots,m),\\ \sum_{i=1}^{m}x_{ij}=b_j \quad (j=1,2,\cdots,n),\\ x_{ij}\geqslant 0,\\ \min f=\sum_{i=1}^{m}\sum_{j=1}^{n}c_{ij}x_{ij}.\end{cases} \tag{8}$$

此问题亦可概括写为，求 x，满足

$$\begin{cases}\boldsymbol{Ax}=\boldsymbol{b},\\ \boldsymbol{x}\geqslant 0,\\ \min f=\boldsymbol{cx}.\end{cases}$$

案例 3　营养问题

有 n 种食物，每种含有 m 种营养成分，第 j 种食物每个单位含第 i 种营养成分为 a_{ij}，已知每人每天对第 i 种营养成分的最低需要量为 b_i，第 j 种食物的单价是 c_j，试问一个消费者应如何选购食物才能即满足需要，又花费最小．

解　设选购第 j 种食物的数量为 $x_j(j=1,\cdots,n)$．则问一个消费者应如何选购食物才能满足需要，又花费最小归结为求

$$\begin{cases}\sum_{j=1}^{n}a_{ij}x_j\geqslant b_i \quad ,i=1,\cdots,m,\\ x_j\geqslant 0 \quad ,j=1,\cdots,n,\\ \min f=\sum_{k=1}^{n}c_kx_k.\end{cases}$$

此即

$$\begin{cases}\boldsymbol{Ax}\geqslant \boldsymbol{b},\\ \boldsymbol{x}\geqslant 0,\\ \min f=\boldsymbol{cx}.\end{cases}$$

案例 4　合理下料问题

某工厂要做 100 套钢架，每套有长 2.9 米、2.1 米和 1.5 米的圆钢各一根组成，已知原料长 7.4 米，问应如何下料使所需用的原材料最省．

解　如果从每根 7.4 米长的原料上各截一根 2.9 米、2.1 米和 1.5 米长的圆钢，则还余 0.9 米，用 100 根圆钢浪费预料共 90 米．现采用套截的方法，设计了 8 种方案，如表 4.3 所示．

表 4.3

	一	二	三	四	五	六	七	八
2.9	2	1	1	1	0	0	0	0
2.1	0	2	1	0	3	2	1	0

续表

	一	二	三	四	五	六	七	八
1.5	1	0	1	3	0	2	3	4
合计	7.3	7.1	6.5	7.4	6.3	7.2	6.6	6
余料头	0.1	0.3	0.9	0	1.1	0.2	0.8	1.4

设各方案下料套数为 $x_i \geqslant 0(i=1,2,\cdots,8)$，设余料为 $f(x)$，则要求如何下料所用材料最省归结为求

$$\begin{cases} 2x_1+x_2+x_3+x_4 \geqslant 100, \\ 2x_2+x_3+3x_5+2x_6+x_7 \geqslant 100, \\ x_1+x_3+3x_4+2x_6+3x_7+4x_8 \geqslant 100, \\ x_i \geqslant 0(i=1,2,\cdots,8), \\ \min f(x)=0.1x_1+0.3x_2+0.9x_3+0.0x_4+1.1x_5+0.2x_6+0.8x_7+1.4x_8. \end{cases}$$

此即

$$\begin{cases} \boldsymbol{Ax} \geqslant \boldsymbol{b}, \\ \boldsymbol{x} \geqslant 0, \\ \min f=\boldsymbol{cx}. \end{cases}$$

案例 5　销售收入问题

某厂生产的甲、乙两种电缆，所需铜、铅及可用量和产品电缆价格如表 4.4 所示.

表 4.4

	甲电缆	乙电缆	可用量
铜（吨）	2	1	10
铅（吨）	1	1	8
价格（万元/吨）	6	4	
市场最大需求量	无限制	7	

问工厂应如何组织生产才能使销售收入最大.

解　令 x_1 为生产电缆甲的数量，x_2 为生产电缆乙的数量，设销售收入为 $f(x)$. 由题意要使销售收入最大，满足条件组

$$\begin{cases} 2x_1+x_2 \leqslant 10, \\ x_1+x_2 \leqslant 8, \\ x_2 \leqslant 7, \\ x_1,x_2 \geqslant 0, \\ \max f(x)=6x_1+4x_2. \end{cases}$$

用矩阵形式表示即为

$$\begin{cases} \boldsymbol{Ax} \leqslant \boldsymbol{b}, \\ \boldsymbol{x} \geqslant 0, \\ \max f=\boldsymbol{cx}. \end{cases}$$

以上几个问题虽然来自不同方向，并且数学形式各异，但也有共同的地方：求一组非负变量，满足一些线性限制条件，并使一个线性函数取得极值．一般地，目标函数和约束条件都是线性的，我们把具有这种数学模型的问题称为**线性规划问题**，简称**线性规划**．线性规划法就是在线性等式或不等式的约束条件下，求解线性目标函数的最大值或最小值的方法．其中**目标函数**是决策者要求达到目标的数学表达式，用一个极大或极小值表示．**约束条件**是指实现目标的能力资源和内部条件的限制因素，用一组等式或不等式来表示．线性规划是研究不等式组的理论，是线性代数的应用和发展．并称（7）为其标准形式，简称标准型．以下说明（6）和（8）等其他形式均可化为标准形式（7）.

若约束条件是线性不等式

$$a_{i1}x_1+\cdots+a_{in}x_n\leqslant b_i$$

则它显然等价于

$$\begin{cases}a_{i1}x_1+\cdots+a_{in}x_n+y_i=b_i,\\ y_i\geqslant 0.\end{cases}$$

这里的 y_i 称为**松弛变量**.

同理不等式约束

$$a_{i1}x_1+\cdots+a_{in}x_n\geqslant b_i$$

等价于

$$\begin{cases}a_{i1}x_1+\cdots+a_{in}x_n-y_i=b_i,\\ y_i\geqslant 0.\end{cases}$$

这里的 y_i 称为**剩余变量**.

此外因 $\max f(x)=-\min[-f(x)]$．故求 $f(x)$ 极大值问题可化为求 $f_1(x)=-f(x)$ 的极小值问题.

最后可能在某些问题中，有一个或几个变量没有非负性限制，这样的变量称为**自由变量**．若 x_1 是这样的变量，则只要作代换 $x_1=u_1-v_1\quad(u_1\geqslant 0,v_1\geqslant 0)$ 就可化成非负限制的情形了．另一个处理办法是通过 x_1 所在的等式约束，把 x_1 解出，再代入其它约束中，把变量 x_1 消去.

若记约束方程系数矩阵 $\boldsymbol{A}$ 的第 j 列为 P_j，即 $\boldsymbol{A}=(P_1,P_2,\cdots,P_n)$．则有

$$\boldsymbol{Ax}=\boldsymbol{b}\Leftrightarrow x_1P_1+x_2P_2+\cdots+x_nP_n=\boldsymbol{b}$$

故称 x_j 与列向量 P_j 相对应．满足约束条件的解，即方程组的非负解称为**可行解**．取得所要求的极值的解称为**最优解**．相应的目标函数值（极值）称为**最优值**．所有可行解构成的集合 D 可表为：

$$\boldsymbol{D}=\{\boldsymbol{x}\mid \boldsymbol{AX}=\boldsymbol{b},\boldsymbol{X}\geqslant 0\}$$

称为可行解集或约束区域，它是有限个超平面和半空间的交集.

不失一般性，我们还可假定常数项列 $\boldsymbol{b}\geqslant 0$.

线性规划问题的可行解集（即满足所有约束条件的解）是一个超多面体．如果它的最优解存在，那么这个最优解一定可以在超多面体的一个顶点取到．由于超多面体的顶点只有有限个，从而使线性规划成为一个组合优化问题，从可行解集的一个顶点转移到另一个顶点，

使得目标函数的值不断的得到改进，最后达到最优.

设 $\boldsymbol{A}$ 的秩为 m，$n>m$．$\boldsymbol{A}$ 的任意一个 m 阶可逆子矩阵 $\boldsymbol{B}$，称为（7）的一个基变量 x_j，若它所对应的列 P_j 包含在基 $\boldsymbol{B}$ 中，则称 x_j 为 $\boldsymbol{B}$ 的基变量；否则，称之为非基变量.

设有一基 $\boldsymbol{B}=\left(P_{i_1},\cdots,P_{i_k}\right)$，相应地，记 $\boldsymbol{B}$ 的基变量为 $x_B=(x_{i_1},\cdots x_{i_m})^{\mathrm{T}}$．则方程组 $\boldsymbol{B}x_B=\boldsymbol{b}$ 或 $\sum\limits_{k=1}^{m}P_{i_k}x_{i_k}=\boldsymbol{b}$ 有唯一解 $\boldsymbol{x_B}=\boldsymbol{B}^{-1}\boldsymbol{b}=(x_{i_1}{}^0,\cdots x_{i_m}{}^0)^{\mathrm{T}}$，若再令其余非基变量等于 0，就得到原方程组 $\boldsymbol{Ax}=\boldsymbol{b}$ 的一个解 $\boldsymbol{x}^0$：

$$x_{i_k}=x_{i_k}^0,k=1,2,\cdots,m,\text{其余 }x_j=0\text{，}$$

称这个解为（7）的对应于基 $\boldsymbol{B}$ 的**基本解**.

显然一个线性规划问题的基本解的个数是有限的，它不会超过 c_n^m 个.

若上述基本解中所有变量均非负，则称之为**基可行解**，相应的基 $\boldsymbol{B}$ 叫作**可行基**.

由于矩阵 $\boldsymbol{A}$ 的秩为 m，故每一基本解非 0 分量的个数不超过 m，若非 0 分量的个数恰好等于 m，这个基本解被称之为**非退化的**，否则称之为**退化的**．如果一个线性规划问题的所有基本解都是非退化的，则称问题本身是非退化的，否则称之为退化问题.

下面二个定理反映了基本解的性质.

定理 10　方程组 $\boldsymbol{Ax}=\boldsymbol{b}$ 的任一解 x^0 是基本解的充要条件是 $\boldsymbol{x}^0$ 的非 0 分量 $x_{i_1}^0,x_{i_2}^0,\cdots x_{i_k}^0$ 所对应的列向量 $\boldsymbol{P}_{i_1},\cdots,\boldsymbol{P}_{i_k}$ 线性无关.

注：当 $k<m$ 时，x° 只能说是“可以看作基本解”，因为这时基本解是退化的，取 0 值的基变量与非基变量表面无区别，它完全可能是用别的方法得到的“非基本解”.

根据这个定理对基本解可以重新认识如下：

对于 $\boldsymbol{Ax}=\boldsymbol{b}$ 的解 x°，若其非 0 分量对应的列向量线性无关，就可以视 x° 为（7）的基本解.

定理 11　假定 $\boldsymbol{D}$ 是（7）的可行解集，$\boldsymbol{X}\in\boldsymbol{D}$，则 $\boldsymbol{X}$ 是 $\boldsymbol{D}$ 的顶点的充要条件为 $\boldsymbol{X}$ 可视为（5）的基可行解.

定理 12　若线性规划问题（7）有可行解，则必有基可行解.

定理 13　如果线性规划问题（7）有最优解，则存在一个基可行解是最优解.

4.4.2　单纯形法

单纯形法的基本思想是从一个基可行解出发，寻找一个比之更“好”的，由此不断改进，最后得到最优解．单纯形法可分为两阶段：第一阶段是寻求第一个基可行解，第二阶段是通过换基迭代寻找最优解.

考虑标准形式的线性规划

$$\begin{cases}\boldsymbol{AX}=\boldsymbol{b},\\ \boldsymbol{X}\geqslant 0,\\ \min f=\boldsymbol{CX}.\end{cases}$$

设已知一个可行基 $\boldsymbol{B}$ 是 m 阶单位矩阵，不失一般性，可假定 $\boldsymbol{B}$ 位于 $\boldsymbol{A}$ 的前 m 列，这时约束方程的形式为

$$\begin{aligned} x_1 \quad &+ \beta_{1m+1}x_{m+1} + \cdots + \beta_{1n}x_n = b_1 \\ x_2 \quad &+ \beta_{2m+1}x_{m+1} + \cdots + \beta_{2n}x_n = b_2 \\ &\cdots\cdots \\ x_m &+ \beta_{mm+1}x_{m+1} + \cdots + \beta_{mn}x_n = b_m \end{aligned}$$

其中 $b_i \geqslant 0, i=1,\cdots,m$，显然对应基可行解 $X=(b_1,\cdots,b_m,0,\cdots,0)^{\mathrm{T}}$，将 $x_i=b_i-\sum\limits_{j=m+1}^{n}\beta_{ij}x_j, i=1,\cdots,m$ 代入目标函数，得

$$\begin{aligned} \boldsymbol{CX} &= \sum_{j=1}^{n} c_j x_j = \sum_{i=1}^{m} c_i(b_i - \sum_{j=m+1}^{n}\beta_{ij}x_j) + \sum_{j=m+1}^{n} c_j x_j \\ &= \sum_{i=1}^{m} c_i b_i - \sum_{j=m+1}^{n}(\sum_{i=1}^{m} c_i\beta_{ij} - c_j)x_j \end{aligned}$$

记

$$f^{\circ} = \sum_{i=1}^{m} c_i b_i$$

$$\lambda_j = \sum_{i=1}^{m} c_i \beta_{ij} - c_j$$

则原问题变为

$$\begin{cases} x_i = b_i - \sum\limits_{j=m+1}^{n}\beta_{ij}x_j, i=1,\cdots,m, \\ x_j \geqslant 0, j=1,\cdots,n, \\ \min f = f^{\circ} - \sum\limits_{j=m+1}^{n}\lambda_j x_j. \end{cases}$$

这种形式叫作**线性规划问题的典式**. 它显然与（7）等价.

对于任何一可行基 $\boldsymbol{B}$，亦可化为典式形式，化法如下：

仍设 $\boldsymbol{B}$ 位于 $\boldsymbol{B}$ 的前 m 列，即 $\boldsymbol{A}=(B,N)$. 其中 $\boldsymbol{B}=(P_1,\cdots,P_m)$，$\boldsymbol{N}=(P_{m+1},\cdots,P_n)$. 相应地向量 $\boldsymbol{X}$ 和 $\boldsymbol{C}$ 可分为 $\boldsymbol{X}=\begin{pmatrix}\boldsymbol{X}_B\\ \boldsymbol{X}_N\end{pmatrix}, \boldsymbol{C}=(\boldsymbol{C}_B,\boldsymbol{C}_N)$. 于是约束条件可写成

$$(\boldsymbol{B},\boldsymbol{N})\begin{pmatrix}\boldsymbol{X}_B\\ \boldsymbol{X}_N\end{pmatrix} = \boldsymbol{BX}_B + \boldsymbol{NX}_N = \boldsymbol{b}$$

$$\boldsymbol{X}_B = \boldsymbol{B}^{-1}\boldsymbol{b} - \boldsymbol{B}^{-1}\boldsymbol{NX}_N$$

或

$$x_i = \alpha_i - \sum_{j=m+1}^{n}\beta_{ij}x_j, i=1,\cdots,m$$

其中

$$\boldsymbol{B}^{-1}\boldsymbol{b} = \begin{pmatrix}\alpha_1\\ \vdots\\ \alpha_m\end{pmatrix}, \boldsymbol{B}^{-1}\boldsymbol{N} = \begin{pmatrix}\beta_{1m+1}\cdots\beta_{1n}\\ \cdots\quad\cdots\quad\cdots\\ \beta_{mm+1}\cdots\beta_{mn}\end{pmatrix}$$

代入目标函数得

$$CX = (C_B, C_N)\begin{pmatrix} X_B \\ X_N \end{pmatrix} = C_B B^{-1} b - (C_B B^{-1} N - C_N) X_N$$

即

$$f = \sum_{i=1}^{m} c_i \alpha_i - \sum_{j=m+1}^{n} (\sum_{i=1}^{m} c_i \beta_{ij} - c_j) x_j = f^{\circ} - \sum_{j=m+1}^{n} \lambda_j x_j$$

其中 f° 仍为基可行解 x° 对应的目标函数值 ($X^{\circ} = (\alpha_1, \cdots, \alpha_m, 0, \cdots, 0)^{\mathrm{T}}$). λ_j 仍为目标函数中非基变量 x_j 系数之相反数. 这样我们得到**一般典式的矩阵形式**:

$$\begin{cases} X_B = B^{-1} b - B^{-1} N X_N, \\ X \geqslant 0, \\ \min f = C_B B^{-1} b - (C_B B^{-1} N - C_N) X_N. \end{cases}$$

对于线性规划问题的典式, 为了计算方便, 将式中的系数分离出来, 象形成增广矩阵那样列成表格（见表 4.5）, 称为对应于基 $\boldsymbol{B}$ 的初始**单纯形表**.

表 4.5

基变量	x_1	x_2	$\cdots$	x_m	x_{m+1}	$\cdots$	x_n	
x_1	1	0	$\cdots$	0	β_{1m+1}	$\cdots$	β_{1n}	α_1
x_2	0	1	$\cdots$	0	β_{2m+1}	$\cdots$	β_{2n}	α_2
$\cdots$	$\cdots$	$\cdots$				$\cdots$		$\cdots$
x_m	0	0	$\cdots$	1	β_{mm+1}	$\cdots$	β_{mn}	α_m
f	0	0	$\cdots$	0	λ_{m+1}	$\cdots$	λ_n	f°

注意表中最后一行实际上是等式: $f = f^0 - \sum \lambda_j x_j \to f + \sum \lambda_j x_j = f^0$ 的简化和变形. 我们将看到这样写不会影响以后的运算, 反而带来很多方便.

上述单纯形表又可写成矩阵形式如表 4.6 所示.

表 4.6

基变量	$x_1 \quad x_2 \quad \cdots \quad x_m$	$x_{m+1} \quad \cdots \quad x_n$	
x_1, x_2, $\cdots$, x_m	I	$B^{-1}N$	$B^{-1}b$
f	0	$C_B B^{-1} N - C_N$	$C_B\ B^{-1}b$

表 4.6 又可进一步简写为表 4.7.

表 4.7

基变量	$x_1 \quad x_2 \quad \cdots \quad x_m \quad x_{m+1} \quad \cdots \quad x_n$	
x_1, x_2, $\cdots$, x_m	$B^{-1}A$	$B^{-1}b$
f	$C_B B^{-1} A - C$	$C_B\ B^{-1}b$

对于给定的基 $\boldsymbol{B}$ 及相应的基可行解 $\boldsymbol{X}^{\circ}$，可针对典式作出如下判断：

若所有的 $\lambda_j \leqslant 0$，则 X° 是最优解．可见，在进行最优性检验时，数 λ_j 起着重要的判别作用，称之为**检验数**．为明确起见称 λ_j 为相应于变量 x_j 的检验数，基变量的检验数均视为 0.

若有某个 $\lambda_{m+k} > 0$ 且 $\beta_{im+k} \leqslant 0, i = 1,\cdots,m$，则线性规划问题无最优解.

若存在某 $\lambda_{m+k} > 0$，且对某一 $i(1 \leqslant i \leqslant m)$ 有 $\beta_{im+k} > 0$，则根据典式可造一新的基可行解 X^1：

$$x_{m+k}^1 = \theta \geqslant 0, x_j^1 = 0, (j > m, j \neq m+k)\text{，}\quad x_i^1 = \alpha_i - \theta\beta_{im+k} \quad i = 1,\cdots,m$$

为了满足非负性条件，θ 的取法应满足$0 \leqslant \theta \leqslant \min\limits_{\beta_{im+k}>0} \dfrac{\alpha_i}{\beta_{im+k}}$，取 θ 尽量大，即$\theta = \min\limits_{\beta_{im+k}>0} \dfrac{\alpha_i}{\beta_{im+k}} = \dfrac{\alpha_l}{\beta_{lm+k}}$，这时 $\boldsymbol{X}^1$ 为可行解．且其中至少有一个变量 $x_l = \alpha_l - \beta_{lm+k}\theta = 0$．从而 $\boldsymbol{X}^1$ 的非 0 分量至多是 $x_1^1, x_2^1, \cdots, x_{l-1}^1, x_{m+k}^1$，$x_{l+1}^1, \cdots, x_m^1$.

以上 $\boldsymbol{X}^{\circ}$ 到 $\boldsymbol{X}^1$ 的更换基变量的过程，可以完全通过矩阵的初等交换，即高斯消去法来实现．其实质就是把进基变量 x_{m+k} 所对应的列向量变为单位向量（它的非 0 分量 1 位于离基变量所在的行）．沿用高斯消元的术语，元素 β_{lm+k} 称为主元（在单纯形表上常用*号来标识），P_{m+k} 称为主元列．上述变换亦称转轴变换，或 $(l, m+k)$ 旋转变换．以上过程完全可以在单纯形表中进行，其中目标函数行可看作是第 $m+1$ 个约束方程，同样参加消元变换.

例 17　将下面的线性规划化为标准型.

$$\min\ f = 2x_1 - 2x_2 + 3x_3\text{ ，}$$

$$\text{s}\cdot\text{t}\cdot\begin{cases} x_1 - x_2 + x_3 \leqslant 12, \\ x_1 + 3x_2 - 2x_3 \geqslant 15, \\ 3x_1 - x_2 - x_3 = -10, \\ x_j \geqslant 0\ (j = 1\text{，}2). \end{cases}$$

解　令 $F = -f$，则目标函数为

$$\max\ F = -2x_1 + 2x_2 - 3x_3\ .$$

引进松弛变量 $x_4 \geqslant 0, x_5 \geqslant 0$，使约束条件为不等式的转化为等式：

$$x_1 - x_2 + x_3 + x_4 = 12\text{ ，}$$
$$x_1 + 3x_2 - 2x_3 - x_5 = 15.$$

将 $3x_1 - x_2 - x_3 = -10$ 变为 $-3x_1 + x_2 + x_3 = 10$.

令 $x_3 = x_7 - x_6$，其中 $x_7 \geqslant 0, x_6 \geqslant 0$，将其代入目标函数及约束条件，得

$$\max\ F = -2x_1 + 2x_2 - 3(x_7 - x_6)\text{ ，}$$
$$x_1 - x_2 + (x_7 - x_6) + x_4 = 12\text{ ，}$$
$$x_1 + 3x_2 - 2(x_7 - x_6) - x_5 = 15.$$

于是，该线性规划的标准型为

$$\begin{cases} x_1 - x_2 + x_4 - x_6 + x_7 = 12, \\ x_1 + 3x_2 - x_5 + 2x_6 - 2x_7 = 15, \\ -3x_1 + x_2 \quad - x_6 + x_7 = 10, \\ x_j \geqslant 0 (j = 1,2,4,5,6,7), \\ \max Z = -2x_1 + 2x_2 + 3x_6 - 3x_7. \end{cases}$$

例 18 用单纯型法解决线性规划问题

$$\begin{cases} 5x_1+3x_2+x_3 \qquad\qquad = 200, \\ x_1+x_2 \qquad +x_4 \qquad = 50, \\ 3x_1+5x_2 \qquad\qquad +x_5 = 220, \\ x_i \geqslant 0, i=1,\cdots,5, \\ \min f = -4x_1-3x_2. \end{cases}$$

解 此即本节案例 1 的标准形式.

列表迭代如表 4.8 所示。

表 4.8

X_B	x_1	x_2	x_3	x_4	x_5	b
x_3	5^*	3	1	0	0	200
x_4	1	1	0	1	0	50
x_5	3	5	0	0	1	220
f	4	3	0	0	0	0

需要强调的是，检验数中，若有两个以上大于 0，以往的迭代一般取其中最大的.

表 4.9

X_B	x_1	x_2	x_3	x_4	x_5	b
x_1	1	$\frac{3}{5}$	$\frac{1}{5}$	0	0	40
x_4	0	$\frac{2}{5}^*$	$\frac{1}{5}$	1	0	
x_5	0	$\frac{16}{5}$	$\frac{-3}{5}$	0	1	100
f	0	$\frac{3}{5}$	$\frac{-4}{5}$	0	0	−160
X_B	x_1	x_2	x_3	x_4	x_5	b
x_1	1	0	$\frac{1}{2}$	$\frac{-3}{2}$	0	25
x_2	0	1	$\frac{-1}{2}$	$\frac{2}{5}$	0	
x_5	0	0	1	−8	1	20
f	0	0	$\frac{-1}{2}$	$\frac{-3}{2}$	0	−175

表 4.9 已是最优表，故最优解和最优值分别为

$$x^* = (25,25,0,0,20)^{\mathrm{T}}, \quad f(X^*) = -175.$$

习题 4.4

1. 某机械厂生产 A、B、C 三种类型的零件，生产的各类产品需耗用劳动力与原材料两种资源. 各类产品每生产一件所需要的加工时间和原材料，以及每件产品单位利润如表 4.10 所示，试建立线性规划数学模型，使每天生产安排获得的利润最大.

表 4.10

耗用资源（资源＼产品）	A	B	C	每天提供资源
劳动力（小时 / 件）	3	4	4	420（小时）
原材料（kg / 件）	2	3	2	300（kg）
利润（百元 / 件）	5	7	9	

2. 已知有 A_1、A_2 两个砖厂，其产量分别为 23 万块和 27 万块. 它们生产的砖供应给 B_1、B_2、B_3 三个工地. 这三个工地对砖的需求量依次为 17 万块、18 万块和 15 万块. 从砖厂 A_1 运砖到工地 B_1、B_2、B_3 的运价依次为每万块 10 元、15 元和 20 元；从砖厂 A_2 运砖到工地 B_1、B_2、B_3 的运价依次为每万块 20 元、40 元和 20 元；上述数据列成表 4.11，试建立线性规划数学模型，使调运总运费最少.

表 4.11

运量（砖厂＼工地）	B_1	B_2	B_3	发量/万块
A_1	x_{11}	x_{12}	x_{13}	23
A_2	x_{21}	x_{22}	x_{23}	27
收量/万块	17	18	15	

3. 某生产车间生产甲、乙两种产品，每件产品都要经过两道工序，即在设备 A 和设备 B 上加工，但两种产品的单位利润却不相同. 已知生产单位产品所需的有效时间（单位：小时）及利润如表 4.12 所示. 问生产甲、乙两种产品各多少件，才能使所获利润最大，试建立其数学模型.

表 4.12

设备 A	甲	乙	时间（小时）
设备 B	3	2	60
单位产品利润	2	4	80
	50 元/件	40 元/件	

4. 将线性规划问题化为标准形.

$$\min f=-2x_1+3x_2-4x_3,$$

（1）$$\text{s}\cdot\text{t}\cdot\begin{cases}x_1-x_2+x_3\leqslant 18,\\ x_1+3x_2-2x_3\geqslant 12,\\ 3x_1-x_2-x_3=-5,\\ x_j\geqslant 0\,(j=1,\ 2).\end{cases}$$

$$\max f = 3x_1 - x_2$$

（2）$\text{s}\cdot\text{t}\cdot\begin{cases}3x_1 + x_2 = -8,\\ 4x_1 + 3x_2 \geqslant 6,\\ x_2 \geqslant 0.\end{cases}$

（3）$\min f = -x_1 + 3x_2 + 4x_3$

$$\begin{cases}x_1 + 2x_2 + x_3 \leqslant 4,\\ 2x_1 + 3x_2 + x_3 \geqslant 5,\\ x_1 \leqslant -3,\\ x_j \geqslant 0\,(j = 2，3).\end{cases}$$

5. 用单纯形法解线性规划问题：

$$\max f = 3x_1 + 2x_2，\quad \text{s}\cdot\text{t}\cdot\begin{cases}-x_1 + 2x_2 \leqslant 4,\\ 3x_1 + 2x_2 \leqslant 14,\\ x_1 - x_2 \leqslant 3,\\ x_j \geqslant 0\,(j = 1，2).\end{cases}$$

下篇
概率论与数理统计

第 5 章

随机事件与概率

概率论是研究随机现象统计规律性的一门学科，是近代数学的重要组成部分，也是近代经济理论的应用与研究的重要数学工具.

5.1 随机事件

自然界所观察的现象中，有些现象在一定的条件下必定会发生或必定不会发生. 例如，水从高处流向低处；同性电荷互斥；某天早晨太阳从西方升起. 像这类在一定条件下必定会发生或必定不会发生的现象称为**确定性现象**.

然而，又存在与确定性现象有着本质区别的另一类现象. 例如，抛掷一枚均匀的硬币，可能出现正面也可能出现反面；从一批含有正品和次品的产品中任意抽取一件产品，这件产品可能是正品，也可能是次品；明天某一时刻的天气，可能是晴，也可能是阴天，还可能是下雨. 像这类在一定条件下有多种可能结果，且事先无法预知哪种结果会出现的现象称为随机现象.

尽管随机现象无法预知其结果，但人们经过长期实践并深入研究后，发现这类现象在大量重复试验或观察下，它的结果却呈现出某种规律性，例如，多次重复抛一枚硬币得到正面向上大致有一半；同一门炮射击同一目标的弹着点按照一定规律分布等. 这种在大量重复试验或观察中所呈现出的固有规律性，就是我们以后所说的统计规律性.

5.1.1 随机试验

在进行个别试验或观察时其结果的出现具有不确定性，但在大量重复试验或观察中其结果的出现又具有统计规律性的现象，称为**随机现象**. 凡是对自然和社会现象加以研究所进行的试验或观察，称为**随机试验**，例如：

E_1：抛掷一枚硬币，观察正反面向上的情况；

E_2：打靶一次，观察命中的环数；

E_3：记录某城市 114 电话号码查询台一昼夜接到的呼叫次数；

E_4：在一批灯泡中任取一支，测试它的寿命.

以上几个试验都是随机试验，其特点是：

（1）在相同的条件下可以重复进行；

（2）每次试验的结果不止一个，而且试验的所有结果事先是知道的；

（3）每次试验之前不能确定哪一个结果会出现，具有上述三个特点的试验称为**随机试验**，记为 E.

5.1.2　随机事件与样本空间

我们把一个随机试验所有可能结果组成的集合，称为这个试验的**样本空间**．记为 U．样本空间的每一个元素，即随机试验的每一个可能结果，称为样本空间的**样本点**，记为 e．上述各试验的样本空间为：

U_1={正面向上，反面向上}；

$U_2=\{0,1,2,3,4,5,6,7,8,9,10\}$；

$U_3=\{0,1,2,\cdots\}$；

$U_4=\{t \mid t\geqslant 0\}$.

一个随机试验的样本空间可以是有限集合，也可以是无限集合．并且试验的目的不同，样本空间的元素也不同.

在研究试验的结果时，我们不但关心试验的每个结果，而常常对试验的某些结果所组成的集合更感兴趣，例如，在 E_4 中，如果规定灯泡的寿命小于 1000 小时为次品，那么在 E_4 中我们关心灯泡的寿命是否有 $t\geqslant 1000$（小时），满足这一条件的样本点组成 U_4 的一个子集：$A=\{t \mid t\geqslant 1000\}$，我们称 A 为试验 E_4 的一个随机事件，显然当且仅当 A 中的一个样本点出现时，有 $t\geqslant 1000$（小时），即有灯泡合格.

我们把一个随机试验的部分结果组成的集合，即样本空间 U 的子集称为 E 的**随机事件**．一般用大写字母 $A,B,C,\cdots$ 表示．如果一个随机事件是单元素集，即 E 的一个结果组成的集合，称此事件为**基本事件**.

在一次试验中，事件 A 发生就是指事件 A 包含的某个结果出现了；反之，如果事件 A 包含的某个结果出现了，就称在这次试验中事件 A 发生了．简言之，事件 A 发生当且仅当事件 A 包含的某个结果出现.

样本空间 U 包含所有的样本点，它是它自身的子集，它在每次试验中都发生，称为**必然事件**．空集 Φ 不包含任何样本点，它也是样本空间 U 的子集，它在每次试验中都不发生，称为**不可能事件**．实际上，必然事件和不可能事件不是随机事件，但是为了研究问题的方便，我们把它们看作特殊的随机事件.

5.1.3　事件间的关系与运算

事件是一个集合，因此事件之间的关系和运算应该按照集合论中集合间的关系与运算来处理，下面给出这些关系与运算在概率论中的含义.

1. 事件的包含与相等

若事件A的发生必然导致事件B的发生，即A中的样本点一定属于B，则称**事件B包含事件A**（或事件A包含于事件B），记作$B \supset A$（或$A \subset B$）；若$A \subset B$且$B \subset A$，则称事件A与事件B相等.

例如，某产品的生产需要两道加工程序，设事件$A=\{$第一道加工程序出次品$\}$，事件$B=\{$第二道加工程序出次品$\}$，事件$C=\{$产品为次品$\}$，则事件$A=\{$第一道加工程序出次品$\}$包含于事件$C=\{$产品为次品$\}$，因此，$A \subset C$.

2. 和事件

事件A和B至少有一个发生的事件，称为事件A和B的**和事件**，记作$A \cup B$．它是由事件A与B的样本点合并而成的事件.

例如，某产品的生产需要两道加工程序，设事件$A=\{$第一道加工程序出次品$\}$，事件$B=\{$第二道加工程序出次品$\}$，事件$C=\{$产品为次品$\}$，则事件$C=\{$产品为次品$\}$是事件$A=\{$第一道加工程序出次品$\}$和事件$B=\{$第二道加工程序出次品$\}$的和事件，因此，$C=A \cup B$.

n个事件$A_1, A_2, \cdots, A_n$至少有一个发生的事件称为这n**个事件的和事件**，记作$A_1 \cup A_2 \cup \cdots \cup A_n$.

3. 积事件

事件A和B同时发生的事件，称为事件A与事件B的**积事件**，记作$A \cap B$或AB．AB是由事件A与B的公共样本点组成的集合.

例如，设$A=\{$甲厂生产的产品$\}$，$B=\{$合格品$\}$，$C=\{$甲厂生产的合格品$\}$，则

$$C=AB.$$

事件积的概念，可以推广到n个事件的情况，事件$A_1A_2\cdots A_n$，称为事件$A_1, A_2, \cdots, A_n$之积，表示n个事件$A_1, A_2, \cdots, A_n$同时发生.

4. 差事件

事件A发生而事件B不发生的事件称为事件A和B的**差事件**，记作$A-B$．它是由属于A而不属于B的样本点所组成的事件.

例如，已知条件同上例，设$D=\{$甲厂生产的不合格品$\}$，则D就是$A=\{$甲厂生产的产品$\}$与$C=\{$甲厂生产的合格品$\}$两个事件的差，即

$$D=A-C.$$

5. 互不相容事件

若事件A和事件B不可能同时发生，即$AB=\Phi$，则称事件A与B**互不相容**，或称事件A与B**互斥**．也就是A与B没有公共的样本点.

当事件A和事件B互斥时，其互斥和事件记作$A+B$.

若n个事件$A_1, A_2, \cdots, A_n$中任意两个事件互斥，则称这n个事件**两两互斥**，此时这n个事件的和事件记作

$$A_1+A_2+\cdots+A_n.$$

6. 对立事件

若事件A和事件B满足

$$AB=\Phi, A+B=U,$$

则称事件B为事件A的**对立事件**，记作$B=\overline{A}$.

显然，对立事件一定是互斥事件，但互斥事件不一定是对立事件.

由对立事件的定义，不难验证以下几个结论：

（1）$\overline{\overline{A}} = A$；

（2）$A - B = A\overline{B}$；

（3）$\overline{A} = U - A$.

从前面讨论我们知道，事件可以表述为样本空间的子集，而事件间的关系与运算就是集合的关系与运算，只不过我们用概率论的语言方式给予了另一种描述.

例 1　设 A,B,C 为三个事件，利用 A,B,C 表示下列事件：

（1）A 发生而 B 与 C 都不发生；

（2）A,B,C 恰有一个发生；

（3）A,B,C 至少有一个发生；

（4）A,B 至少有一个发生而 C 不发生.

解　（1）$A\overline{B}\overline{C}$ 或 $A-B-C$.

（2）$A\overline{B}\overline{C} + \overline{A}B\overline{C} + \overline{A}\overline{B}C$.

（3）$A \cup B \cup C$.

（4）$(A \cup B)\overline{C}$ 或 $A\overline{B}\overline{C} + \overline{A}B\overline{C} + AB\overline{C}$.

例 2　某地区有 100 人是 1930 年出生的，考察到 2020 年还有几个人活着.

（1）写出 E 的样本空间是什么；

（2）设 $A=\{$只有 5 人活着$\}$，$B=\{$至少有 5 人活着$\}$，$C=\{$最多有 4 人活着$\}$

则 A 与 B，A 与 C，B 与 C 是否互不相容？A，B，C 的对立事件是什么？

解　（1）设 $e_0=\{$无人活到 2020 年$\}$，$e_1=\{$有 1 人活到 2020 年$\}$，$e_2=\{$有 2 人活到 2020 年$\}$，…，$e_{100}=\{$有 100 人活到 2020 年$\}$，这就是 E 的所有可能结果（基本事件），E 的样本空间由上面 101 个基本事件构成，即

$$U=\{e_0, e_1, e_2, \cdots, e_{100}\}$$

（2）$A=\{e_5\}$，$B=\{e_5, e_6, \cdots, e_{100}\}$，$C=\{e_0,e_1,e_2,e_3,e_4\}$，由于 $AB=\{e_5\}\neq\Phi$ $AC=\Phi$，$BC=\Phi$，故 A 与 B 相容，A 与 C，B 与 C 都互不相容，且：

$$\overline{A} = U - A = \{e_0, e_1, e_2, e_3, e_4, e_6, \cdots, e_{100}\}$$

$$\overline{B} = U - B = \{e_0, e_1, e_2, e_3, e_4\} = C$$

$$\overline{C} = U - C = \{e_5, e_6, \cdots, e_{100}\} = B.$$

习题 5.1

1. 写出下列随机试验的样本空间.

（1）同时抛掷两颗骰子，记录两颗骰子的点数之和；

（2）抛掷一枚硬币，直到出现正面为止，记录抛掷次数；

（3）生产某种产品直至有 10 件正品为止，记录生产产品的总件数；

（4）一个袋子中有红色、白色、蓝色球各一个，从袋子中有放回地连续取球两次，每次任取一个，观察两个球的颜色；

（5）全班有 50 人参加一次考试，记录这 50 人的平均成绩（以百分计，每个人的成绩都是整数）；

（6）6 件产品中有 2 件次品，每次从其中任取一件，取出后不放回，直到将 2 件次品都取出为止，记录抽取的次数.

2. 袋中有 5 只球. 其中有三只红球，编号为 1、2、3；有二只黄球，编号为一、二. 现从中任取一只球，E_1：观察颜色；E_2：观察号码. 试分别写出 E_1 和 E_2 的样本空间.

3. 将一枚均匀的硬币连续抛掷两次，设随机事件 $A=\{$第一次出现正面$\}$，$B=\{$两次出现同一面$\}$，$C=\{$至少有一次出现正面$\}$. 试写出样本空间及事件 A,B,C 中的样本点.

4. 设 A,B,C 为三个事件，利用 A,B,C 表示下列事件：

（1）A 与 B 都发生，C 不发生；

（2）A 与 B 都不发生，C 发生；

（3）A,B,C 都发生；

（4）A,B,C 都不发生；

（5）A,B,C 中不多于一个发生.

5. 向指定的目标射三枪，以 A_i 表示事件{第 i 枪击中目标}（$i=1,2,3$），用 A_1,A_2,A_3 表示下列事件：

（1）只击中第一枪；

（2）只击中一枪；

（3）三枪都未击中.

6. A,B,C 分别表示某城市居民订阅日报、晚报和体育报.

试用 A,B,C 表示以下事件：

（1）只订阅日报；（2）只订日报和晚报；

（3）只订一种报；（4）只订两种报；

（5）至少订阅一种报；（6）不订阅任何报；

（7）至多订阅一种报；（8）三种报纸都订阅.

5.2 随机事件的概率

对于随机事件，我们不仅关心它是由哪些基本事件构成的，更重要的是希望知道它在一次试验中发生的可能性的大小，例如，购买某品牌的电视机，我们很想知道它是次品的可能性有多大，显然，电视机是次品是一个随机事件. 我们希望能将随机事件发生的可能性的大小用数值来“度量”，这个刻画随机事件发生的可能性大小的数值称为**概率**，本节的主要内容就是研究概率的概念、性质及简单计算.

5.2.1 概率的统计定义

在给出事件的概率之前，我们先介绍与概率概念密切相关的频率的概念.

设在 n 次重复试验中事件 A 发生了 m 次，则称 $\frac{m}{n}$ 为事件 A 发生的**频率**，m 称为事件 A 发生的**频数**.

大量的随机试验的结果表明，多次重复地进行同一试验时，随机事件 A 的频率具有一定的稳定性，其数值将会在某个确定的数值附近摆动，并且试验次数越多，事件 A 的频率越接近这个数值，我们称这个数值为事件 A 发生的概率.

在一个随机试验中，如果随着试验的次数的增大，事件 A 出现的频率 $\frac{m}{n}$ 在某个常数 p 附近摆动，那么定义事件 A 的概率为 p，记作

$$P(A)=p.$$

概率的这种定义，称为**概率的统计定义**.

表 5.1 给出了“抛掷硬币”试验的几个著名的记录，从表中不难看出，不论什么人作这个试验，随着试验次数的增多，{正面向上}的频率越来越明显地稳定并接近于0.5．这个数值反映了{正面向上}出现的可能性的大小．因此，我们把 0.5 作为{正面向上}这一随机事件出现的概率.

表 5.1

试验者	抛掷次数	正面向上次数	频率
蒲丰	4 040	2 048	0.5069
皮尔逊	12 000	6 019	0.5016
皮尔逊	24 000	12 012	0.5005
维纳	30 000	14 994	0.4998

频率是试验值，在一定程度上反映了事件发生可能性的大小；概率是理论值，是唯一确定的，它精确地反映了事件发生可能性的大小.

5.2.2　古典概型

概率的统计定义虽然比较直观，但是通过大量重复试验而寻求频率的稳定值是不现实的，甚至是没有意义的．对于某些随机事件，我们不必通过大量的试验去确定它的概率，而是通过研究它的内在规律，通过理论分析即可确定事件的概率.

具有下列特点的随机试验，称为**古典概型**.

（1）试验结果的个数是有限的，即基本事件的个数是有限的，如“抛掷硬币”试验的结果只有两个；即{正面向上}和{反面向上}；

（2）每个试验结果出现的可能性相同，即每个基本事件发生的可能性是相同的，如“抛掷硬币”试验出现{正面向上}和{反面向上}的可能性都是 $\frac{1}{2}$；

（3）每个试验只出现一个结果，也就是有限个基本事件是两两互斥的，如“抛掷硬币”试验中出现{正面向上}和{反面向上}是互斥的.

定义 1　如果古典概型中的所有基本事件的个数是 n，事件 A 包含的基本事件的个数是 m，则事件 A 的概率为

$$P(A)=\frac{A\text{中包含基本事件个数}}{\text{基本事件个数}}=\frac{m}{n}.$$

概率的这种定义，称为概率的**古典定义**.

古典概型是等可能概型，例如，抛硬币、掷骰子、摸球、取数字、抽取扑克牌、生男生女、检查产品质量等试验，都是古典概型的例子．一个试验是否为古典概型，在于这个试验是否具有古典概型的两个特征——有限性和等可能性，只有同时具备这两个特点的概型才是古典概型.

而射击试验，这一试验的结果是有限个，命中 10 环、命中 9 环、…、命中 1 环、命中 0 环，共 11 个结果，但命中 10 环、9 环、…、1 环、0 环的出现不是等可能的，射击试验不是古典概型．灯管的寿命，这一试验的结果是无限的，试验所有的结果可以用区间表示为 $[0,+\infty)$，所以测试灯管的寿命这一试验也不是古典概型.

由此不难看出，对于古典概型概率计算问题就是确定样本点计数问题，这就使得初等数学里的排列组合知识成为求解古典概型概率问题的常用的工具.

1．分类加法计数原理（加法原理）

完成一件事，只需 1 个步骤，但有 n 类办法，在第 1 类办法中有 m_1 种不同的方法，在第 2 类办法中有 m_2 种不同的方法，…，在第 n 类办法中有 m_n 种不同的方法，那么完成这件事共有：

$$N=m_1+m_2+\cdots+m_n$$

种不同的方法.

2．分步乘法计数原理（乘法原理）

完成一件事，需要分成 n 个步骤，第 1 步有 m_1 种不同的方法，第 2 步有 m_2 种不同的方法，…，第 n 步有 m_n 种不同的方法，那么完成这件事共有：

$$N=m_1\times m_2\times\cdots\times m_n$$

种不同的方法.

分类计数原理与分步计数原理的区别：分类计数原理中方法相互独立，任何一种方法都可以独立地完成这件事．分步计数原理各步骤相互依存，每步骤中的方法完成事件的一个阶段，不能完成整个事件.

排列：从 n 个不同元素中取出 m（$m\leqslant n$）个元素，按照一定的顺序排成一列，叫做从 n 个不同元素中取出 m 个元素的一个排列.

从 n 个不同元素中取出 m（$m\leqslant n$）个元素的所有排列的个数，叫做从 n 个不同元素中取出 m 个元素的排列数

$$A_n^m=n(n-1)(n-2)\cdots(n-m+1)=\frac{n!}{(n-m)!}$$

组合：从 n 个不同元素中取出 m（$m\leqslant n$）个元素并成一组，叫做从 n 个不同元素中取出 m 个元素的一个组合.

从 n 个不同元素中取出 m（$m\leqslant n$）个元素的所有组合的个数，叫做从 n 个不同元素中取出 m 个元素的组合数

$$C_n^m=\frac{A_n^m}{A_m^m}=\frac{n!}{m!(n-m)!}=C_n^{n-m}$$

注意：排列与元素的顺序有关，组合与元素的顺序无关.

下列两个问题是排列问题还是组合问题，请同学们自己思考.

从 2，3，4，5，6 中任取不同两数构成两位数，有多少个不同的两位数？

从 2，3，4，5，6 中任取不同两数相加，有多少个不同的结果？

例 3　从 $1,2,\cdots,10$ 这10 个自然数中任取一数，求

（1）任取一数为偶数的概率；

（2）任取一数为5 的倍数的概率.

解　设 $A=\{$任取一数为偶数$\}$，$B=\{$任取一数为 5 的倍数$\}$

（1）取出的数可以为 $1,2,\cdots,10$ 这10 个自然数中的任意一个，每一个数被取到的可能性相等，该试验属于古典概型，其样本空间 $U=\{1,2,\cdots,10\}$，随机事件 $A=\{2,4,6,8,10\}$，含有 5 个样本点，于是

$$P(A)=\frac{5}{10}=\frac{1}{2}$$

（2）事件 $B=\{5,10\}$ 含有 2 个样本点，于是

$$P(B)=\frac{2}{10}=\frac{1}{5}.$$

例 4　袋中装有 10 只球，其编号为 $1,2,\cdots,10$，从中任取3 只球，求

（1）取出的球中最大号码为5 的概率；（2）取出的球中最小号码为5 的概率；

（3）取出的球中最大号码小于5 的概率.

解　10 只球取出 3 只共有 $C_{10}^3=120$ 种取法，每一种取法为一基本事件，每一种取法发生的可能性相同，该试验属于古典概型，设 $A=\{$取出的最大号码为 5$\}$，$B=\{$取出的最小号码为 5$\}$，$C=\{$取出的最大号码为 5$\}$，于是

（1）取出的球中最大号码为5，则取出的 3 只球中，必有一只其号码为 5，而另两只的号码都小于 5，它们可以从 1～4 号这 4 只球中任意选取，其取法共有 $C_4^2=6$ 种，于是

$$P(A)=\frac{C_4^2}{C_{10}^3}=\frac{6}{120}=\frac{1}{20}$$

（2）同理，取出的球中最小号码为5，其取法共有 $C_5^2=10$ 种，于是

$$P(B)=\frac{C_5^2}{C_{10}^3}=\frac{10}{120}=\frac{1}{12}$$

（3）取出的球中最大号码小于5，其取法共有 $C_4^3=4$ 种，于是

$$P(C)=\frac{C_4^3}{C_{10}^3}=\frac{4}{120}=\frac{1}{30}.$$

5.2.3　概率的公理化定义

前面分别介绍了概率的统计定义，概率的古典定义，它们在解决各自相适应的实际问题中，都起着很重要的作用，但它们各自都有一定的局限性. 为了克服这些局限性，1933 年苏联数学家柯尔莫哥络夫在总结前人成果的基础上，抓住概率本质特性，提出了概率公理化定义，为概率论的发展奠定了理论基础.

性质 1　对任一事件 A，有 $0\leqslant P(A)\leqslant 1$.

性质 2　$P(U)=1, P(\Phi)=0$.

性质 3 $P(A\cup B)=P(A)+P(B)-P(AB)$；

如果事件 A 与 B 互斥，则

$$P(A+B)=P(A)+P(B)\text{；}$$

如果 n 个事件 $A_1, A_2, \cdots, A_n$ 两两互斥，则

$$P(A_1+A_2+\cdots+A_n)=P(A_1)+P(A_2)+\cdots+P(A_n)\text{；}$$

此性质称为概率的加法公式.

推论 A，B，C 是任意三个事件，有

$$P(A\cup B\cup C)=P(A)+P(B)+P(C)-P(AB)-P(BC)-P(AC)+P(ABC)$$

例 5 某人外出旅游两天，第一天下雨的概率是 0.7，第二天下雨的概率是 0.4，两天都下雨的概率是 0.3，试求：

（1）至少有一天下雨的概率；

（2）两天都不下雨的概率.

解 设 $A_i=\{$第 i 天下雨$\}$，（$i=1$，2），则

（1）设 $B=\{$至少有一天下雨$\}$，由 $B=A_1\cup A_2$，得

$$\begin{aligned}P(B)&=P(A_1\cup A_2)=P(A_1)+P(A_2)-P(A_1A_2)\\&=0.7+0.4-0.3=0.8.\end{aligned}$$

（2）设 $C=\{$两天都不下雨$\}$，由 $C=\overline{A_1\cup A_2}$，得

$$\begin{aligned}P(C)&=P(\overline{A_1\cup A_2})=1-P(A_1\cup A_2)\\&=1-0.8=0.2.\end{aligned}$$

例 6 袋中装有 4 个白球与 3 个黑球，从中一次抽取 3 个，求至少有两个白球的概率.

解 设 $A_i=\{$抽到的 3 个球中有 i 个白球$\}$，$(i=0,1,2,3)$，显然，$A_2A_3=\Phi$

$$P(A_2)=\frac{C_4^2C_3^1}{C_7^3}=\frac{18}{35}\text{，}\quad P(A_3)=\frac{C_4^3}{C_7^3}=\frac{4}{35}$$

且 A_2 与 A_3 互不相容，于是，所求概率为

$$P(A_2)+P(A_3)=\frac{18}{35}+\frac{4}{35}=\frac{22}{35}.$$

性质 4 $P(A)=1-P(\overline{A})$；

例 7 班里有 10 位同学，出生于 1996 年，求

（1）至少有 2 人的生日在同一个月的概率；

（2）至少有 2 人的生日在同一天的概率.（一年按 365 天算）

解 设 $A=\{$至少有 2 人的生日在同一个月$\}$，$B=\{$至少有 2 人的生日在同一天$\}$

（1）$P(A)$ 的计算很麻烦，可以用性质 4，将求 $P(A)$ 的问题转化为较易计算的 $P(\overline{A})$ 的问题

$$P(\overline{A})=\frac{\mathrm{A}_{12}^{10}}{12^{10}}$$

$$P(A)=1-P(\overline{A})=1-\frac{A_{12}^{10}}{12^{10}}$$

（2）同理

$$P(B)=1-P(\overline{B})=1-\frac{A_{365}^{10}}{365^{10}}.$$

性质 5　如果两个事件 A 和 B 满足 $A\subset B$，那么 $P(A)\leqslant P(B)$，并且 $P(B-A)=P(B)-P(A)$.

例 8　已知 $P(A)=\dfrac{1}{3}$，$P(B)=\dfrac{1}{2}$，分别就下列三种情况求 $P(\overline{A}B)$ 的值.

（1）$AB=\Phi$；

（2）$A\subset B$；

（3）$P(AB)=\dfrac{1}{8}$.

解　由

$$B=BU=B(A+\overline{A})=AB+\overline{A}B,$$

可得

$$P(B)=P(AB+\overline{A}B)=P(AB)+P(\overline{A}B),$$

$$P(\overline{A}B)=P(B)-P(AB).$$

（1）$P(\overline{A}B)=\dfrac{1}{2}-0=\dfrac{1}{2}$；

（2）由 $A\subset B$，得 $P(AB)=P(A)$，于是

$$P(\overline{A}B)=\frac{1}{2}-\frac{1}{3}=\frac{1}{6};$$

（3）$P(\overline{A}B)=\dfrac{1}{2}-\dfrac{1}{8}=\dfrac{3}{8}$.

习题 5.2

1. 甲乙两炮同时向一架敌机射击，已知甲炮的击中率是 0.5，乙炮的击中率是 0.6，甲乙两炮都击中的概率是 0.3，求飞机被击中的概率.

2. 某种产品的生产需经过甲、乙两道工序，若某道工序机器出故障，则产品停止生产. 已知甲、乙工序机器的故障率分别为 0.10 和 0.15，两道工序同时出故障的概率为 0.05，求产品停产的概率.

3. 已知 $P(A)=\dfrac{1}{3}$，$P(B)=\dfrac{1}{4}$，$P(AB)=\dfrac{1}{5}$. 求下列概率值.

（1）$P(\overline{A}\cup\overline{B})$；（2）$P(\overline{A}B)$；（3）$P(\overline{A}\cup B)$；（4）$P(\overline{A}\overline{B})$.

4. 10 件产品共有 4 件次品，今随机抽取 3 件，求

（1）恰有 1 件次品的概率；

（2）至少有 1 件次品的概率.

5. 20 个产品中有 17 个合格品与 3 个废品，从中一次抽取 3 个，求其中有废品的概率.

6. 1，2，3，4，5 五个数字中任取三个数字排成一列，问得到的三位数是偶数的概率是多少？

7. 一个口袋中有 5 个红球及 2 个白球，从中取球两次，每次任取一球，作不放回抽样，求：

（1）两次都取得红球的概率；

（2）第一次取得红球，第二次取得白球的概率.

8. 袋中有大小相同的 7 个球，4 个是白球，3 个为黑球. 从中一次取出 3 个，求至少有两个是白球的概率.

9. 袋中有 20 个球，其中 15 个白球，5 个黑球，从中任取 3 个，求至少取到一个白球的概率.

5.3 条件概率　全概率公式

5.3.1 条件概率

在实际问题中，除了要知道事件 B 的概率 $P(B)$ 外，有时还要考虑在“事件 A 已经发生”的条件下，事件 B 发生的概率. 一般情况下，两者的概率是不相等的，为了区别起见，我们把后者称为**条件概率**，记为 $P(B/A)$.

例 9　某工厂甲、乙两个车间生产相同产品，产量、质量情况见表 5.2.

表 5.2

	合格品数	次品数	合计
甲车间产品数	50	5	55
乙车间产品数	40	5	45
合计	90	10	100

现将这 100 件产品混放在一起后从中任取一件，

（1）求取到甲车间产品的概率；

（2）求取到合格品的概率；

（3）求取到甲车间产品并且是合格品的概率；

（4）若已知取到甲车间产品，求它是合格品的概率.

解　设 $A=\{$抽到甲车间产品$\}$，$B=\{$抽到合格品$\}$，则

（1）$P(A)=\dfrac{55}{100}$；

（2）$P(B)=\dfrac{90}{100}$；

（3）$P(AB)=\dfrac{50}{100}$；

（4）$P(B/A)=\dfrac{50}{55}$.

从上面例题的结果来看，$P(B)\neq P(B/A)$，说明事件 A 的发生影响了事件 B 发生的概率，进一步分析还可以得到

$$P(B/A)=\frac{50}{55}=\frac{\frac{50}{100}}{\frac{55}{100}}=\frac{P(AB)}{P(A)}$$

对于一般古典概型问题，设试验 E 的样本空间包含 n 个基本事件，事件 A 包含 m_A 个基本事件，事件 AB 包含 m_{AB} 个基本事件，则

$$P(B/A)=\frac{m_{AB}}{m_A}=\frac{\frac{m_{AB}}{n}}{\frac{m_A}{n}}=\frac{P(AB)}{P(A)}$$

定义 2　设 A、B 是两个事件，且 $P(A)>0$，称

$$P(B/A)=\frac{P(AB)}{P(A)}$$

为在事件 A 已经发生的条件下事件 B 发生的**条件概率**.

一般来讲，计算条件概率有两种方法：（1）缩小基本事件范围法，$P(B/A)=\frac{AB\text{包含基本事件个数}}{A\text{包含基本事件个数}}=\frac{m_{AB}}{m_A}$，此方法适合古典概型的条件概率计算；（2）定义法，$P(B/A)=\frac{P(AB)}{P(A)}$，此方法具有一般性，适合任何情形，是不是古典概型都可以用.

例 10　掷一枚均匀的骰子，设 $A=\{$出现偶数点$\}$，$B=\{$出现 2 点$\}$，求 $P(B/A)$.

解　$P(A)=\frac{3}{6}$，$P(B)=\frac{1}{6}$，$P(\mathrm{AB})=\frac{1}{6}$

解法一　已知事件 A 发生，此时试验所有可能结果构成的集合就是 A，A 中有三个元素，它们的出现的等可能的，其中只有一个在集合 B 中，于是

$$P(B/A)=\frac{1}{3}$$

解法二

$$P(B/A)=\frac{P(AB)}{P(A)}=\frac{\frac{1}{6}}{\frac{3}{6}}=\frac{1}{3}.$$

例 11　在 5 道题中有 3 道理科题和 2 道文科题，如果不放回的依次抽两道题，求（1）第一次抽到理科题的概率（2）第一次和第二次都抽到理科题的概率（3）在第一次抽到理科题的条件下，第二次抽到理科题的概率.

解　设 $A=\{$第一次抽到理科题$\}$，$B=\{$第二次抽到理科题$\}$

（1）从 5 道题中不放回地依次抽取 2 道题共有 $A_5^2=20$ 种抽法，根据分步乘法计数原理，事件 A 有 $A_3^1A_4^1=12$ 种抽法，于是

$$P(A)=\frac{A_3^1A_4^1}{A_5^2}=\frac{12}{20}=\frac{3}{5}$$

（2）

$$P(AB)=\frac{A_3^2}{A_5^2}=\frac{6}{20}=\frac{3}{10}$$

（3）**解法一**

第一次抽到理科题，则还剩下两道理科题、两道文科题，因此在第一次抽到理科题的条

件下，第二次抽到理科题的概率为

$$P(B/A)=\frac{1}{2}$$

解法二

$$P(B/A)=\frac{P(AB)}{P(A)}=\frac{\frac{3}{10}}{\frac{3}{5}}=\frac{1}{2}$$

例 12 某种动物从出生算起活 20 岁以上的概率是 0.8，活 25 岁以上的概率是 0.4. 现有一个 20 岁的这种动物，问它能活 25 岁以上的概率是多少.

解 设 $A=\{$从出生算起能活 20 岁以上$\}$，$B=\{$从出生算起能活 25 岁以上$\}$，由于 $AB=B$，于是

$$P(B/A)=\frac{P(AB)}{P(A)}=\frac{P(B)}{P(A)}=\frac{0.4}{0.8}=0.5.$$

5.3.2 乘法公式

将条件概率公式以另一种形式给出

$$P(AB)=P(A)P(B/A)\quad (P(A)>0)$$

这就是概率的**乘法公式**.

利用乘法公式，可以计算两个事件 A，B 同时发生的概率 $P(AB)$.

例 13 已知盒子中有 10 只电子元件，其中 6 只是正品，从中不放回地任取两次，每次取一只，问两次都取到正品的概率是多少？

解 设 $A=\{$第一次取到正品$\}$，$B=\{$第二次取到正品$\}$，则

$$P(A)=\frac{6}{10},\ P(B/A)=\frac{5}{9}.$$

两次都取到正品的概率是

$$P(AB)=P(A)P(B/A)=\frac{6}{10}\times\frac{5}{9}=\frac{1}{3}.$$

概率的乘法公式也可以推广到有限多个事件的情形，例如对于三个事件 A_1,A_2,A_3 $(P(A_1A_2)>0)$ 有

$$P(A_1A_2A_3)=P(A_1)P(A_2/A_1)P(A_3/A_1A_2).$$

例 14 某人有三把钥匙，其中只有一把钥匙能打开他的门，他逐个的试开（不放回抽样），求下列事件的概率：

（1）第一把钥匙打开门；

（2）第二把钥匙打开门；

（3）第三把钥匙打开门.

解 设 $A_i=\{$第 i 把钥匙打开门$\}$，$(i=1,2,3)$，则

（1）$P(A_1)=\frac{1}{3}$；

（2）$P(A_2)=P(\overline{A}_1A_2)=P(\overline{A}_1)P(A_2/\overline{A}_1)=\frac{2}{3}\times\frac{1}{2}=\frac{1}{3}$；

(3) $P(A_3)=P(\overline{A}_1\overline{A}_2A_3)=P(\overline{A}_1)P(\overline{A}_2/\overline{A}_1)P(A_3/\overline{A}_1\overline{A}_2)=\frac{2}{3}\times\frac{1}{2}\times1=\frac{1}{3}$.

例 15 甲、乙、丙 3 位求职者参加面试，每人的试题通过不放回抽取方式确定. 假设被抽的 10 个试题卡中有 4 个是难题卡，抽取按甲、乙、丙先后次序进行. 试求解下列事件的概率

(1) 甲抽到难题卡；

(2) 甲没抽到难题卡而乙抽到难题卡；

(3) 甲、乙、丙都抽到难题卡.

解 设 $A=\{$甲抽到难题卡$\}$，$B=\{$乙抽到难题卡$\}$，$C=\{$丙抽到难题卡$\}$于是，所求概率分别为

(1) $P(A)=\frac{4}{10}$；

(2) $P(\overline{A}B)=P(\overline{A})P(B/\overline{A})=\frac{6}{10}\times\frac{4}{9}=\frac{4}{15}$；

(3) $P(ABC)=P(A)P(B/A)P(C/AB)=\frac{4}{10}\times\frac{3}{9}\times\frac{2}{8}=\frac{1}{30}$.

5.3.3 全概率公式与贝叶斯公式

使用全概率公式和贝叶斯公式能够计算比较复杂事件的概率，这类问题具有以下特点：

(1) 如果事件组 $A_1,A_2,\cdots,A_n$ 满足 $A_iA_j=\Phi(i\neq j)$，且 $A_1+A_2+\cdots+A_n=U$，称 $A_1,A_2,\cdots,A_n$ 为样本空间 U 的一个划分，又称为 U 的一个完备事件组，正确理解一个划分是能否使用好全概率公式和贝叶斯公式的关键.

(2) 全概率公式（已知原因求结果）.

如果 $A_1,A_2,\cdots,A_n$ 为一个划分，并且 $A_1,A_2,\cdots,A_n$ 是事件 B 发生的全部可能原因，则

$$P(B)=\sum_{i=1}^{n}P(A_i)P(B/A_i)$$

这就是**全概率公式**.

(3) 贝叶斯公式（已知结果求原因）.

如果 $A_1,A_2,\cdots,A_n$ 为个划分，并且 $A_1,A_2,\cdots,A_n$ 是事件 B 发生的全部原因，则

$$P(A_j/B)=\frac{P(A_j)P(B/A_j)}{P(B)}=\frac{P(A_j)P(B/A_j)}{\sum_{i=1}^{n}P(A_i)P(B/A_i)}\qquad(j=1,2,\cdots,n)$$

这就是著名的**贝叶斯公式**.

使用上面两个公式的基础是确定 $A_1,A_2,\cdots,A_n$，前提是各概率 $P(A_i)$ 和 $P(B/A_i)$ 已知或比较容易计算.

例 16 设袋中共有 10 个球，其中 2 个带有中奖标志，两人分别从袋中任取一球，问第二个人中奖的概率是多少?

解 设 $A=\{$第一个人中奖$\}$，$B=\{$第二个人中奖$\}$，则

$$P(A)=\frac{2}{10},P(\overline{A})=\frac{8}{10}\ P(B/A)=\frac{1}{9},P(B/\overline{A})=\frac{2}{9},$$

$$P(B)=P(BA+B\overline{A})=P(BA)+P(B\overline{A})$$
$$=P(A)P(B/A)+P(\overline{A})P(B/\overline{A})$$
$$=\frac{2}{10}\times\frac{1}{9}+\frac{8}{10}\times\frac{2}{9}=\frac{1}{5}.$$

例 17 某厂有四条流水线生产同一产品，该四条流水线的产量分别占 15%，20%，30%，35%，各流水线的次品率分别为 0.05，0.04，0.03，0.02. 从出厂产品中随机抽取一件，求此产品为次品的概率.

解 设 $A_i=\{$第 i 条流水线生产的产品$\}\ (i=1,2,3,4)$，$B=\{$任取一件产品是次品$\}$，则

$$P(A_1)=0.15,\ P(A_2)=0.20,\ P(A_3)=0.30,\ P(A_4)=0.35.$$
$$P(B/A_1)=0.05,\ P(B/A_2)=0.04,\ P(B/A_3)=0.03,\ P(B/A_4)=0.02.$$

于是

$$P(B)=\sum_{i=1}^{4}P(A_i)P(B/A_i)$$
$$=P(A_1)P(B/A_1)+P(A_2)P(B/A_2)+P(A_3)P(B/A_3)+P(A_4)P(B/A_4)$$
$$=0.15\times0.05+0.20\times0.04+0.30\times0.03+0.35\times0.02=0.0315.$$

例 18 某晶体管生产厂家共有三个车间，根据以往的记录有以下统计数据（见表 5.3）.

表 5.3

	第一车间	第二车间	第三车间
次品率	0.02	0.01	0.03
所占份额	15%	80%	5%

这三个车间生产出来的产品随机地混放在仓库里.

（1）从中任取一只，求它是次品的概率；

（2）从中任取一只，发现是次品，为了分析此次品出自哪个车间的可能性较大，求出该次品由每个车间生产的概率.

解 设 $A_i=\{$取到第 i 车间的产品$\}\ (i=1,2,3)$，$B=\{$取到的产品是次品$\}$

则

$$A_1,A_2,A_3\text{ 两两互斥，}B\subset A_1+A_2+A_3,$$
$$P(A_1)=0.15,\ P(A_2)=0.80,\ P(A_3)=0.05,$$
$$P(B/A_1)=0.02,\ P(B/A_2)=0.01,\ P(B/A_3)=0.03.$$

（1）由全概率公式得

$$P(B)=P(A_1)P(B/A_1)+P(A_2)P(B/A_2)+P(A_3)P(B/A_3)$$
$$=0.15\times0.02+0.80\times0.01+0.05\times0.03=0.0125;$$

（2）由贝叶斯公式得

$$P(A_1/B)=\frac{P(A_1B)}{P(B)}=\frac{P(A_1)P(B/A_1)}{P(B)}=\frac{0.15\times0.02}{0.0125}=0.24,$$

$$P(A_2/B)=\frac{P(A_2B)}{P(B)}=\frac{P(A_2)P(B/A_2)}{P(B)}=\frac{0.80\times0.01}{0.0125}=0.64,$$

$$P(A_3 / B)=\frac{P(A_3 B)}{P(B)}=\frac{P(A_3)P(B / A_3)}{P(B)}=\frac{0.05\times 0.03}{0.0125}=0.12 .$$

以上计算结果表明，这只次品来自第二车间的可能性最大.

容易看出，贝叶斯公式本质上是条件概率，比如，某同学竞聘学生会主席成功了（B 已经发生），他之所以成功当然有几方面的主要原因（相当于一个完备事件组），那么，其中良好的沟通能力 A_k 在他竞聘成功中起到了多大的作用呢，这就相当于计算 $P(A_k / B)$.

习题 5.3

1. 100 件产品中有 70 件一等品，25 件二等品，规定一、二等品为合格品. 从中任取 1 件，求：（1）取得一等品的概率；（2）已知取得的是合格品，其是一等品的概率.

2. 有 100 件产品，其中有 5 件是不合格品，包括 3 件次品与 2 件废品，任取一件，求

（1）取到废品的概率.

（2）已知取到的是不合格品，它是废品的概率.

3. 有 10 个产品，其中 4 个是次品，从中不放回的抽取 2 个，已知取出的一个是次品的条件下另外一个也是次品的概率.

4. 根据长久的气象记录，知道甲、乙两城市一年中雨天占的比例分别为 30%与 40%，两地同时下雨占的比例为 18%，求：

（1）乙市为雨天时，甲市也为雨天的概率；

（2）甲、乙两市至少有一个为雨天的概率.

5. 某厂生产的灯泡能用 1000 小时的概率 为 0.8，能用 1500 小时的概率为 0.4，求已用 1000 小时的灯泡能用到 1500 小时的概率.

6. 某种动物出生之后能活到 10 岁的概率为 0.7，能活到 15 岁的概率为 0.56，已知现有一只年龄为 10 岁的这种动物，求其能继续活到 15 岁的概率.

7. 某气象台根据历年资料，得到某地某月份刮大风的概率为 $\frac{11}{30}$，在刮大风的条件下，下雨的概率为 $\frac{7}{8}$，求既刮大风又下雨的概率.

8. 设 10 件产品中有 2 件次品，8 件正品. 现从中抽取两件产品，每次一件，且取后不放回，试求下列事件的概率.

（1）两次均取到次品；

（2）第一次取到次品；

（3）第二次取到次品；

（4）已知第一次取到次品的条件下第二次也取到次品.

9. 在一批产品中，甲厂生产的产品占 60%，根据以往的经验，甲厂产品的次品率为 10%，现从这批产品中随意的抽取一件，求该产品是甲厂生产的次品的概率.

10. 一批种子的发芽率为 0.9，出芽后的幼苗成活率为 0.8. 在这批种子中，随机抽取一粒，求这粒种子能成长为活苗的概率.

11. 盒中装有 5 个产品，其中 3 个一等品，2 个二等品，从中不放回地取产品，每次 1

个，求：（1）取两次，两次都取得一等品的概率；（2）取两次，第二次取得一等品的概率；（3）取三次，第三次才取得一等品的概率.

12. 设 100 件产品中有 5 件不合格，任取两件，求两件均合格的概率，要求分为不放回与放回两种情况计算.

13. 一批灯泡共 100 只，其中 10 只是次品，其余为正品. 不放回地抽取三次，每次任取一只灯泡，求第三次才取到次品的概率.

14. 10 个考签中有 4 个难签，3 人参加抽签（不放回），甲先抽，乙其次，丙最后. 求下列事件的概率：（1）甲抽到难签；（2）甲、乙都抽到难签；（3）甲没抽到难签而乙抽到难签；（4）甲乙丙都抽到难签.

15. 四张足球票，其中三张乙票，一张甲票. 用抽签的方式分配给四个人，求每个人抽得甲票的概率.

16. 一批产品中有 4%是废品，而合格品中有 75%是一级品. 现从中任取一件产品，求这件产品是一级品的概率.

17. 设甲袋中有三个红球和一个白球，乙袋中有四个红球和两个白球. 从甲袋中任取一球放入乙袋，再从乙袋中任取一球，求从乙袋中取得红球的概率.

18. 某人去外地出差，他乘火车、轮船、汽车、飞机的概率分别是 0.3，0.2，0.1 和 0.4，已知他乘火车、轮船、汽车而迟到的概率分别是 0.25，0.3，0.1，而乘飞机不会迟到，问这个人迟到的可能性有多大？

19. 某仓库中有 10 箱同类产品，其中有 5 箱、4 箱、1 箱依次是甲、乙、丙厂生产的，且甲、乙、丙厂生产的该种产品的次品率依次为 $\frac{1}{100},\frac{2}{100},\frac{4}{100}$，从这 10 箱产品中任取一箱，再从这箱中任取一件，求取得正品的概率.

20. 袋中有三个红球和七个白球，从袋中取球两次，每次任取一个，取出后不放回.

（1）求两个球都是红球的概率；

（2）求第一次取得白球，第二次取得红球的概率；

（3）求两个球中有一个红球、一个白球的概率；

（4）在第一次取得白球的情况下，求第二次取得红球的概率；

（5）求第二次取得红球的概率.

21. 有三个箱子，分别编号为 1，2，3，1 号箱装 有 1 个红球 4 个白球，2 号箱装有 2 红 3 白球，3 号箱装有 3 红球. 某人从三箱中任取一箱，从 中任意摸出一球，求取得红球的概率.

22. 甲、乙、丙三人向同一飞机射击，设击中的概率分别为 0.4、0.5、0.8. 如果只有一人击中，则飞机被击落的概率为 0.2；如果有两人击中，则飞机被击落的概率为 0.6；如果三人都击中，则飞机一定被击落. 求飞机被击落的概率.

23. 某车间有一条生产线正常运转的时间为 95%，正常运转时产品的合格率为 90%，不正常运转时产品的合格率为 40%. 现从产品中任取一件进行检查，发现它是不合格品，问这时生产线正常运转的概率是多少？

24. 在数字通讯中，信号是由 0 和 1 组成的. 若发送的信号为 0 和 1 的概率分别为 0.7 和 0.3；由于随机干扰，当发送信号是 0 时，接收为 0 和 1 的概率分别为 0.8 和 0.2；当发送信号是 1 时，接收为 1 和 0 的概率分别为 0.9 和 0.1．求已知收到的信号是 0 时，发送信号也为 0（即没有错误）的概率．

25．车间有甲、乙、丙 3 台机床生产同一种产品，且知它们的次品率依次是 0.2，0.3，0.1，而生产的产品数量比为：甲：乙：丙=2：3：5，现从产品中任取一个，（1）求它是次品的概率？（2）若发现取出的产品是次品，求次品是来自机床乙的概率？

26．三个箱子中，第一箱装有 4 个黑球 1 个白球，第二箱装有 3 个黑球 3 个白球，第三箱装有 3 个黑球 5 个白球．现先任取一箱，再从该箱中任取一球．问（1）取出球是白球的概率？（2）若取出的球为白球，则该球属于第二箱的概率？

27．设用一种化验来诊断某种疾病，患该病的人中有 90%呈阳性反应，而未患该病的人中有 5%呈阳性反应，该人群中有 1%的人患这种疾病.若某人做这种化验呈阳性反应，则他患这种疾病的概率是多少?

5.4　事件的独立性与伯努利概型

5.4.1　两个事件的独立性

设 A,B 为两个事件，若 $P(A)>0$，一般地 $P(B/A)\neq P(B)$，但在特殊情况下，也有例外.

例 19　从一批由 90 件正品、10 件次品组成的产品中，有放回地抽取两次，每次一件.

（1）求第二次取到次品的概率；

（2）已知第一次取到的是次品，求第二次也取到次品的概率.

解　设 $A=\{$第一次取到次品$\}$，$B=\{$第二次取到次品$\}$.

（1）$P(B)=\dfrac{100\times 10}{100^2}=\dfrac{1}{10}$.

（2）$P(A)=\dfrac{1}{10}$，$P(AB)=\dfrac{10\times 10}{100^2}=\dfrac{1}{100}$，则

$$P(B/A)=\frac{P(AB)}{P(A)}=\frac{\frac{1}{100}}{\frac{1}{10}}=\frac{1}{10}=P(B).$$

该例中事件 B 发生的概率与已知事件 A 发生的条件无关，即 $P(B/A)=P(B)$，此时

$$P(AB)=P(A)P(B/A)=P(A)P(B).$$

定义 3　对于事件 A,B，若

$$P(AB)=P(A)P(B)$$

则称事件 A 与 B **相互独立**.

定理 1　下列四对事件

$$A与B，\bar{A}与B，A与\bar{B}，\bar{A}与\bar{B}$$

中，只要有一对相互独立，那么另外三对也相互独立.

随机事件 A 与 B 相互独立性通常有以下几种判定方法：

（1）利用定义判定，如果 $P(AB)=P(A)P(B)$，则事件 A 与 B 相互独立.

（2）利用 $P(B/A)=P(B)$ 或 $P(A/B)=P(A)$，则事件 A 与 B 相互独立.

（3）在实际应用时，一般不用前两种方法判断事件的独立性，而是根据实际经验来判断事件 A 与 B 的独立性，A、B 两个事件没有关联或关联很微弱，就认为它们是相互独立的，例如 $A=\{$甲感冒$\}$，$B=\{$乙感冒$\}$，如果甲在沈阳，乙在北京，就认为 A 与 B 相互独立，如果甲乙两人同住一个房间，就不能认为 A 与 B 相互独立了.

例 20 甲、乙两人同时独立地向某一目标射击，射中目标的概率分别为 0.8，0.7，求：

（1）两人都射中目标的概率；

（2）恰有一人射中目标的概率；

（3）至少有一人射中目标的概率.

解 设 $A=\{$甲击中目标$\}$，$B=\{$乙击中目标$\}$，则 $P(A)=0.8, P(B)=0.7$，且 A 与 B 相互独立.

（1）$P(AB)=P(A)P(B)=0.8\times0.7=0.56$；

（2）$P(A\bar{B}+\bar{A}B)=P(A\bar{B})+P(\bar{A}B)=P(A)P(\bar{B})+P(\bar{A})P(B)$

$$=0.8\times(1-0.7)+(1-0.8)\times0.7=0.38;$$

（3）$P(A\cup B)=P(A)+P(B)-P(A)P(B)$

$$=0.8+0.7-0.8\times0.7=0.94.$$

例 21 甲、乙两人同时应聘一个工作岗位，若甲、乙被应聘的概率分别为 0.5 和 0.6，两人被聘用是相互独立的，则甲、乙两人中最多有一人被聘用的概率.

解 设 $A=\{$甲被应聘$\}$，$B=\{$乙被应聘$\}$，则 $P(A)=0.5$，$P(B)=0.6$，甲、乙两人中最多有一人被聘用的概率为

解法一 $P(A\bar{B}+\bar{A}B+\bar{A}\bar{B})=P(A\bar{B})+P(\bar{A}B)+P(\bar{A}\bar{B})$

$$=P(A)P(\bar{B})+P(\bar{A})P(B)+P(\bar{A})(\bar{B})$$

$$=0.5\times0.4+0.5\times0.6+0.5\times0.4=0.7$$

解法二 $1-P(AB)=1-P(A)P(B)=1-0.5\times0.6=0.7$

例 22 如果 $P(A)>0$，$P(B)>0$，证明：对于事件 A 和 B，互斥一定不独立，独立一定不互斥.

证明：若 A 与 B 互斥，$AB=\Phi$，$P(AB)=P(\Phi)=0$，而 $P(A)>0$，$P(B)>0$，所以 $P(A)P(B)>0$，因此 $P(AB)\neq P(A)P(B)$，故 A 与 B 不独立

若 A 与 B 独立，则 $P(AB)=P(A)P(B)>0$，因此 $P(AB)\neq P(\Phi)$，所以 $AB\neq\Phi$，故 A 与 B 不互斥.

5.4.2 有限多个事件的相互独立性

定义 4 设 $A_1, A_2, \cdots, A_n$ 是 n（$n\geqslant 2$）个事件，如果对于其中任意 k（$2\leqslant k\leqslant n$）个事件 $A_{i_1}, A_{i_2}, \cdots, A_{i_k}$（每组 $i_1, i_2, \cdots, i_k$ 取 $1, 2, \cdots, n$ 中的 k 个不同的值），等式

$$P(A_{i_1}A_{i_2}\cdots A_{i_k})=P(A_{i_1})P(A_{i_2})\cdots P(A_{i_k})$$

总成立，则称 n 个事件 $A_1, A_2, \cdots, A_n$ 是相互独立的.

如 $n=3$ 时，只有当

$$P(A_1A_2)=P(A_1)P(A_2),$$

$$P(A_1A_3)=P(A_1)P(A_3),$$

$$P(A_2A_3)=P(A_2)P(A_3),$$
$$P(A_1A_2A_3)=P(A_1)P(A_2)P(A_3).$$

都成立时，才能说 A_1, A_2, A_3 是相互独立的.

事件 $A_1, A_2, \cdots, A_n$ 相互独立，表示其中一个或几个事件发生，不会影响其余事件发生的概率. 显然，如果 $A_1, A_2, \cdots, A_n$ 相互独立，则其中任意 k（$2\leqslant k\leqslant n$）个事件也相互独立.

定理 2 如果事件 $A_1, A_2, \cdots, A_n$ 相互独立，那么，把其中一部分（或者全部）事件换成它们各自的对立事件，得到的 n 个事件仍相互独立.

根据定理，如果事件 $A_1, A_2, \cdots, A_n$ 相互独立，可使用下面公式：

$$\begin{aligned} P(A_1\cup A_2\cup\cdots\cup A_n) &= 1-P(\overline{A_1\cup A_2\cup\cdots\cup A_n}) \\ &= 1-P(\overline{A}_1\overline{A}_2\cdots\overline{A}_n) \\ &= 1-P(\overline{A}_1)P(\overline{A}_2)\cdots P(\overline{A}_n). \end{aligned}$$

例23 三个人独立地破译一密码，已知每人能破译密码的概率分别是 $\frac{1}{5},\frac{1}{3},\frac{1}{4}$，求三人至少有一人能将密码破译的概率.

解 设 $A_i=\{$第 i 个人破译密码$\}$（$i=1,2,3$），根据题意，A_1, A_2, A_3 相互独立，于是所求概率为

$$\begin{aligned} P(A_1\cup A_2\cup A_3) &= 1-P(\overline{A}_1)P(\overline{A}_2)P(\overline{A}_3) \\ &= 1-(1-\frac{1}{5})(1-\frac{1}{3})(1-\frac{1}{4})=\frac{3}{5}. \end{aligned}$$

例 24 一个家庭有两个孩子，现观察两个孩子的性别. 设 $A_1=\{$第一个孩子是男孩$\}$，$A_2=\{$第二个孩子是男孩$\}$，$A_3=\{$两个孩子性别不同$\}$，

则

$$P(A_1)=P(A_2)=P(A_3)=\frac{1}{2},$$
$$P(A_1A_2)=P(A_1A_3)=P(A_2A_3)=\frac{1}{4},$$

所以

$$P(A_1A_2)=P(A_1)P(A_2),$$
$$P(A_1A_3)=P(A_1)P(A_3),$$
$$P(A_2A_3)=P(A_2)P(A_3),$$

由此我们知道，A_1, A_2, A_3 两两独立.

但

$$P(A_1A_2A_3)=0,$$
$$P(A_1)P(A_2)P(A_3)=\frac{1}{8},$$
$$P(A_1A_2A_3)\neq P(A_1)P(A_2)P(A_3),$$

由定义 3 知道，A_1, A_2, A_3 不相互独立.

综上所述，由 n 个事件两两相互独立不能判断 n 个事件相互独立；反之，n 个事件相互

独立却能推出 n 个事件两两相互独立.

判断多个事件的相互独立性，往往也是根据问题的实际意义进行分析确定.

例 25 某工人看管甲、乙、丙 3 台机床. 这 3 台机床需要照管的概率分别为 0.2，0.1，0.4，各台机床需要照管是相互独立的，求机床因得不到照管而被迫停机的概率.

解法一 设 $A_1=\{$甲机床需要照顾$\}$，$A_2=\{$乙机床需要照顾$\}$，$A_3=\{$丙机床需要照顾$\}$

$B=\{$至多有一台机床需要照顾$\}$，$\bar{B}=\{$两台以上机床需要照顾$\}=\{$停机$\}$

$$P(B)=P(\bar{A}_1\bar{A}_2\bar{A}_3)+P(A_1\bar{A}_2\bar{A}_3)+P(\bar{A}_1A_2\bar{A}_3)+P(\bar{A}_1\bar{A}_2A_3)$$
$$=0.8\times0.9\times0.6+0.2\times0.9\times0.6+0.8\times0.1\times0.6+0.8\times0.9\times0.4=0.876$$
$$P(\bar{B})=1-\mathrm{P(B)}=1-0.876=0.124.$$

解法二 $$P(\bar{B})=P(\bar{A}_1A_2A_3)+P(A_1\bar{A}_2A_3)+P(A_1A_2\bar{A}_3)+P(A_1A_2A_3)$$
$$=0.8\times0.1\times0.4+0.2\times0.9\times0.4+0.2\times0.1\times0.6+0.2\times0.1\times0.4$$
$$=0.124.$$

例 26 三个元件按下面两种连接方式分别构成系统Ⅰ（图 5.1）和系统Ⅱ（图 5.2），若每个元件能正常工作的概率为 $p\,(0<p<1)$，且各个元件能否正常工作是相互独立的，求系统Ⅰ和系统Ⅱ能正常工作的概率.

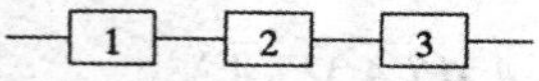

图 5.1

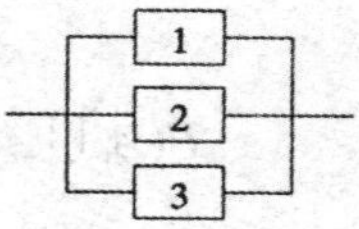

图 5.2

解 设 $A_i=\{$第 i 个元件能正常工作$\}\,(i=1,2,3)$，$B=\{$系统能正常工作$\}$，则 $P(A_i)=p$ $(i=1,2,3)$，根据题意可知，事件 A_1, A_2, A_3 相互独立，于是

（系统Ⅰ）$B=A_1A_2A_3$，

$$P(B)=P(A_1A_2A_3)=P(A_1)P(A_2)P(A_3)=p^3;$$

（系统Ⅱ）$B=A_1\cup A_2\cup A_3$，

$$P(B)=P(A_1\cup A_2\cup A_3)=1-P(\overline{A_1\cup A_2\cup A_3})$$
$$=1-P(\bar{A}_1)P(\bar{A}_2)P(\bar{A}_3)=1-(1-p)^3.$$

5.4.3 伯努利概型

定义 5 若试验 E 单次试验的结果只有两个 A 和 $\bar{A}$，且 $P(A)=p$ 保持不变，将试验 E 在相同条件下重复独立地作 n 次，称这 n 次试验为 **n 重伯努利试验**，简称**伯努利概型**.

我们的问题是 n 重伯努利概型中事件 A 发生 k 次的概率是多少？先看下面例子.

例 27 设有一批产品，次品率为 p，现进行有放回地抽取，即任取一个产品，检查一下它是正品还是次品后，放回去再进行第二次抽取，问任取 n 次后发现两个次品的概率是多少？

解 先讨论 $n=4$ 的情形.

设 $A_i=\{$第 i 次抽得的是次品$\}\,(i=1,2,3,4)$，则 $\bar{A}_i=\{$第 i 次抽得的是正品$\}$. 在 4 次试

验中，抽得两件次品的方式有 $C_4^2=6$ 种：

$$A_1A_2\overline{A}_3\overline{A}_4\text{，}A_1\overline{A}_2A_3\overline{A}_4\text{，}A_1\overline{A}_2\overline{A}_3A_4$$
$$\overline{A}_1A_2A_3\overline{A}_4\text{，}\overline{A}_1A_2\overline{A}_3A_4\text{，}\overline{A}_1\overline{A}_2A_3A_4.$$

以上各种方式中，任何两种方式都是互斥的，因此在 4 次试验中，恰抽得两件次品的概率是

$$P_4(2)=P(A_1A_2\overline{A}_3\overline{A}_4)+P(A_1\overline{A}_2A_3\overline{A}_4)+\cdots+P(\overline{A}_1\overline{A}_2A_3A_4).$$

由于抽得次品的概率都是一样的，即 $P(A_i)=p$，且各次试验是相互独立的，于是有

$$P(A_1A_2\overline{A}_3\overline{A}_4)=P(A_1)P(A_2)P(\overline{A}_3)P(\overline{A}_4)=p^2(1-p)^{4-2},$$
$$P(A_1\overline{A}_2A_3\overline{A}_4)=\cdots=P(\overline{A}_1\overline{A}_2A_3A_4)=p^2(1-p)^{4-2}.$$

于是

$$\begin{aligned}P_4(2)&=p^2(1-p)^{4-2}+p^2(1-p)^{4-2}+\cdots+p^2(1-p)^{4-2}\\&=C_4^2\ p^2(1-p)^{4-2}.\end{aligned}$$

推广到一般情形，n 次试验中事件 A 发生 $k\ (0\leqslant k\leqslant n)$ 次的概率为

$$P_n(k)=C_n^kp^k(1-p)^{n-k}\quad(k=0,1,2,\cdots,n).$$

可以证明

$$\sum_{k=0}^{n}p_n(k)=\sum_{k=0}^{n}C_n^kp^k(1-p)^{n-k}=[p+(1-p)]^n=1.$$

一般地，在 n 重伯努利试验中，事件 A 恰好发生 $k\ (0\leqslant k\leqslant n)$ 次的概率为

$$P_n(k)=C_n^kp^k(1-p)^{n-k}\quad(k=0,1,2,\cdots,n)$$

称此式为**二项概率公式**.

例 28　一批产品有 20%的次品，进行重复抽样检查，共取 5 件产品.

（1）求 5 件样品中恰有 3 件次品的概率；

（2）求 5 件样品中至少有 1 件次品的概率.

解　设 $A=\{$抽到次品$\}$，则 $P(A)=0.2$．这是 $n=5,\ p=0.2$ 的二项概率问题

（1）$P_5(3)=C_5^3p^3(1-p)^{5-3}=C_5^3 0.2^3 0.8^2=0.0512$；

（2）$P_5(1)+P_5(2)+P_5(3)+P_5(4)+P_5(5)$

$=1-P_5(0)=1-C_5^0 0.2^0 0.8^5=0.6723$.

例 29　店内有 4 名售货员，根据经验每名售货员平均在一小时内只用秤 15 分钟，若店内只有 1 个台秤，求任一时刻台秤不够用的概率.

解　在任一时刻，考察一名售货员是否使用台秤相当于作一次试验，使用台秤的概率为 $\frac{15}{60}=\frac{1}{4}$，不使用台秤的概率为 $\frac{3}{4}$．现同时考察 4 名售货员使用台秤的情况，相当于 4 重伯努利试验．台秤不够用是指同时至少有 2 名售货员要使用台秤，由伯努利公式，得

$$\sum_{k=2}^{4}P_4(k)=1-P_4(0)-P_4(1)=1-(\frac{3}{4})^4-C_4^1\times\frac{1}{4}\times(\frac{3}{4})^3=\frac{67}{256}\approx0.2617.$$

习题 5.4

1. 加工某种零件需要三道工序，假设第一道、第二道、第三道工序的次品率分别为2%，3%，5%，并假设各道工序是互不影响的，求加工出来的零件的次品率.

2. 设三台机器的运转是相互独立的，第一台、第二台、第三台机器不发生故障的概率依次为0.9，0.8，0.7，求这三台机器全部不发生故障及它们中至少有一台发生故障的概率.

3. 有甲、乙两批种子，发芽率分别为0.90和0.95. 在两批种子中各随机地取一粒，计算事件A和B的概率.

（1）$A=\{$两粒都发芽$\}$；

（2）$B=\{$恰有一粒发芽$\}$.

4. 一项建筑工程向甲、乙两家公司招标，假设甲、乙两家公司的投标是相互独立的，且甲公司提交该项投标的概率是0.8，乙公司提交该项投标的概率是0.7，试分别计算这两家公司共提交0项、1项和2项投标的概率.

5. 某单位电话总机的占线率为0.4，其中某车间分机的占线率为0.3，假定电话总机及分机占线与否相互独立. 现从外部打电话给该车间，求

（1）第一次就能打通的概率；

（2）第二次才打通的概率.

6. 加工某一零件共需经过四道工序，设第一，二，三，四道工序出次品的概率分别是0.02，0.03，0.05，0.04，各道工序互不影响，求加工出的零件的次品率.

7. 一射手向一目标射击三次，假定各次射击之间相互独立，且第一、二、三次射击的命中概率分别为0.4，0.5，0.7，求下列事件的概率：

（1）三次射击中恰有一次命中目标；

（2）三次射击中至少有一次命中目标.

8. 甲袋中有 8 个白球，4 个红球；乙袋中有 6 个白球，6 个红球，从每袋中任取一个球，求取得的球是同色的概率.

9. 三人向同一目标射击，击中目标的概率分别为$\frac{4}{5},\frac{3}{4},\frac{2}{3}$.求：

（1）目标被击中的概率；

（2）恰有一人击中目标的概率；

（3）恰有两人击中目标的概率；

（4）无人击中目标的概率.

10. 甲、乙、丙三位同学完成六道数学自测题，他们及格的概率依次为$\frac{4}{5},\frac{3}{5},\frac{7}{10}$，求：

（1）三人中有且只有两人及格的概率；

（2）三人中至少有一人不及格的概率.

11. 甲、乙两人自行破译一个密码，他们能译出密码的 概率分别为$\frac{1}{3}$和$\frac{1}{4}$，求：

（1）两个人都译出密码的概率；

（2）两个人都译不出密码的概率；

（3）恰有一个人译出密码的概率；

（4）至多有一个人译出密码的概率；

（5）密码被破译的概率.

12. 某战士射击中靶的概率为 0.99.若连续射击两次.求：

（1）两次都中靶的概率；

（2）至少有一次中靶的概率：

（3）至多有一次中靶的概率.

13. 某种电子元件的寿命在 1000h 以上的概率为 0.8，求三只这种电子元件使用 1000h 以后，最多只有一只损坏的概率.

14. 某一车间里有 12 台车床，由于工艺上的原因，每台车床时常需要停车. 设各台车床停车（或开车）是相互独立的，且在任一时刻处于停车状态的概率为 0.3，计算在任一指定时刻里有 2 台车床处于停车状态的概率.

15. 某工人一天出废品的概率为 0.2，求在 4 天中：

（1）至少有一天出废品的概率；

（2）仅有一天出废品的概率；

（3）最多有一天出废品的概率；

（4）第一天出废品，其余各天不出废品的概率.

16. 设某种药物对某种疾病的治愈率为 0.8，现有 10 个患这种疾病的病人同时服用此药，求其中至少有 6 人被治愈的概率.

17. 某老练的射手打五发子弹，中靶概率为 0.8，求：

（1）他打中两发的概率；

（2）他打中的概率.

18. 设每次射击打中目标的概率为 0.001，如果射击 5000 次，试求打中目标的概率.

19. 设飞机俯冲时被一支枪击中的概率是 0.008，求当 25 支枪同时射击时，飞机被击中的概率.

20. 一射手对一目标独立射击四次，每次射击的命中率为 0.8，求（1）恰好命中两次的概率；（2）至少命中一次的概率.

第 6 章

一维随机变量

前面，学习了用随机事件描述随机试验的结果，本章主要讲述随机变量及其数字特征，这里主要介绍随机变量的概念，两种随机变量的分布律或概率密度函数、分布函数、常见随机变量的分布以及随机变量的数字特征.

6.1　随机变量及其分布函数

引入随机变量的主要目的是把随机试验的结果数量化，这样就可以利用数学工具来研究感兴趣的随机现象. 通俗地说，随机变量就是用数来表示试验结果，即每一个试验结果都用一个数字表示. 许多随机试验的结果，本身就可以用数值描述.

案例 1

（1）某一天医院内急诊病人的人数.

（2）抽样检查产品质量时出现的废品个数.

（3）独立试验序列中事件成功的次数.

对于那些试验结果与数值无关的，也可以建立它们与数的联系.

案例 2

（1）某学生完成作业情况：“完成作业”记为 1，“没有完成作业”记为 0.

（2）抽查产品的质量情况：“优质品”记为 2，“合格品”记为 1，“废品”记为 0.

（3）学生的考试成绩情况：“优秀”记为 2，“合格”记为 1，“不合格”记为 0.

用数量化方法描述随机试验的结果，引入变量来研究随机现象，将给概率论的研究带来很大的方便.

6.1.1　一维随机变量的概念

由于随机因素的作用，试验的结果有多种可能性，如果对于试验的每一可能的结果，也

就是每一个样本点 e 的出现，都对应着一个实数 $X(e)$，而实数 $X(e)$ 又是随着试验结果的不同而变化的一个变量，因而称 $X(e)$ 为随机变量.

定义 1　设试验 E 的样本空间 $U=\{e\}$，如果对于每一个 $e\in U$，都有一个实数 $X(e)$ 与之对应，得到一个定义在 U 上的单值实值函数 $X(e)$，称 $X(e)$ 为**随机变量**，简记为 X.

随机变量一般用大写字母 X，Y，Z，$\cdots$ 表示，举例如下：

（1）一个射手对目标进行一次射击，击中目标得 1 分，未中目标得 0 分. 若用 X 表示射手一次射击的得分情况，则它是一个随机变量，可以取 0 和 1 两个可能值. 样本空间为

$U=\{e\}=${击中目标，未击中目标}，X 可以表示为

$$X=\begin{cases}1, & e=\text{击中目标}\\ 0, & e=\text{未击中目标}\end{cases}$$

（2）单位时间内接到电话的呼叫次数 X 的可能值是 0，1，2，…，则 X 是一个随机变量. 样本空间 $U=\{e\}=\{0,1,2,\cdots\}$，X 的不同取值表示不同的事件，例如

$\{X=3\}$，表示事件{单位时间内接到 3 次呼叫}，

$\{X>4\}$，表示事件{单位时间内接到呼叫次数大于 4 次}，

$\{1\leqslant X\leqslant 5\}$，表示事件{单位时间内接到呼叫次数在 1 到 5 次之间}.

（3）单位面积上某农作物的产量 X（单位：千克）是一个随机变量，它可取 $[0,T)$ 区间内的一切实数值，T 为某一个常数. 样本空间 $U=\{e\}=\{x\mid 0\leqslant x\leqslant T\}$，$X$ 的不同取值范围表示不同的随机事件，例如：

$\{X<1000\}$，表示事件{产量小于 1000 千克}，

$\{700<X<1000\}$，表示事件{产量在 700 至 1000 千克之间}.

从以上可以看出，随机变量的取值有时是有限个或可列的，有时为一个区间或整个实数集. 这样，一般将它分为**离散型**与**连续型**两大类. 研究一个随机变量，主要是研究它取值的概率规律. 确立随机变量所有可能取的值与其相应的概率之间的对应关系，叫随机变量概率分布或分布律，分布律是对随机变量的全面的描述.

随机变量是定义在样本空间上的实值集函数，它与普通的实函数有本质的区别. 一方面它的取值是随机的，而它取每一个可能值都有一定的概率；另一方面，它的定义域是样本空间 U，而 U 不一定是实数集.

6.1.2　一维随机变量的分布函数

离散型与连续型这两种随机变量，在表现方式上有显著差异. 现在介绍一种方法，这种方法可以用来研究各种类型的随机变量，这就是下面要介绍的分布函数的概念.

定义 2　设 X 是一个随机变量，称函数

$$F(x)=P\{X\leqslant x\}\quad(-\infty<x<+\infty)$$

为随机变量 X 的**分布函数**.

由定义 2 可以看出，随机变量 X 的分布函数 $F(x)$ 就是随机事件 $\{X\leqslant x\}$ 的概率，分布函数 $F(x)$ 在点 x 处的函数值表示随机点 X 落在区间 $(-\infty,x]$ 的概率. 由分布函数的定义可

知，分布函数 X 是定义在 $(-\infty,+\infty)$ 上，取值于 $[0,1]$ 的一个函数.

例 1 一名象棋选手与对手进行一局比赛，规定赢棋得 2 分，和棋得 1 分，输棋得 0 分．根据实力对比，这名棋手赢棋的概率为 0.5，和棋的概率为 0.3，输棋的概率为 0.2．如果将这名棋手在这局比赛中所得的分数记为 X，求出随机变量 X 的分布函数 $F(x)$.

解 X 的可能取值分别为 0，1，2，取这些值的概率依次为 0.2，0.3，0.5.

（1）当 $x<0$ 时，$F(x)=P\{X\leqslant x\}=0$；

当 $0\leqslant x<1$ 时，$F(x)=P\{X\leqslant x\}=P\{X=0\}=0.2$；

当 $1\leqslant x<2$ 时，$F(x)=P\{X\leqslant x\}=P\{X=0\}+P\{X=1\}=0.5$；

当 $x\geqslant 2$ 时，$F(x)=P\{X\leqslant x\}=P\{X=0\}+P\{X=1\}+P\{X=2\}=1$.

因此

$$F(x)=P\{X\leqslant x\}=\begin{cases}0, & x<0,\\ 0.2, & 0\leqslant x<1,\\ 0.5, & 1\leqslant x<2,\\ 1, & x\geqslant 2.\end{cases}$$

$F(x)$ 的图像如图 6.1 所示.

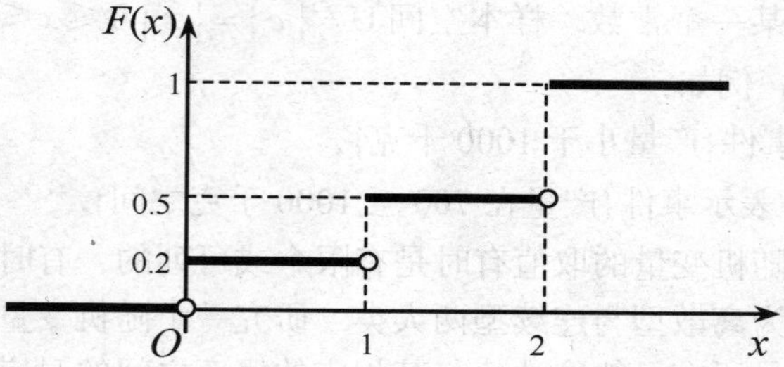

图 6.1

对于任意实数 x_1，x_2（$x_1<x_2$），有

$$P\{x_1<X\leqslant x_2\}=P\{X\leqslant x_2\}-P\{X\leqslant x_1\}$$
$$=F(x_2)-F(x_1)$$

因此，如果已知 X 分布函数 $F(x)$，就知道 X 落在任一区间 $(x_1,\ x_2]$ 上的概率，从这个意义上说，分布函数完整地描述了随机变量的统计规律性.

分布函数 $F(x)$ 具有如下性质：

性质 1 $0\leqslant F(x)\leqslant 1$（有界性），

性质 2 如果 $x_1<x_2$，则 $F(x_1)\leqslant F(x_2)$，（单调性）

性质 3 $F(-\infty)=\lim\limits_{x\to-\infty}F(x)=\lim\limits_{x\to-\infty}P\{X\leqslant x\}=0$

$F(+\infty)=\lim\limits_{x\to+\infty}F(x)=\lim\limits_{x\to+\infty}P\{X\leqslant x\}=1$（渐近性）

性质 4　$F(x)$至多有可列个间断点，设x_0为$F(x)$的间断点，则

$$\lim_{x\to x_0^+} F(x)=F(x_0)\text{（}F(x)\text{在间断点处右连续性）}.$$

分布函数是一个普通的函数，正是通过它，能用数学分析的方法来研究随机变量的统计规律性.

习题 6.1

1. 掷一颗骰子，X 表示出现的点数，试描述：

（1）$\{X\leqslant 4\}$ 表示什么事件，

（2）$\{X>5\}$ 表示什么事件，

（3）$\{0<X<8\}$ 表示什么事件.

2. 设 X 表示单位时间内通过某十字路口的车辆数，则 X 是随机变量，试描述：

（1）X 的样本空间，

（2）在单位时间内没有一辆汽车通过，

（3）在单位时间内至少有一辆汽车通过，

（4）$\{X\leqslant 2\}$ 表示什么事件，

（5）$\{6\leqslant X\leqslant 8\}$ 表示什么事件.

3. 一只灯泡的寿命（单位：小时）是一个随机变量 X，试描述：

（1）X 的样本空间，

（2）$\{X>1500\}$ 表示什么事件，

（3）$\{X<750\}$ 表示什么事件.

4. 一口袋中装有四个球，在这四个球上分别标有 -3，$-\dfrac{1}{2}$，1，2 这样的数字，现从这口袋中任取一球，求取得的球上标明数字 X 的分布函数.

5. 一袋中有 6 个球，其中 2 个标号为 1，3 个标号为 2，1 个标号为 3，任取 1 个球，以 X 表示取出的球的标号，求：（1）X 的分布函数 $F(x)$，（2）$P\{1.5<X\leqslant 3\}$.

6. 飞机上载有3枚对空导弹，若每枚导弹命中率为0.6，发射一枚导弹如果击中敌机则停止，如果未击中则再发射第二枚，再未击中再发射第三枚，求发射导弹数 X 的分布函数 $F(x)$并画出$F(x)$的图像.

6.2　离散型随机变量

离散型随机变量是很常见的一种随机变量，本节讨论关于它的分布律及性质、概率计算与常见分布.

6.2.1　离散型随机变量的概念及其分布律

定义 3　如果一个随机变量 X 取值为有限个或可列个，则称 X 为**离散型随机变量**.

离散型随机变量的例子很多，例如，掷一枚均匀的骰子出现的点数；某人射击，直到中靶为止，他射击的次数. 前者所对应的随机变量取值是有限个，后者所对应的随机变量取值是可列个，都属于离散型随机变量的例子.

容易知道对于离散型随机变量 X 来说，只要将 X 所有可能取的值以及取各个值的概率表达清楚，那么就将随机变量 X 完全描述清楚了.

设离散型随机变量 X 的所有取值为 $x_1, x_2, \cdots x_k, \cdots$，并且 X 取各个可能值的概率分别为

$$p_k = P\{X = x_k\} \ (k = 1, 2, \cdots).$$

称上式为离散型随机变量 X 的**概率分布或分布律**. 为清楚起见，X 的分布律也可以用表格的形式（见表 6.1）给出.

表 6.1

X	x_1	x_2	$\cdots$	x_k	$\cdots$
概率 P	p_1	p_2	$\cdots$	p_k	$\cdots$

其中 $0 \leqslant p_k \leqslant 1 \ (k = 1, 2, \cdots)$，且 $\sum_k p_k = 1$.

例 2 抛掷一枚均匀的骰子，随机变量 X 为出现的点数. 求

（1）X 的分布律；

（2）点数不小 3 的概率；

（3）点数不小于 4 又不超过 5 的概率.

解 （1）$P\{X = k\} = \dfrac{1}{6} \ (k = 1, 2, 3, 4, 5, 6)$；

（2）$P\{X \geqslant 3\} = P\{X = 3\} + P\{X = 4\} + P\{X = 5\} + P\{X = 6\}$

$$= \frac{1}{6} + \frac{1}{6} + \frac{1}{6} + \frac{1}{6} = \frac{2}{3};$$

（3）$P\{4 \leqslant X \leqslant 5\} = P\{X = 4\} + P\{X = 5\} = \dfrac{1}{6} + \dfrac{1}{6} = \dfrac{1}{3}$.

例 3 设随机变量 X 的分布律（见表 6.2）为

表 6.2

X	0	1	2
P	0.3	0.5	0.2

求 X 的分布函数 $F(x)$.

解 （1）当 $x < 0$ 时，$F(x) = P\{X \leqslant x\} = 0$；

当 $0 \leqslant x < 1$ 时，$F(x) = P\{X = 0\} = 0.3$；

当 $1 \leqslant x < 2$ 时，$F(x) = P\{X = 0\} + P\{X = 1\} = 0.8$；

当 $x \geqslant 2$ 时，$F(x) = P\{X = 0\} + P\{X = 1\} + P\{X = 2\} = 1$.

因此

$$F(x)=P\{X\leqslant x\}=\begin{cases}0, & x<0,\\ 0.3, & 0\leqslant x<1,\\ 0.8, & 1\leqslant x<2,\\ 1, & 2\leqslant x.\end{cases}$$

$F(x)$ 的图像如图 6.2 所示.

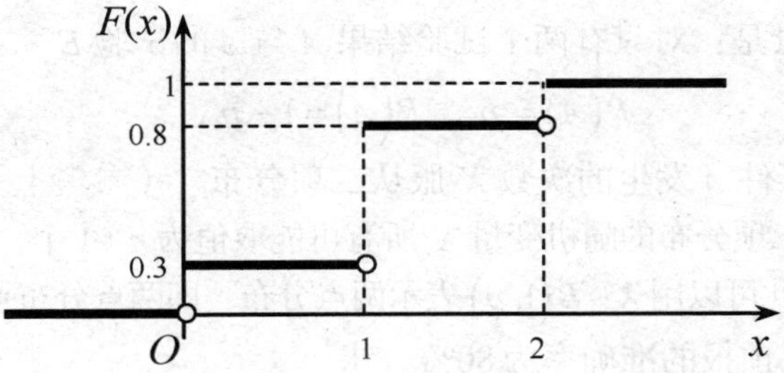

图 6.2

从这个例题可以看出，对于离散随机变量来说，其分布函数 $F(x)$ 的值是 $X\leqslant x$ 的累积概率值，由概率的有限可加性，知它即为小于或等于 x 的那些 x_k 处的概率 p_k 之和，即 $F(x)=\sum\limits_{x_k\leqslant x}P_k$；另外，离散随机变量的分布函数 $F(x)$ 是分段函数，其定义域 $(-\infty,+\infty)$ 分为若干段，仅最左边那段是开区间，其余都是左闭右开区间，$F(x)$ 的图像为阶梯型直线，X 在 $F(x)$ 图像的跳跃间断点处取值，X 在 $F(x)$ 的间断点处取值的概率值等于 $F(x)$ 图像在该点跳跃的值.

分布律和分布函数都可以用来描述离散型随机变量的统计规律性，两者只要知道其中的一个就可以求另外一个.

6.2.2　几个常见的离散型随机变量的分布律

下面介绍三种常见的离散型随机变量及其分布

1. 两点分布（也称 0-1 分布）

设随机变量 X 只能取 0 和 1 两个值，且它的分布律为

$$P\{X=k\}=p^k(1-p)^{1-k}\quad(k=0,1)$$

则称随机变量 X 服从参数为 p 的**两点分布**.

两点分布虽很简单，但却很有用. 如果一个随机试验只可能出现两个结果时，则可以确定一个服从两点分布的随机变量. 两点分布是经常遇到的一种分布，很多试验可以归结为两点分布，如产品的“合格”与“不合格”，新生儿的性别登记“男”与“女”，抛掷硬币的“正面向上”与“反面向上”，电路是“通路”与“断路”等.

例 4　袋中有红、黄、白色球各一个，从中随机地取出两个球，求取得白球个数 X 的分布律.

解 X 的可能取值为0,1，因此 X 服从两点分布，即

$$P\{X=0\}=\frac{C_2^2}{C_3^2}=\frac{1}{3},\ P\{X=1\}=\frac{C_1^1C_2^1}{C_3^2}=\frac{2}{3}.$$

2. 二项分布

设随机变量 X 的分布律为

$$P\{X=k\}=C_n^k p^k(1-p)^{n-k}\ (k=0,1,2,\cdots,n)$$

其中 $0<p<1$，则称随机变量 X 服从参数为 n，p 的**二项分布**，记作 $X\sim B(n,p)$.

二项分布的实际背景是：对只有两个试验结果 A 与 $\overline{A}$ 的试验 E

$$P(A)=p,\ P(\overline{A})=1-p,$$

重复独立地进行 n 次，事件 A 发生的次数 X 服从二项分布.（参考上一章的伯努利概型）.

服从参数为 n，p 的二项分布的随机变量 X 所有可能取值为 $n+1$ 个，特别地，当 $n=1$ 时，二项分布成为两点分布，因此可以用 $X\sim B(1,p)$ 表示两点分布，即两点分布是二项分布的特殊情形.

例 5 某气象站天气预报的准确率为80%，求

（1）5次预报中恰有4次准确的概率；

（2）5次预报中至少有4次准确的概率.

解 （1）记“预报1次，结果准确”为事件 A. 预报5次相当于5次独立重复试验，根据 n 次重复独立试验中某事件恰好发生 k 次的概率计算公式，5次预报中恰有4次准确的概率为

$$P_5(4)=C_5^4\cdot0.8^4\cdot(1-0.8)^{5-4}=0.8^4\approx0.41$$

（2）5次预报中至少有4次准确的概率，就是5次预报中恰有4次准确的概率与5次预报都准确的概率的和，即

$$P=P_5(4)+P_5(5)=C_5^4\cdot0.8^4\cdot(1-0.8)^{5-4}+C_5^5\cdot0.8^5\cdot(1-0.8)^{5-5}=0.8^4+0.8^5\approx0.74$$

例 6 某种电子元件的次品率为0.002，现随机地有放回抽取1000件电子元件，试求次品数为 k（$k=0,1,2,\cdots,1000$）个的概率.

解 设 X 表示在1000件电子元件中的次品数，则 X 服从参数为 $n=1000$，$p=0.002$ 的二项分布 $X\sim B(1000,0.002)$.

$$P\{X=k\}=C_{1000}^k\cdot0.002^k\cdot(1-0.002)^{1000-k}\ (k=0,1,2,\cdots,1000)$$

可以看出，计算该概率很麻烦，为此，不加证明地给出一个当 n 很大而 p（或 $1-p$）很小时的近似计算公式.

定理 1（泊松逼近定理）设 $np=\lambda>0$ 是一个常数，n 是正整数，则对任意一固定的正整数 k，有

$$\lim_{n\to+\infty}C_n^k p^k(1-p)^{n-k}=\frac{\lambda^k}{k!}\mathrm{e}^{-\lambda}.\ (k=0,1,2,\cdots)$$

由于 $\lambda=np$ 是常数，所以当 n 很大时 p 一定很小.

假设 $X\sim B(n,p)$，当 n 充分大，p 充分小，而乘积 $\lambda=np$ 比较适中时，则有 X 近似服从参数为 $\lambda=np$ 的泊松分布，即

$$C_n^k p^k(1-p)^{n-k}\approx\frac{\lambda^k}{k!}\mathrm{e}^{-\lambda}.\ (k=0,1,2,\cdots,n)$$

例 7 某单位为职工上保险，已知某种险种的死亡率是0.0025，该单位有职工 800 人，试求在未来的一年里该单位死亡人数恰有 2 人的概率.

解 用 X 表示死亡人数，则 $\{X=2\}$ 表示{恰有 2 人死亡}，$X\sim B(800,0.0025)$，由于 $n=800$ 较大， $p=0.0025$ 很小，计算比较麻烦，故用泊松逼近定理作近似计算，此时，

$$\lambda = np = 2\text{，}\ k=2$$

于是，查书后的泊松分布表

$$P\{X=2\}=0.271.$$

3. 泊松分布

设随机变量 X 的分布律为

$$P\{X=k\}=\frac{\lambda^k \mathrm{e}^{-\lambda}}{k!}\ (\ k=0,1,2,\cdots\ )$$

式中 $\lambda>0$ 是常数，则称 X 服从参数为 λ 的**泊松分布**，记作 $X\sim P(\lambda)$.

泊松分布常用于二项分布的近似计算，在二项分布的伯努利试验中，如果试验次数 n 很大，二项分布的概率 p 很小，而乘积 $\lambda=np$ 比较适中，则事件出现的次数的概率可以用泊松分布来近似.

作为一种常见的离散型随机变量的分布，泊松分布日益显示其重要性，成为概率论中最重要的几个分布之一. 例如，一本书一页中的印刷错误数、某地区在一天内邮递遗失的信件数、某一医院在一天内的急诊病人数、某一地区一个时间间隔内发生交通事故的次数、在一个时间间隔内某种放射性物质发出的经过计数器的 α 粒子数等，都服从泊松分布.

例 8 某商店某种品牌电视机的月销售量服从参数为 5 的泊松分布，求

（1）该种品牌电视机的月销售量恰好是 7 件的概率；

（2）该种品牌电视机的月销售量大于 4 件的概率.

解 设 X 为该品牌电视机的月销售件数，X 服从参数为 $\lambda=5$ 的泊松分布，于是

（1）$P\{X=7\}=\dfrac{5^7\mathrm{e}^{-5}}{7!}$，查书后的泊松分布表 $P\{X=7\}=0.10444$.

（2）$P\{X>4\}=1-P\{X\leqslant 4\}$

$$=1-\left[P\{X=0\}+P\{X=1\}+P\{X=2\}+P\{X=3\}+P\{X=4\}\right]$$

查书后的泊松分布表

$$P\{X>4\}=0.55952.$$

习题 6.2

1. 随机变量 X 只能取 $-1,0,1,\sqrt{2}$，相应的概率为 $\dfrac{1}{2c},\dfrac{3}{4c},\dfrac{5}{8c},\dfrac{7}{16c}$，求 c 的值，并计算 $P\{X<1\}$.

2. 一批花生种子的发芽率为0.9，如果每穴播种3粒，求发芽数 X 的分布律.

3. 某盒产品中恰有 8 件正品，2 件次品，每次从中不放回的任取一件进行检查，直到取到正品为止，X 表示抽取次数，求 X 的分布律.

4. 一名学生每天骑自行车上学，从家到学校的途中有5个交通岗，假设他在各交通岗遇到红灯的事件是相互独立的，并且概率都是$\frac{1}{3}$. 求：(1) 这名学生在途中遇到红灯的次数X的概率分布，(2) 这名学生在途中至少遇到一次红灯的概率.

5. 某射手有5发子弹，每射一发子弹的命中率都是0.7，如果命中目标便停止射击，不中目标就一直射击到子弹用完为止，试求所用子弹数X的分布律.

6. 设随机变量X的分布律如表6.3所示.

表6.3

X	0	1	2
P	0.3	0.5	0.2

求X的分布函数$F(x)$.

7. 设X的概率分布如表6.4所示

表6.4

X	0	1	2
P	$\frac{1}{3}$	$\frac{1}{6}$	$\frac{1}{2}$

求：(1) X的分布函数$F(x)$；(2) $P\left\{X<\frac{1}{2}\right\}$、$P\left\{1\leqslant X<\frac{3}{2}\right\}$、$P\left\{1\leqslant X\leqslant\frac{3}{2}\right\}$.

8. 某人投篮，命中率为0.7，规则是：投中后或投4次后就停止投篮，设X表示投篮次数，求X的分布律和分布函数$F(x)$.

9. 设随机变量X的分布函数为

$$F(x)=\begin{cases}0, & x<0,\\ 0.3, & 0\leqslant x<1,\\ 0.7, & 1\leqslant x<2,\\ 1, & 2\leqslant x.\end{cases}$$

求：(1) 随机变量X的分布律，(2) $P\{1<X\leqslant 3\}$.

10. 某厂生产的产品中次品率为0.005，任意取出1000件，试用泊逼近定理近似计算，

(1) 其中至少有2件次品的概率，

(2) 其中有不超过5件次品的概率.

11. 电话站为300个用户服务，在一小时内每一电话用户使用电话的概率等于0.01，试用泊松逼近定理近似计算，在一小时内有4个用户使用电话的概率.

12. 某一繁忙的汽车站，每天有大量汽车通过，设每辆汽车在这里出事故的概率为0.0001，如果每天有1000辆汽车通过这里，问出事故的次数不小于2的概率是多少？(利用泊松逼近定理近似计算).

13. 设步枪射击飞机的命中率为0.001，今射击6000次，试用泊松逼近定理近似计算，步枪至少击中飞机2次的概率.

14. 某地每年夏季遭受台风袭击的次数服从参数为4的泊松分布，求：(1) 台风袭击次数小于1的概率，(2) 台风袭击次数大于1的概率.

15. 尽管在几何教科书中已经讲过用圆规和直尺三等分一个任意角是不可能的，但每年总有一些“发明者”撰写关于用圆规和直尺将角三等分的文章. 设某地区每年撰写此类文章的篇数 X 服从参数为 $\lambda=6$ 的泊松分布，求明年没有此类文章的概率.

6.3　连续型随机变量

本节讨论连续型随机变量的概率分布及性质、概率计算与常见的连续型随机变量的分布.

6.3.1　连续型随机变量的概念

直观地说，一个随机变量的取值连续取整个实数轴，或实数轴某一区间，或一些区间任何实数时，这样的随机变量称为连续型随机变量.

从连续型随机变量的取值情况看出，如果用离散型随机变量 $X=x_i$ 的形式来表示连续型随机变量已不适合. 也就是说，连续型随机变量的取值无法像离散型随机变量那样，把所有的取值都一一列出. 例如电子元件的寿命、圆柱体形零件直径的测量值等，它们的取值不可能一一列举出来，而且，还会看到，它们取任一指定值的概率等于零，所以，不能用研究离散型随机变量的方法来研究连续型随机变量.

定义 4　如果对于随机变量 X 的分布函数 $F(x)$，存在非负函数 $\varphi(x)$，使得对任意实数 x，有

$$F(x)=P\{X\leqslant x\}=P\{-\infty<X\leqslant x\}=\int_{-\infty}^{x}\varphi(t)\,\mathrm{d}t$$

则称 X 为**连续型随机变量**. 称 $\varphi(x)$ 为 X 的**概率密度函数**，简称**概率密度**或**分布密度**.

由定义 4 可知，概率密度函数 $\varphi(x)$ 有下列性质：

性质 5　$\varphi(x)\geqslant 0$，

性质 6　$\int_{-\infty}^{+\infty}\varphi(x)\,\mathrm{d}x=1$，

性质 7　$P\{x_1<X\leqslant x_2\}=F(x_2)-F(x_1)=\int_{x_1}^{x_2}\varphi(x)\,\mathrm{d}x$ （$x_1<x_2$）

性质 8　如果 $\varphi(x)$ 在点 x 处连续，则 $F'(x)=\varphi(x)$.

概率密度函数 $\varphi(x)$ 是一个普通的实值函数，它刻画了随机变量 X 取值的规律. 性质 1 表示曲线 $y=\varphi(x)$ 位于 x 轴上方，性质 2 表示曲线 $y=\varphi(x)$ 与 x 轴之间围成的平面图形的面积等于 1，性质 3 表示 X 落在区间 $(x_1,x_2]$ 的概率 $P\{x_1<X\leqslant x_2\}$ 等于曲线 $y=\varphi(x)$ 与区间 $(x_1,x_2]$ 围成的面积. 另外，由微积分的知识可知，对于任意实数 a，有 $P\{X=a\}=0$，即连续型随机变量在任意一点处的概率都是 0，所以计算连续型随机变量在某一区间上的概率时，不必考虑该区间是开区间还是闭区间，所有这些概率都是相等的，即

$$P\{x_1<X<x_2\}=P\{x_1<X\leqslant x_2\}=P\{x_1\leqslant X<x_2\}=P\{x_1\leqslant X\leqslant x_2\}=\int_{x_1}^{x_2}\varphi(x)\,\mathrm{d}x$$

由定义 4 知道，连续型随机变量 X 的分布函数 $F(x)$ 是一个连续函数，由分布函数性质知道 $F(x)$ 的图像是一条位于直线 $y=0$ 与 $y=1$ 之间的单调不减曲线.

连续型随机变量 X 的分布函数 $F(x)$ 实际上就是概率密度函数在区间 $(-\infty,x]$ 的“累计

和"，分布函数$F(x)$与概率密度函数$\varphi(x)$只要知道一个，就可以求另外一个，这与离散型随机变量相似.

例 9 设随机变量X的分布函数为

$$F(x)=A+B\arctan x\ (-\infty<x<+\infty).$$

（1）试确定常数A,B，

（2）求$P\left\{-1<X\leqslant\sqrt{3}\right\}$.

解 （1）由分布函数性质，得

$$\begin{cases}\lim\limits_{x\to-\infty}F(x)=\lim\limits_{x\to-\infty}(A+B\arctan x)=A+B\left(-\dfrac{\pi}{2}\right)=0,\\ \lim\limits_{x\to+\infty}F(x)=\lim\limits_{x\to+\infty}(A+B\arctan x)=A+B\left(\dfrac{\pi}{2}\right)=1.\end{cases}$$

解得$A=\dfrac{1}{2}$，$B=\dfrac{1}{\pi}$，所以

$$F(x)=\frac{1}{2}+\frac{1}{\pi}\arctan x\ (-\infty<x<+\infty)$$

（2）$P\left\{-1<x\leqslant\sqrt{3}\right\}=F\left(\sqrt{3}\right)-F(-1)$

$$=\left[\frac{1}{2}+\frac{1}{\pi}\arctan\sqrt{3}\right]-\left[\frac{1}{2}+\frac{1}{\pi}\arctan(-1)\right]=\frac{7}{12}$$

例 10 设X为连续型随机变量，其概率密度函数为

$$\varphi(x)=\begin{cases}A\mathrm{e}^{-2x}, & x\geqslant0,\\ 0, & x<0.\end{cases}$$

求（1）常数A，（2）X的分布函数$F(x)$.

解 由概率密度函数性质 2

（1）$1=\int_{-\infty}^{+\infty}\varphi(x)\mathrm{d}x=\int_{-\infty}^{0}0\,\mathrm{d}x+\int_{0}^{+\infty}A\mathrm{e}^{-2x}\,\mathrm{d}x=-\dfrac{A}{2}\mathrm{e}^{-2x}\Big|_{0}^{+\infty}=\dfrac{A}{2}$，解得$A=2$

所以

$$\varphi(x)=\begin{cases}2\mathrm{e}^{-2x}, & x\geqslant0,\\ 0, & x<0.\end{cases}$$

（2）$F(x)=\int_{-\infty}^{x}\varphi(t)\mathrm{d}t$

当$x<0$时，$F(x)=\int_{-\infty}^{x}0\,\mathrm{d}x=0$

当$x\geqslant0$时，$F(x)=\int_{-\infty}^{x}\varphi(t)\mathrm{d}t=\int_{-\infty}^{0}0\,\mathrm{d}x+\int_{0}^{x}2\mathrm{e}^{-2t}\,\mathrm{d}t=1-\mathrm{e}^{-2x}$.

所以

$$F(x)=\begin{cases}0, & x<0,\\ 1-2\mathrm{e}^{-2x}, & x\geqslant0.\end{cases}$$

例 11 续型随机变量X的分布函数为

$$F(x)=\begin{cases}0, & x<0,\\ x^2, & 0\leqslant x<1,\\ 1, & 1\leqslant x.\end{cases}$$

求（1）概率密度函数$\varphi(x)$，（2）$P\left\{\frac{1}{2}<X\leqslant 2\right\}$.

解　（1）由性质 4 得

当$0\leqslant x<1$时，$\varphi(x)=F'(x)=2x$

当$x<0$或$x>1$时，$\varphi(x)=F'(x)=0$，因此

$$\varphi(x)=\begin{cases}2x, & 0\leqslant x<1,\\ 0, & 其他.\end{cases}$$

（2）由性质 3 得

$$P\left\{\frac{1}{2}<X\leqslant 2\right\}=F(2)-F\left(\frac{1}{2}\right)=1-\frac{1}{4}=\frac{3}{4}.$$

例 12　已知某种电子元件的寿命X（单位：时）为随机变量，其概率密度为

$$\varphi(x)=\begin{cases}\dfrac{100}{x^2}, & x\geqslant 100,\\ 0, & 其他.\end{cases}$$

（1）求X的分布函数$F(x)$，

（2）若某电子仪器上装有三个这样的电子元件，求该仪器使用 150 小时不需要更换这种电子元件的概率，

（3）已知某个元件已被使用了 120 小时未被损坏，问它能继续使用到 150 小时的概率.

解　（1）当$x<100$时

$$F(x)=\int_{-\infty}^{x}\varphi(t)\,\mathrm{d}t=\int_{-\infty}^{x}0\,\mathrm{d}t=0$$

当$x\geqslant 100$时

$$F(x)=\int_{-\infty}^{x}\varphi(t)\,\mathrm{d}t=\int_{-\infty}^{100}0\,\mathrm{d}t+\int_{100}^{x}\frac{100}{t^2}\mathrm{d}t=-\frac{100}{t}\bigg|_{100}^{x}=1-\frac{100}{x}$$

所以

$$F(x)=\begin{cases}0, & x<100,\\ 1-\dfrac{100}{x}, & x\geqslant 100.\end{cases}$$

（2）设$A_k=\{$第k个电子元件的寿命大于 150 小时$\}$（$k=1,2,3$），则A_1，A_2，A_3相互独立，且

$$P(A_k)=P\{X>150\}=1-F(150)=1-\left(1-\frac{100}{150}\right)=\frac{2}{3}\ （k=1,2,3）$$

所求概率为

$$P(A_1A_2A_3)=P(A_1)P(A_2)P(A_3)=\left(\frac{2}{3}\right)^3=\frac{8}{27}$$

（3）设 $B=\{X>120\}$，$A=\{X>150\}$，则 $AB=A$，于是

$$P(B)=P\{X>120\}=1-F(120)=1-\left(1-\frac{100}{120}\right)=\frac{5}{6}$$

$$P(A)=P\{X>150\}=\frac{2}{3}$$

所求概率为

$$P(A|B)=\frac{P(AB)}{P(B)}=\frac{P(A)}{P(B)}=\frac{\frac{2}{3}}{\frac{5}{6}}=\frac{4}{5}$$

分布函数可以用来描述各种随机变量的统计规律性，但对离散型随机变量，更多的是使用分布律；对连续型随机变量，其统计规律性常常由概率密度函数来确定.

6.3.2　几个常见的连续型随机变量的分布密度

1. 均匀分布

如果连续型随机变量 X 的概率密度函数为

$$\varphi(x)=\begin{cases}\dfrac{1}{b-a}, & a<x<b,\\ 0, & \text{其他}.\end{cases}$$

其中 a，b 为常数且 $a<b$，则称随机变量 X 在区间 (a,b) 上服从**均匀分布**，记作 $X\sim U(a,b)$，相应的分布函数

$$F(x)=P\{X\leqslant x\}=\begin{cases}0, & x\leqslant a,\\ \dfrac{x-a}{b-a}, & a<x\leqslant b,\\ 1, & x>b.\end{cases}$$

$\varphi(x)$ 与 $F(x)$ 的图像（见图 6.3 和图 6.4）所示.

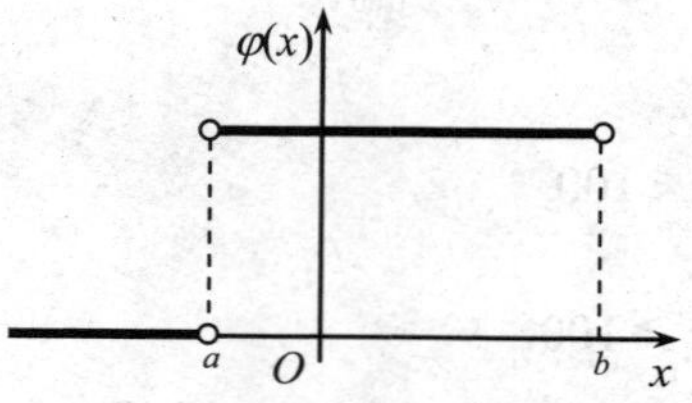

图 6.3

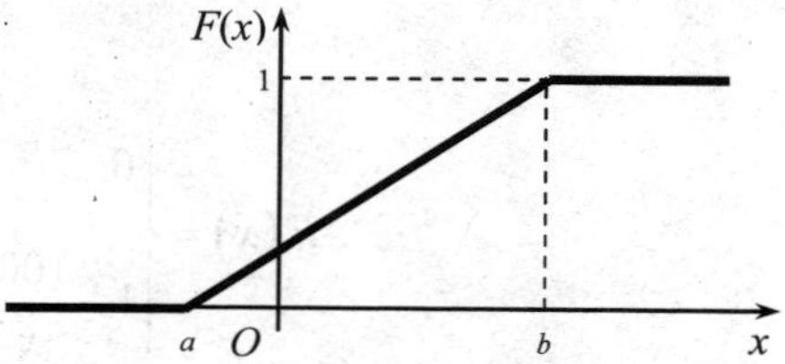

图 6.4

显然有

（1）$\varphi(x)\geqslant 0$；

（2）$\int_{-\infty}^{+\infty}\varphi(x)\,\mathrm{d}x=\int_a^b\frac{1}{b-a}\mathrm{d}x=1$.

均匀分布的几何意义是：设随机变量 X 在区间 (a, b) 上服从均匀分布，任意子区间 $(c, c+l)\subset(a, b)$，则下式成立

$$P\{c\leqslant X\leqslant c+l\}=\int_c^{c+l}\varphi(x)\mathrm{d}x=\int_c^{c+l}\frac{1}{b-a}\mathrm{d}x=\frac{l}{b-a}.$$

即 X 值落在 (a,b) 的任意子区间上的概率与该区间的长度 l 成正比，与其位置无关．换句话说，若 (a,b) 的各个子区间的长度相等，则 X 值落在各个子区间上的概率相等，这就叫作随机变量 X 在 (a,b) 上取值是“等可能”的或“均匀”的．

例 13　长途汽车站从上午 7:00 开始每隔 3 小时发一班车，现有一乘客到此车站的时间服从 7:00 到 10:00 之间的均匀分布，设 X 表示乘客到此车站时间．求乘客侯车时间小于半小时的概率．

解　根据题意，乘客到站时间 $X\sim U(0,3)$，即

$$\varphi(x)=\begin{cases}\dfrac{1}{3}, & 0\leqslant x\leqslant 3,\\ 0, & \text{其他}.\end{cases}$$

$$P\{2.5<X<3\}=\int_{2.5}^{3}\frac{1}{3}\mathrm{d}x=\frac{1}{6}$$

均匀分布常见于下列情形，例如，数值计算中由于四舍五入（保留小数点后第一位）而引起的误差，每隔一定时间有一辆公共汽车到达车站，乘客候车的时间等．

2．指数分布

如果随机变量 X 概率密度函数为

$$\varphi(x)=\begin{cases}\lambda\mathrm{e}^{-\lambda x}, & x\geqslant 0,\\ 0, & x<0.\end{cases}$$

其中 λ（>0）为常数，则称随机变量 X 服从参数为 λ 的**指数分布，记作** $X\sim\mathrm{e}(\lambda)$．相应的分布函数

$$F(x)=\begin{cases}0, & x\leqslant 0,\\ 1-\mathrm{e}^{-\lambda x}, & x>0.\end{cases}$$

$\varphi(x)$ 与 $F(x)$ 的图像如图 6.5 和图 6.6 所示．

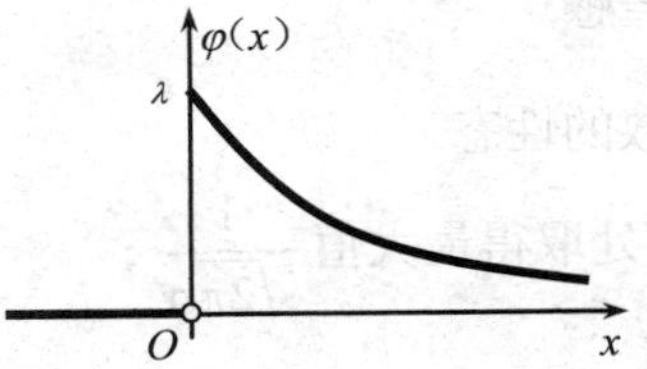

图 6.5

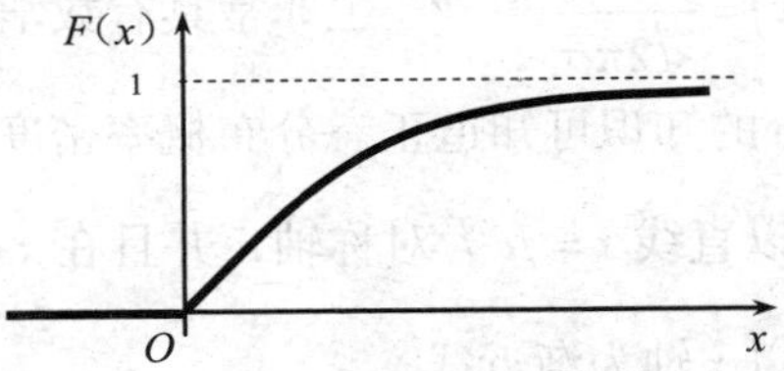

图 6.6

显然有 $\varphi(x)\geqslant 0$；$\int_{-\infty}^{+\infty}\varphi(x)\mathrm{d}x=1$.

例 14　打一次电话所有时间（单位：分）服从参数为 0.2 的指数分布．如果有人刚好在你之前走进公用电话亭，那么你等待时间超过 5 分钟的可能性与等待时间在 5～10 分钟之间

的可能性各有多大?

解 以 X 表示正在打电话的人所占用的时间，则 X 服从参数为 0.2 的指数分布，其概率密度函数为

$$\varphi(x)=\begin{cases}0.2\mathrm{e}^{-0.2x}, & x>0,\\ 0, & x\leqslant 0.\end{cases}$$

等待时间超过 5 分钟的可能性，就是随机事件 $X>5$ 发生的概率

$$P\{X>5\}=\int_5^{+\infty}0.2\mathrm{e}^{-0.2x}\,\mathrm{d}x=\mathrm{e}^{-1}-0\approx 0.3679,$$

等待时间在 5～10 分钟之间的可能性为

$$P\{5<X<10\}=\int_5^{10}0.2\mathrm{e}^{-0.2x}\,\mathrm{d}x=\mathrm{e}^{-1}-\mathrm{e}^{-2}\approx 0.2325.$$

一般来说，电子元件的寿命，动物的寿命，电话的通话时间，随机服务系统中的服务时间等都可以认为是服从指数分布的.

3. 正态分布

正态分布是最重要的一种概率分布，正态分布概念是由德国的数学家和天文学家 moivre 于 1733 年首次提出的，但由于德国数学家 Gauss（Carl Friedrich Gauss，1777—1855）率先将其应用于天文学家研究，故正态分布又叫高斯分布.

正态分布是概率分布中最重要的一种分布，正态分布是自然界最常见的一种分布，例如测量的误差、某地区居民的年收入、某个地区的年降水量、射击时弹着点与靶心的距离等. 如果随机变量受到为数众多的相互独立的随机因素的影响，而每一个别因素的影响都是微小的，且这些影响是可以叠加的. 例如，电灯泡在指定条件下的耐用时间受到原料、工艺、保管等因素的影响，而每种因素都是相互独立的，且它们的影响都很微小且可以叠加，具有上述特点的随机变量一般都可以认为是服从正态分布的.

如果随机变量 X 的概率密度函数是

$$\varphi(x)=\frac{1}{\sqrt{2\pi}\sigma}\mathrm{e}^{-\frac{(x-\mu)^2}{2\sigma^2}}\quad(-\infty<x<+\infty)$$

则称 X 服从参数为 μ，σ^2 的**正态分布**，记作 $X\sim N(\mu,\sigma^2)$，其中 μ，σ（$\sigma>0$）是常数.

服从正态分布的随机变量 X 的密度函数 $\varphi(x)$ 是一条钟型的曲线，曲线形状优雅，写成数学表达式 $\varphi(x)=\frac{1}{\sqrt{2\pi}\sigma}\mathrm{e}^{-\frac{(x-\mu)^2}{2\sigma^2}}$ 也非常具有数学的美感.

利用微积分的知识可知道正态分布概率密度函数的性态.

（1）$\varphi(x)$ 以直线 $x=\mu$ 为对称轴，并且在 $x=\mu$ 处取得最大值 $\frac{1}{\sqrt{2\pi}\sigma}$；

（2）$\varphi(x)$ 以 x 轴为渐近线;

（3）用导数的应用可以知道，$x=\mu\pm\sigma$ 为 $\varphi(x)$ 的两个拐点的横坐标;

（4）若固定 μ 改变 σ 的值，当 σ 越小时图形越陡峭；反之，若固定 σ 改变 μ 的值，曲线 $\varphi(x)$ 沿 x 轴平行移动，说明参数 μ 确定曲线的位置.

正态分布的分布函数为

$$F(x)=P\{X\leqslant x\}=\int_{-\infty}^{x}\frac{1}{\sqrt{2\pi}\sigma}\mathrm{e}^{-\frac{(t-\mu)^2}{2\sigma^2}}\mathrm{d}t.$$

若正态分布 $N(\mu,\sigma^2)$ 中的两个参数 $\mu=0$，$\sigma=1$ 时，相应的分布 $N(0,1)$ 称为**标准正态分布**. 其概率密度函数和分布函数分别用 $\varphi(x)$ 和 $\Phi(x)$ 表示，即

$$\varphi(x)=\frac{1}{\sqrt{2\pi}}\mathrm{e}^{-\frac{x^2}{2}},$$

$$\Phi(x)=P\{X\leqslant x\}=\int_{-\infty}^{x}\varphi(t)\mathrm{d}t=\int_{-\infty}^{x}\frac{1}{\sqrt{2\pi}}\mathrm{e}^{-\frac{t^2}{2}}\mathrm{d}t.$$

标准化后的概率密度函数 $\varphi(x)=\frac{1}{\sqrt{2\pi}}\mathrm{e}^{-\frac{x^2}{2}}$ 更加的简洁漂亮，两个最重要的数学常量 π 和 e 都出现在了公式之中. $\varphi(x)$ 与 $\Phi(x)$ 的图像如图 6.7 和图 6.8 所示.

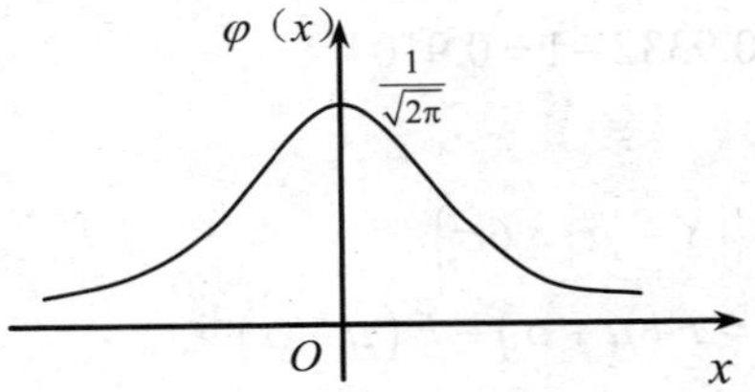

图 6.7

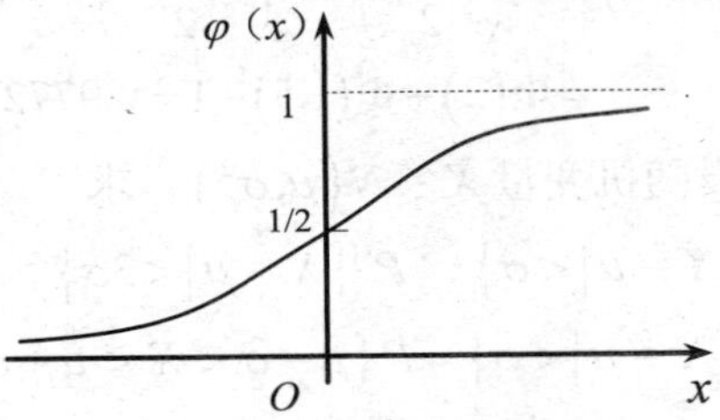

图 6.8

若随机变量 $X\sim N(0,1)$，则求事件 $\{X\leqslant x\}$ 的概率就是求 $\Phi(x)$ 的值，而 $\Phi(x)$ 的计算是很困难的，为此编制了它的近似值表，供计算时使用.

对于 $X\sim N(0,1)$，有

$$P\{x_1\leqslant X\leqslant x_2\}=\int_{x_1}^{x_2}\varphi(t)\mathrm{d}t=\int_{-\infty}^{x_2}\varphi(t)\mathrm{d}t-\int_{-\infty}^{x_1}\varphi(t)\mathrm{d}t=\Phi(x_2)-\Phi(x_1)$$

对于书后的 $\Phi(x)$ 表，只对 $x\geqslant 0$ 给出了 $\Phi(x)$ 的值，当 $x<0$ 时，可以使用下面的定理计算 $\Phi(-x)$ 的值如图 6.9 所示.

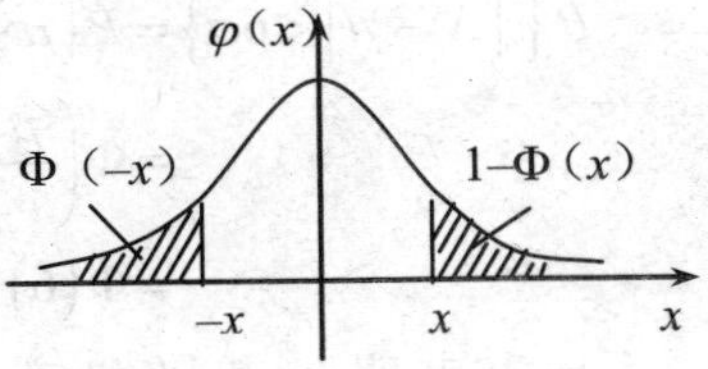

图 6.9

定理 2 设 $X\sim N(0,1)$，则 $\Phi(-x)=1-\Phi(x)$.

例 15 设随机变量 $X\sim N(0,1)$，求

$P\{X<1.65\}$，$P\{1.65<X<2.09\}$，$P\{X\geqslant 2.09\}$.

解 $P\{X<1.65\}=\Phi(1.65)=0.9505$；

$P\{1.65<X<2.09\}=\Phi(2.09)-\Phi(1.65)=0.9817-0.9505=0.0312$；

$P\{X\geqslant 2.09\}=1-P\{X<2.09\}=1-\Phi(2.09)=1-0.9817=0.0183$.

标准正态总体 $N(0,1)$ 在正态总体的研究中占有重要的地位，任何正态分布的概率问题均可转化成标准正态分布的概率问题.

现在讨论非标准正态分布 $X\sim N(\mu,\sigma^2)$ 的概率计算问题，如何计算 $P\{x_1\leqslant X\leqslant x_2\}$ 呢?

$$P\{x_1 \leqslant X \leqslant x_2\} = \int_{x_1}^{x_2} \frac{1}{\sqrt{2\pi}\sigma} e^{-\frac{(x-\mu)^2}{2\sigma^2}} dx$$

作变量代换，设 $t=\frac{x-\mu}{\sigma}$，则

$$P\{x_1 \leqslant X \leqslant x_2\} = \int_{\frac{x_1-\mu}{\sigma}}^{\frac{x_2-\mu}{\sigma}} \frac{1}{\sqrt{2\pi}} e^{-\frac{t^2}{2}} dt = \Phi\left(\frac{x_2-\mu}{\sigma}\right) - \Phi\left(\frac{x_1-\mu}{\sigma}\right)$$

于是一般正态分布的概率计算问题就转化为查标准正态分布表计算的问题.

例 16 设随机变量 $X \sim N(1,2^2)$，求 $P\{X<-1\}$，$P\{-2<X<5\}$.

解 $P\{X<-1\}=F(-1)=\Phi\left(\frac{-1-1}{2}\right)=\Phi(-1)$

$$=1-\Phi(1)=1-0.8413=0.1587;$$

$$P\{-2<X<5\}=\Phi\left(\frac{5-1}{2}\right)-\Phi\left(\frac{-2-1}{2}\right)=\Phi(2)-\Phi(-1.5)$$

$$=\Phi(2)+\Phi(1.5)-1=0.9772+0.9332-1=0.9104$$

例 17 设随机变量 $X \sim N(\mu,\sigma^2)$，求

$P\{|X-\mu|<\sigma\}$，$P\{|X-\mu|<3\sigma\}$，$P\{|X-\mu|<6\sigma\}$.

解 $P\{|X-\mu|<\sigma\}=P\{\mu-\sigma<X<\mu+\sigma\}=F(\mu+\sigma)-F(\mu-\sigma)$

$$=\Phi\left(\frac{\mu+\sigma-\mu}{\sigma}\right)-\Phi\left(\frac{\mu-\sigma-\mu}{\sigma}\right)$$

$$=\Phi(1)-\Phi(-1)=2\Phi(1)-1=2\times0.8413-1=0.6826$$

$$P\{|X-\mu|<3\sigma\}=P\{\mu-3\sigma<X<\mu+3\sigma\}=F(\mu+3\sigma)-F(\mu-3\sigma)$$

$$=\Phi\left(\frac{\mu+3\sigma-\mu}{\sigma}\right)-\Phi\left(\frac{\mu-3\sigma-\mu}{\sigma}\right)$$

$$=\Phi(3)-\Phi(-3)=2\Phi(3)-1=2\times0.9987-1=0.9974$$

$$P\{|X-\mu|<6\sigma\}=P\{\mu-6\sigma<X<\mu+6\sigma\}=F(\mu+6\sigma)-F(\mu-6\sigma)$$

$$=\Phi\left(\frac{\mu+6\sigma-\mu}{\sigma}\right)-\Phi\left(\frac{\mu-6\sigma-\mu}{\sigma}\right)$$

$$=\Phi(6)-\Phi(-6)=2\Phi(6)-1\approx0.9999966$$

上式表明，若随机变量 $X \sim N(\mu,\sigma^2)$，则 X 的值以概率 99.99966% 落在区间 $[\mu-6\sigma,\mu+6\sigma]$ 之内，或者说，X 的值几乎全部落在区间 $[\mu-6\sigma,\mu+6\sigma]$ 之内.

从理论上讲，服从正态分布的随机变量 X 的取值范围是 $(-\infty,+\infty)$，但实际上，X 在区间 $[\mu-6\sigma,\mu+6\sigma]$ 之外取值的概率几乎为零. 因此，往往它的取值是个有限区间，即区间 $[\mu-6\sigma,\mu+6\sigma]$.

在产品质量上和管理上，6σ 是一个目标，它意味着所有的过程和结果中，99.99966% 是无缺陷的，也就是说，做 100 万件事情，其中只有 3-4 件是有缺陷或是错误的，这几乎趋近到人类能够达到的最为完美的境界.

现在，20%以上的财富 500 强已经实施 6σ 管理法，很多有远见的中国企业家已经开始认识和接受 6σ 管理法，否则在以后的竞争中会被淘汰.

例 18　在某次数学考试中，考生的成绩 X 服从 $N(65,10^2)$ 的正态分布，求

（1）考试成绩 X 位于区间 $(55,75)$ 上的概率是多少？（2）如果这次考试共有 2000 名考生，试估计考试成绩在区间 $(60,70)$ 间的考生大约有多少人？

解　（1）$P\{55 \leqslant X \leqslant 75\} = \Phi\left(\dfrac{75-65}{10}\right) - \Phi\left(\dfrac{55-65}{10}\right) = \Phi(1) - \Phi(-1)$

$= 2\Phi(1) - 1 = 0.6826$

（2）$P\{60 \leqslant X \leqslant 70\} = \Phi\left(\dfrac{70-65}{10}\right) - \Phi\left(\dfrac{60-65}{10}\right) = \Phi(0.5) - \Phi(-0.5)$

$= 2\Phi(0.5) - 1 = 0.383$

60 分到 70 分之间的人数约为 $2000 \times 0.383 = 766$.

习题 6.3

1. 已知随机变量 X 的概率密度函数是

$$\varphi(x)=\begin{cases}\dfrac{3}{2}\theta, & 0<x<1,\\ \dfrac{1}{2}(1-\theta), & 1\leqslant x<2,\\ 0, & \text{其他}.\end{cases}$$

求 θ 的值及 $P\{0.5<X<1.2\}$.

2. 设随机变量 X 的概率密度函数是

$$\varphi(x)=\begin{cases}x, & 0\leqslant x<1,\\ 2-x, & 1\leqslant x\leqslant 2,\\ 0, & \text{其他}.\end{cases}$$

求：（1）X 的分布函数 $F(x)$，（2）$P\{0.5<X<5\}$.

3. 设随机变量 X 的概率密度函数是

$$\varphi(x)=\begin{cases}\dfrac{A}{\sqrt{1-x^2}}, & |x|<1,\\ 0, & \text{其他}.\end{cases}$$

求：（1）常数 A，（2）X 落在区间 $\left(-\dfrac{1}{2},\dfrac{1}{2}\right)$，$\left(-\dfrac{\sqrt{3}}{2},2\right)$ 内的概率，（3）X 的分布函数 $F(x)$.

4. 设随机变量 X 的概率密度函数为

$$\varphi(x)=\frac{A}{1+x^2}\quad(-\infty<x<+\infty)$$

确定常数 A，求 $P\{-1<X<1\}$.

5. 已知连续型随机变量 X 的概率密度函数为

$$\varphi(x)=\begin{cases}kx+1 & 0\leqslant x\leqslant 2,\\ 0, & \text{其他}.\end{cases}$$

求：（1）常数 k，（2）$P\{1.5\leqslant X\leqslant 2.5\}$，（3）$X$ 的分布函数 $F(x)$.

6. 求出与密度函数

$$\varphi(x)=\begin{cases}\dfrac{1}{2}\mathrm{e}^x, & x<0,\\ \dfrac{1}{4}, & 0\leqslant x<2,\\ 0, & x\geqslant 2.\end{cases}$$

相应的分布函数 $F(x)$ 的表达式.

7. 设随机变量 X 的概率密度函数为

$$\varphi(x)=\begin{cases}\dfrac{a}{x^3}, & x>1,\\ 0, & x\leqslant 1.\end{cases}$$

求：（1）常数 a，（2）X 的分布函数 $F(x)$，（3）$P\{0\leqslant X\leqslant 2\}$.

8. 设随机变量 X 的概率密度函数为

$$\varphi(x)=\frac{A}{\mathrm{e}^x+\mathrm{e}^{-x}}\quad(-\infty<x<+\infty)$$

求：（1）常数 A，（2）$P\left\{0<X<\dfrac{1}{2}\ln 3\right\}$，（3）$F(x)$.

9. 随机变量 X 的概率密度函数为

$$\varphi(x)=\begin{cases}2x, & 0<x<1,\\ 0, & \text{其他}.\end{cases}$$

求：（1）$P\{X\leqslant 0.5\}$，（2）$P\{0.2\leqslant X\leqslant 0.8\}$，（3）$X$ 的分布函数 $F(x)$.

10. 设连续型随机变量 X 的概率密度为

$$\varphi(x)=\begin{cases}Ax+B, & 1<x<3,\\ 0, & \text{其他}.\end{cases}$$

且知 X 在区间（2，3）内取值的概率是在区间（1，2）内取值的概率的 2 倍，试确定常数 A，B.

11. 设随机变量 X 的概率密度为 $\varphi(x)=\dfrac{1}{2}\sin x$（$0<x<\pi$）：（1）$X$ 的分布函数 $F(x)$，（2）$P\left\{|X|\leqslant\dfrac{\pi}{2}\right\}$.

12. 设随机变量 X 的概率分布为

$$\varphi(x)=\begin{cases}Ax, & 0<x<1,\\ 0, & \text{其他}.\end{cases}$$

以 Y 表示对 X 的三次独立重复观察中事件 $\left\{X \leqslant \frac{1}{2}\right\}$ 出现的次数，试确定常数 A，并求概率 $P\{Y=2\}$.

13. 设连续型随机变量 X 的分布函数为

$$F(x)=\begin{cases}0, & x<0, \\ A\tan x, & 0 \leqslant x<\frac{\pi}{3}, \\ 1, & \frac{\pi}{3} \leqslant x.\end{cases}$$

求：（1）常数 A，（2）$P\left\{|X| \leqslant \frac{\pi}{6}\right\}$.

14. 设 X 的分布函数为

$$F(x)=\begin{cases}0, & x<0, \\ Ax^2, & 0 \leqslant x<1, \\ 1, & 1 \leqslant x.\end{cases}$$

求常数 A 及 X 的密度函数 $\varphi(x)$，画出 $\varphi(x)$ 及 $F(x)$ 的图像.

15. 设连续型随机变量 X 的分布函数为

$$F(x)=\begin{cases}0, & x \leqslant 0, \\ A+B\mathrm{e}^{-\frac{x^2}{2}}, & x>0.\end{cases}$$

求：（1）A 和 B 的值，（2）密度函数 $\varphi(x)$，（3）$P\{-\sqrt{2} \leqslant x \leqslant \sqrt{2}\}$.

16. 设连续型随机变量 X 的分布函数是

$$F(x)=\begin{cases}0, & x<1, \\ Ax\ln x+Bx+1, & 1 \leqslant x<\mathrm{e}, \\ 1, & \mathrm{e} \leqslant x.\end{cases}$$

求：（1）常数 A 和 B，（2）$P\{1 \leqslant X \leqslant 2\}$，（3）$X$ 的概率密度函数 $\varphi(x)$.

17. 设电阻值 X 是一个随机变量，均匀分布在 $900\Omega \sim 1100\Omega$，求 X 的概率密度函数及 X 落在 $950\Omega \sim 1050\Omega$ 的概率.

18. 设随机变量 X 在区间 $(2,5)$ 上服从均匀分布，现对 X 进行3次独立观测，试求至少2次观测值大于3的概率.

19. 在某公共汽车站甲、乙、丙三人分别独立地等 1，2，3 路汽车，设每个人等车时间（单位：分钟）均服从 $(0,5)$ 上的均匀分布，求三人中至少有两个人等车时间不超过 2 分钟的概率.

20. 3 个电子元件并联成一个系统，只有当 3 个元件损坏两个或两个以上时，系统才报废，已知电子元件的寿命 X（单位：小时）服从参数为 $\lambda=\frac{1}{1000}$ 的指数分布，求系统的寿命超过 1000 小时的概率.

21. 设某仪器上装有三只独立工作的同型号的电子元件，其寿命（单位：小时）都服从同一指数分布，其中参数 $\lambda=\dfrac{1}{600}$，试求在仪器使用的最初 200 小时内，至少有一只元件损坏的概率.

22. 设顾客在某银行的窗口等待服务的时间 X（以分计）服从指数分布，其概率密度函数为

$$\varphi(x)=\begin{cases}\dfrac{1}{5}e^{-\frac{x}{5}}, & x>0,\\ 0, & 其他.\end{cases}$$

某顾客在窗口等待服务，若超过 10 分钟他就离开. 他一个月要到银行 5 次. 以 Y 表示一个月内他未等到服务而离开窗口的次数，写出 Y 的分布律，并求 $P\{Y\geqslant 1\}$.

23. 设随机变量 $X\sim N(0,1)$，求：

$P\{0<X<1.90\}$，$P\{-1.83<X<0\}$，$P\{|X|<1\}$，$P\{|X|<2\}$.

24. 设随机变量 $X\sim N(0,0.6^2)$，求 $P\{X>0\}$ 和 $P\{0.2<X<1.80\}$.

25. 某机器生产的螺栓的长度 X（单位：厘米）服从正态分布 $N(10.05,0.06^2)$，规定长度在 10.05 ± 0.12 内为合格品，求一只螺栓为不合格品的概率.

26. 某地区 18 岁的女青年的血压 X（收缩压）服从正态分布 $N(110,12^2)$. 在该地区任选一 18 岁的女青年，测量她的血压 X.

求：（1）$P\{X<105\}$（2）$P\{100<X<120\}$.

27. 一个工厂生产的电子管寿命 X（单位：小时）服从正态分布 $X\sim N(160,\sigma^2)$，若要求 $P\{120\leqslant X\leqslant 200\}\geqslant 0.8$，允许 σ 最大为多少？

6.4　一维随机变量函数的分布

实际问题中遇到一些随机变量，它们的分布往往难以直接得到，但是与它们相关的一些随机变量的分布却容易求出. 例如，测量滚珠体积可以先测量滚珠直径，然后通过体积与直径之间的关系求体积值. 从已知的随机变量分布出发去求与之相关的另一个随机变量的分布，就要研究随机变量函数的分布.

设 X 是一个随机变量，$g(x)$ 是一个已知函数，则 $Y=g(X)$ 是随机变量 X 的函数，它也是一个随机变量. 例如，设 X 是某种产品的销售量，如果该产品的销售价格为 200 元，则销售收入 $Y=200X$ 是随机变量 X 的函数，它也是一个随机变量. 假设已知随机变量 X 的分布，问题是如何求它的函数 Y 的分布.

下面针对 X 是离散型的或连续型的随机变量，分别讨论它的函数 $Y=g(X)$ 的分布.

6.4.1　离散型随机变量函数的分布

例 19　设随机变量 X 的分布律（见表 6.5）为

表 6.5

X	-1	0	1	2
P	$\frac{1}{4}$	$\frac{1}{4}$	$\frac{1}{4}$	$\frac{1}{4}$

求 $Y=X^2$ 的分布律.

解　Y 的可能取值为 $(-1)^2$，0^2，1^2，2^2；即 0，1，4

$P\{Y=0\}=P\{X^2=0\}=P\{X=0\}=\dfrac{1}{4}$，

$P\{Y=1\}=P\{X^2=1\}=P\{X=-1\}+P\{X=1\}=\dfrac{1}{4}+\dfrac{1}{4}=\dfrac{2}{4}$，

$P\{Y=4\}=P\{X^2=4\}=P\{X=2\}=\dfrac{1}{4}$.

Y 的分布律（见表 6.6）为

表 6.6

Y	0	1	4
P	$\frac{1}{4}$	$\frac{2}{4}$	$\frac{1}{4}$

由此归纳出离散型随机变量函数分布的求法.

如果 X 是离散型随机变量，其函数 $Y=g(X)$ 也是离散型随机变量，若 X 的分布律（见表 6.7）为

表 6.7

X	x_1	x_2	$\cdots$	x_k	$\cdots$
P	p_1	p_2	$\cdots$	p_k	$\cdots$

则 $Y=g(X)$ 的分布律（见表 6.8）为

表 6.8

$Y=g(X)$	$g(x_1)$	$g(x_2)$	$\cdots$	$g(x_k)$	$\cdots$
P	p_1	p_2	$\cdots$	p_k	$\cdots$

若 $g(x_k)$ 中有值相同的，应将相应的 p_k 相加.

例 20　设随机变量 X 的分布律（见表 6.9）为

表 6.9

X	-1	1	2
P	$\frac{1}{6}$	$\frac{2}{6}$	$\frac{3}{6}$

求 $Y=X^2-5$ 的分布律.

解　因为

X	-1	1	2
P	$\frac{1}{6}$	$\frac{2}{6}$	$\frac{3}{6}$

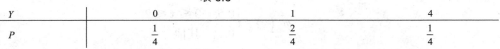

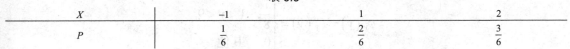

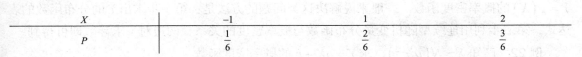

所以Y的分布律为

$Y=X^2-5$	-4	-4	1
P	$\frac{1}{6}$	$\frac{2}{6}$	$\frac{3}{6}$

故Y的分布律为

Y	-4	-1
P	$\frac{1}{2}$	$\frac{1}{2}$

6.4.2 连续型随机变量函数的分布

已知随机变量X的概率密度函数$\varphi_X(x)$（或分布函数$F_X(x)$），求$Y=g(X)$概率密度函数或分布函数.

例 21 设随机变量X的概率密度函数为

$$\varphi_X(x)=\begin{cases}0.5, & 0\leqslant x\leqslant 2,\\ 0, & \text{其他}.\end{cases}$$

$Y=4X+1$. 求（1）Y的分布函数,（2）Y的概率密度函数.

解 （1）由$Y=4X+1$关系可知，当x在区间$[0,2]$上变化时，y在区间$[1,9]$上变化，设y的分布函数为$F_Y(y)$，则

当$y<1$时，$F_Y(y)=P\{Y\leqslant y\}=0$

当$1\leqslant y<9$时时，$F_Y(y)=P\{Y\leqslant y\}=P\{4X+1\leqslant y\}$

$$=P\left\{X\leqslant\frac{y-1}{4}\right\}=\int_0^{\frac{y-1}{4}}0.5\,\mathrm{d}x=\frac{y-1}{8}$$

当$y\geqslant 9$时，$F_Y(y)=P\{Y\leqslant y\}=1$

所以，Y的分布函数

$$F_Y(y)=\begin{cases}0, & y<1,\\ \dfrac{y-1}{8}, & 1\leqslant y<9,\\ 1, & 9\leqslant y.\end{cases}$$

（2）Y的概率密度函数

$$\varphi_Y(y)=F'_Y(y)=\begin{cases}\dfrac{1}{8}, & 1<y<9,\\ 0, & \text{其他}.\end{cases}$$

这表明Y在区间$(1,9)$上服从均匀分布.

对于连续型随机变量，如果已知随机变量X的概率密度函数$\varphi_X(x)$，要求的是随机变量$Y=g(X)$的概率密度函数. 一般来说解决这类问题的方法是：第一步求出Y的分布函数的表达式，第二步利用连续型随机变量分布函数与概率密度的关系，两边对y求导数即可得到.

例 22 已知$X\sim N(\mu,\sigma^2)$，求$Y=aX+b$的概率密度函数.

解　设 Y 的分布函数为 $F_Y(y)$，于是

$$F_Y(y)=P\{Y\leqslant y\}=P\{aX+b\leqslant y\}=P\left\{X\leqslant\frac{y-b}{a}\right\}=F_X\left(\frac{y-b}{a}\right)$$

$$F_X(x)=P\{X\leqslant x\}=\int_{-\infty}^{x}\frac{1}{\sqrt{2\pi}\sigma}\mathrm{e}^{-\frac{(t-\mu)^2}{2\sigma^2}}\mathrm{d}t$$

对 $F_Y(y)=F_X\left(\dfrac{y-b}{a}\right)$ 两边对 y 求导

$$\varphi_Y(y)=F_X{}'\left(\frac{y-b}{a}\right)=\frac{1}{a}\varphi_X\left(\frac{y-b}{a}\right)=\frac{1}{a}\cdot\frac{1}{\sqrt{2\pi}\sigma}\mathrm{e}^{-\frac{\left(\frac{y-b}{a}-\mu\right)^2}{2\sigma^2}}=\frac{1}{\sqrt{2\pi}(a\sigma)}\mathrm{e}^{-\frac{(y-(a\mu+b))^2}{2(a\sigma)^2}}$$

这表明 $Y\sim N\left(a\mu+b,(a\sigma)^2\right)$

根据例 22 的结果，若 $X\sim N\left(\mu,\sigma^2\right)$，$Y=\dfrac{X-\mu}{\sigma}\sim N(0,1)$.

例 23　已知 X 在区间 $[0,1]$ 上服从均匀分布，求 $Y=-2\ln X$ 的概率密度函数.

解　x 在区间 $[0,1]$ 内，$y=-2\ln x$ 的值域为 $y>0$，于是

当 $y\leqslant 0$ 时，$F_Y(y)=P\{Y\leqslant y\}=0$

当 $y>0$ 时，$F_Y(y)=P\{Y\leqslant y\}=P\{-2\ln X\leqslant y\}=P\left\{X\geqslant \mathrm{e}^{-\frac{y}{2}}\right\}=1-F_X\left(\mathrm{e}^{-\frac{y}{2}}\right)$

即

$$F_Y(y)=1-F_X\left(\mathrm{e}^{-\frac{y}{2}}\right)$$

两边对 y 求导得

$$\varphi_Y(y)=\left[1-F_X\left(\mathrm{e}^{-\frac{y}{2}}\right)\right]_y'=-\left[F_X\left(\mathrm{e}^{-\frac{y}{2}}\right)\right]_y'=-\varphi_X\left(\mathrm{e}^{-\frac{y}{2}}\right)\cdot\mathrm{e}^{-\frac{y}{2}}\cdot\left(-\frac{1}{2}\right)\frac{1}{2}\mathrm{e}^{-\frac{y}{2}}.$$

于是

$$\varphi_Y(y)=\begin{cases}\dfrac{1}{2}\mathrm{e}^{-\frac{y}{2}}, & y\geqslant 0,\\ 0, & y<0.\end{cases}$$

习题 6.4

1. 设随机变量 X 的分布律如表 6.10 所示.

表 6.10

X	0	1	2	3	4	5
P	$\frac{1}{12}$	$\frac{1}{6}$	$\frac{1}{3}$	$\frac{1}{12}$	$\frac{2}{9}$	$\frac{1}{9}$

求 $Y=2(X-2)^2$ 的分布律.

2. 设随机变量 X 的分布律如表 6.11 所示.

表 6.11

X	-1	0	1	2	3
P	$\frac{1}{5}$	$\frac{1}{20}$	$\frac{1}{5}$	$\frac{2}{5}$	$\frac{3}{20}$

求 $Y=0.6X$ 和 $Z=\left|X-1\right|$ 的分布律.

3. 设随机变量 X 具有概率密度函数

$$\varphi_X(x)=\begin{cases}\dfrac{x}{8}, & 0<x<4.\\ 0, & 其他.\end{cases}$$

求 $Y=2X+8$ 的概率密度函数 $\varphi_Y(y)$.

4. 设连续型随机变量 X 的概率密度为

$$\varphi_X(x)=\begin{cases}e^{-x}, & x\geqslant 0,\\ 0, & 其他.\end{cases}$$

求 $Y=\sqrt{X}$ 的概率密度函数 $\varphi_Y(y)$.

5. 设随机变量 X 有概率密度函数为 $\varphi_X(x)=0.5e^{-|x|}$，求 $Y=X^2$ 的概率密度函数 $\varphi_Y(y)$.

6.5　随机变量的数字特征

由前面的学习可知，不论离散型随机变量还是连续型随机变量，其分布函数都可以对随机变量作出较全面的描述，然而在很多情况下要求出一个随机变量的分布函数并不是一件容易的事，对一个随机变量的探讨，有时并不需要去全面地考察（也很难全面地考察）随机变量的各种情况，而只要知道随机变量取值的平均值和其取值偏离平均值程度的一些综合数量指标. 例如，要了解一个班级学生的整体学习概况，只要知道这个班级学生的平均成绩，学生成绩偏离平均成绩的程度，就能比较清楚的知道学生的学习情况了；分析居民的收入情况对需求的影响，往往采用平均收入的概念，以及他们的收入对平均收入的偏离程度，这个偏离程度反映居民的贫富差异，由上面的例子看出，需要引入一些用来表示随机变量的平均值和偏离平均程度的量来描述随机量的这些数字特征，这些数字特征，虽然不能完整地描述这个随机变量，但是对于考察随机变量的总体特征具有十分重要的作用，本节介绍随机变量最重要的两个数字特征，数学期望和方差.

6.5.1　数学期望的概念与性质

案例 1　一箱产品共 100 件，其中有一级品、二级品和三级品，件数与售价（见表 6.12）所示：

则该箱产品每件平均售价为

$$\bar{x}=\frac{10\times 80+8\times 10+6\times 10}{100}$$（这是一个简单的算术平均）

$=10\times\dfrac{8}{10}+8\times\dfrac{1}{10}+6\times\dfrac{1}{10}$（将上述简单的算术平均改写为以频率为权重的加权平均）

$=9.4$（元）

表 6.12

	一级品	二级品	三级品
售价 x_k（元）	10	8	6
件数 n_k	80	10	10
频率 ω_k	$\frac{8}{10}$	$\frac{1}{10}$	$\frac{1}{10}$

由此可见，平均售价为售价 X 的各个可能取值 x_k 与其频率 ω_k 乘积之和，即

$$\overline{x}=\omega_1 x_1+\omega_2 x_2+\omega_3 x_3$$

但是，对一批同类产品而言，每箱产品的各个等级的频率是具有波动性的，因此，如果用每类产品的概率 p_k（频率的稳定值）去替代每类产品的频率 ω_k，这样得到的上述平均值，就是以每类产品的概率为权重的**加权平均**.

设随机变量 X 的取值为 $x_1, x_2, \cdots, x_k, \cdots$，相应的概率为 $p_1, p_2, \cdots, p_k, \cdots$，即

$$P\{X=x_k\}=p_k\ (k=1,2,\cdots)$$

很明显，x_k 出现的概率 p_k 越大，X 取这个值的可能性越大，X 的平均数受其影响也就越大，即 X 以概率 $p_1, p_2, \cdots, p_k, \cdots$ 来反映数据 $x_1, x_2, \cdots, x_k, \cdots$. 以 $p_1, p_2, \cdots, p_k, \cdots$ 为加权，对 $x_1, x_2, \cdots, x_k, \cdots$ 进行平均，得到 $\sum\limits_k x_k p_k$ 就是 X 的平均数.

定义 5　设离散型随机变量 X 的分布律为

$$P\{X=x_k\}=p_k\ (k=1,2,\cdots)$$

若级数 $\sum\limits_{k=1}^{\infty} x_k p_k$ 绝对收敛，则称级数 $\sum\limits_{k=1}^{\infty} x_k p_k$ 为随机变量 X 的**数学期望或均值**，记作 $\mathrm{E}X$，即

$$\mathrm{E}X=\sum_{k=1}^{\infty} x_k p_k .$$

关于定义 5 的说明：

$\mathrm{E}X$ 是一个实数，而非变量，它是一种加权平均，与一般的平均值不同，它从本质上体现了随机变量 X 取可能值的真正平均值，也称均值.

例 24　甲乙两人进行射击，击中的环数是随机变量 X，Y，其分布律（见表 6.13 和表 6.14）所示：

表 6.13

$X=x_k$	8	9	10
$P\{X=x_k\}$	0.3	0.1	0.6

表 6.14

$Y=y_k$	8	9	10
$P\{Y=y_k\}$	0.2	0.5	0.3

问哪个射手技术比较好.

解　比较射击水平，就是比较击中环数的数学期望.

$$EX = 8\times0.3+9\times0.1+10\times0.6 = 9.3\text{（环）};$$
$$EY = 8\times0.2+9\times0.5+10\times0.3 = 9.1\text{（环）}.$$

因此甲射手的技术比较好.

例 25 某人现有 10 万元现金，想投资于某项目，预计成功的机会为 30%，可得利润 8 万元，失败的机会为 70%，将损失 2 万元. 若存入银行，同期间的利率为 5%，问是否作此项投资?

解 设 X 为投资利润（见表 6.15），则

表 6.15

X	8	−2
P	0.3	0.7

$$EX = 8\times0.3-2\times0.7 = 1\text{（万元）}$$

存入银行的利息 $10\times0.05 = 0.5$（万元）

故应选择投资.

例 26 设随机变量 X 服从两点分布，求 EX.

解 因为 X 服从两点分布，其概率分布为

$$P\{X=k\} = p^k(1-p)^{1-k}\quad(k=0,1)$$

于是

$$EX = 0\times(1-p)+1\times p = p$$

例 27 设 $X\sim B(n,p)$，求 EX.

解 因为 X 服从二项分布，其分布律为

$$P\{X=k\} = C_n^k p^k(1-p)^{n-k}\quad(k=0,1,2,\cdots,n)$$

于是

$$EX = \sum_{k=0}^{n} k C_n^k p^k (1-p)^{n-k} = \sum_{k=1}^{n}\frac{k\cdot n!}{k!(n-k)!}p^k(1-p)^{n-k}$$

$$= \sum_{k=1}^{n}\frac{n(n-1)!}{(k-1)!\left[(n-1)-(k-1)\right]!}p\cdot p^{k-1}(1-p)^{(n-1)-(k-1)}$$

$$= np\sum_{k=1}^{n} C_{n-1}^{k-1}p^{k-1}(1-p)^{(n-1)-(k-1)} = np\left[p+(1-p)\right]^{n-1} = np$$

例 28 设随机变量 X 服从参数为 λ 的泊松分布，求 EX.

解 因为 X 服从泊松分布，其分布律为

$$P\{X=k\} = \frac{\lambda^k e^{-\lambda}}{k!}\quad(k=0,1,2,\cdots)$$

根据分布律的性质

$$\sum_{k=0}^{\infty}\frac{\lambda^k e^{-\lambda}}{k!} = 1$$

于是

$$EX = \sum_{k=0}^{+\infty} k\cdot\frac{\lambda^k e^{-\lambda}}{k!} = \lambda\sum_{k=1}^{+\infty}\frac{\lambda^{k-1}e^{-\lambda}}{(k-1)!} = \lambda\sum_{k-1=0}^{+\infty}\frac{\lambda^{k-1}e^{-\lambda}}{(k-1)!} = \lambda$$

设 X 为连续型随机变量，它的概率密度函数为 $\varphi(x)$，由于 $\varphi(x)\mathrm{d}x$ 的作用与离散型随机变量中的 p_k 类似，于是有

定义 6　设连续型随机变量 X 的概率密度函数为 $\varphi(x)$，若广义积分 $\int_{-\infty}^{+\infty} x\varphi(x)\,\mathrm{d}x$ 绝对收敛，则称此广义积分值为连续型随机变量 X 的**数学期望**，记作 $\mathrm{E}X$，即

$$\mathrm{E}X=\int_{-\infty}^{+\infty} x\varphi(x)\mathrm{d}x .$$

例 29　设随机变量 X 概率密度函数为

$$\varphi(x)=\begin{cases}3x^2, & 0\leqslant x\leqslant 1,\\ 0, & 其他.\end{cases}$$

求 X 的数学期望.

解　根据定义 6 有

$$\mathrm{E}X=\int_{-\infty}^{+\infty} x\varphi(x)\mathrm{d}x=\int_0^1 x\cdot 3x^2\,\mathrm{d}x=\frac{3}{4}.$$

例 30　设随机变量 X 在区间 (a,b) 上服从均匀分布，即

$$\varphi(x)=\begin{cases}\dfrac{1}{b-a}, & a<x<b,\\ 0, & 其他.\end{cases}$$

求 $\mathrm{E}X$.

解　根据定义 6 有

$$\mathrm{E}X=\int_{-\infty}^{+\infty} x\varphi(x)\mathrm{d}x=\int_a^b \frac{x}{b-a}\mathrm{d}x=\frac{a+b}{2}$$

例 31　设随机变量 X 服从参数为 λ 的指数分布，即

$$\varphi(x)=\begin{cases}\lambda \mathrm{e}^{-\lambda x}, & x\geqslant 0,\\ 0, & x<0.\end{cases}$$

求 $\mathrm{E}X$.

解　$\mathrm{E}X=\int_{-\infty}^{+\infty} x\varphi(x)\mathrm{d}x=\int_{-\infty}^{0} 0\,\mathrm{d}x+\int_0^{+\infty} x\cdot\lambda\mathrm{e}^{-\lambda x}\,\mathrm{d}x=\int_0^{+\infty} x\cdot\lambda\mathrm{e}^{-\lambda x}\,\mathrm{d}x=\int_{+\infty}^{0} x\,\mathrm{d}\mathrm{e}^{-\lambda x}$

$$=x\mathrm{e}^{-\lambda x}\Big|_{+\infty}^{0}-\int_{+\infty}^{0}\mathrm{e}^{-\lambda x}\,\mathrm{d}x=\frac{1}{\lambda}$$

例 32　设某种电子元件的寿命 X（单位：小时）服从参数为 $\lambda=\dfrac{1}{100}$ 的指数分布，其概率密度函数为

$$\varphi(x)=\begin{cases}\dfrac{1}{100}\mathrm{e}^{-\frac{x}{100}}, & x\geqslant 0,\\ 0, & x<0.\end{cases}$$

求这种电子元件的平均寿命（单位：小时）.

解　求电子元件的平均寿命就是求 X 的数学期望，根据定义 5.6 有

$$\mathrm{E}X=\int_{-\infty}^{+\infty} x\varphi(x)\mathrm{d}x=\int_{-\infty}^{0} 0\,\mathrm{d}x+\int_0^{+\infty}\frac{x}{100}\mathrm{e}^{-\frac{x}{100}}\mathrm{d}x=-(x+100)\mathrm{e}^{-\frac{x}{100}}\Big|_0^{+\infty}=100\text{（小时）}$$

例 33 设随机变量 X 服从正态分布 $X \sim N\left(\mu, \sigma^2\right)$，即

$$\varphi(x)=\frac{1}{\sqrt{2\pi}\sigma}\mathrm{e}^{-\frac{(x-\mu)^2}{2\sigma^2}}\quad(-\infty<x<+\infty)$$

其中 μ, σ（$\sigma>0$）为常数，求 $\mathrm{E}X$.

解 $$\mathrm{E}X=\int_{-\infty}^{+\infty} x\varphi(x)\mathrm{d}x=\int_{-\infty}^{+\infty} x\frac{1}{\sqrt{2\pi}\sigma}\mathrm{e}^{-\frac{(x-\mu)^2}{2\sigma^2}}\mathrm{d}x \xlongequal{\frac{x-\mu}{\sigma}=t} \frac{1}{\sqrt{2\pi}}\int_{-\infty}^{+\infty}(\sigma t+\mu)\mathrm{e}^{-\frac{t^2}{2}}\mathrm{d}t$$

$$=\frac{\sigma}{\sqrt{2\pi}}\int_{-\infty}^{+\infty} t\mathrm{e}^{-\frac{t^2}{2}}\mathrm{d}t+\frac{\mu}{\sqrt{2\pi}}\int_{-\infty}^{+\infty}\mathrm{e}^{-\frac{t^2}{2}}\mathrm{d}t$$

由广义积分得

$$\frac{\sigma}{\sqrt{2\pi}}\int_{-\infty}^{+\infty} t\mathrm{e}^{-\frac{t^2}{2}}\mathrm{d}t=0$$

而

$$\int_{-\infty}^{+\infty}\frac{1}{\sqrt{2\pi}}\mathrm{e}^{-\frac{t^2}{2}}\mathrm{d}t=1$$

于是

$$\mathrm{E}X=\mu$$

由此可见，正态分布中的参数 μ，恰好是随机变量的数学期望.

已知随机变量 X 的分布，需要计算的不是 X 的期望，而是 X 的某个函数的期望，比如说 $g(X)$ 的期望. 那么应该如何计算呢？

一种方法是，因为 $g(X)$ 也是随机变量，故应有概率分布，它的分布可以由已知的 X 的分布求出来. 一旦知道了 $g(X)$ 的分布，就可以按照期望的定义把 $\mathrm{E}g(X)$ 计算出来.使用这种方法必须先求出随机变量函数 $g(X)$ 的分布，一般是比较复杂的.

那么是否可以不求 $g(X)$ 的分布而只根据 X 的分布求得 $\mathrm{E}g(X)$ 呢？

设 X 是随机变量，$Y=g(X)$，$g(x)$ 为连续函数，且 $\mathrm{E}g(X)$ 存在，则：

（1）若 X 为离散型随机变量，分布律为 $P\{X=x_k\}=p_k$（$k=1,2,\cdots$），则

$$\mathrm{E}g(X)=\sum_{k=1}^{\infty} g(x_k)p_k\quad(k=1,2,\cdots)$$

（2）若 X 为连续型随机变量，概率密度函数为 $\varphi(x)$，则

$$\mathrm{E}g(X)=\int_{-\infty}^{+\infty} g(x)\varphi(x)\mathrm{d}x$$

例 34 设随机变量 X 的分布律（见表 6.16）为

表 6.16

X	0	1	2
p	$\frac{1}{2}$	$\frac{1}{4}$	$\frac{1}{4}$

求 $\mathrm{E}\left(X^2+2\right)$.

解　$E\left(X^2+2\right)=\left(0^2+2\right)\times\frac{1}{2}+\left(1^2+2\right)\times\frac{1}{4}+\left(2^2+2\right)\times\frac{1}{4}=\frac{13}{4}$.

例 35　设随机变量 X 的概率密度 $\varphi(x)=\begin{cases}\frac{e^x}{2}, & x\leqslant 0\\ \frac{e^{-x}}{2}, & x>0\end{cases}$，求 $E|X|$.

解　$E|X|=\int_{-\infty}^{+\infty}g(x)\varphi(x)dx$

$$=\int_{-\infty}^{+\infty}|x|\cdot\varphi(x)dx=\int_{-\infty}^{0}(-x)\cdot\frac{e^x}{2}dx+\int_{0}^{+\infty}x\cdot\frac{e^{-x}}{2}dx=1.$$

性质 9　$E(a)=a$（a 为常数）.

性质 10　$E(aX+b)=aEX+b$（a，b 为常数）.

证　以离散型随机变量为例，设 X 的分布律为

$$P\{X=x_k\}=p_k\ (k=1,2,\cdots,k,\cdots)$$

于是

$$E(aX+b)=\sum_{k=1}^{\infty}(ax_k+b)p_k=a\sum_{k=1}^{\infty}x_kp_k+b\sum_{k=1}^{\infty}p_k=aEX+b$$

性质 11　设随机变量 X 与 Y 相互独立，则 $E(XY)=EX\cdot EY$.

性质 12　设有两个任意的随机变量 X，Y，它们的期望 EX，EY 存在，则有

$$E(X+Y)=EX+EY.$$

性质 12 可以推广到 n 个随机变量

推论　设有 n 个随机变量 $X_1,X_2,\cdots,X_n$，它们的期望 $EX_1,EX_2,\cdots,EX_n$ 存在，则有

$$E(X_1+X_2+\cdots+X_n)=EX_1+EX_2+\cdots+EX_n.$$

例 36　设随机变量 $X\sim B(n,p)$，求 EX.

解　将随机变量 X 看作 n 重伯努利试验中事件 A 出现的次数，由于 n 重伯努利试验中第 k 次试验结果也是随机变量，记为 X_k，显然 X_k 服从 $0-1$ 分布，即

$$X_k=\begin{cases}1, & \text{在第}k\text{次试验中}A\text{出现}\\ 0, & \text{在第}k\text{次试验中}A\text{不出现}\end{cases}\quad(k=1,2,\cdots,n)$$

$$EX_k=1\times p+0\times(1-p)=p\ (k=1,2,\cdots,n)$$

从而，n 重伯努利试验中事件 A 出现的次数 X 与 $X_1,X_2,\cdots,X_n$ 的关系是

$$X=X_1+X_2+\cdots+X_n,$$

而 $EX_k=p$（$k=1,2,\cdots,n$），由推论知道

$$EX=E(X_1+X_2+\cdots+X_n)=EX_1+EX_2+\cdots+EX_n=np$$

计算服从二项分布的随机变量 X 的数学期望 EX，用推论计算比用定义 5 计算要简便得多，读者可以比较例题 27 和例题 36，看看哪种方法更简洁.

6.5.2　方差的概念与性质

案例 2　检验两批纤维的质量，从中分别随机抽样 5 根，测得纤维长度（单位：厘米）

如下：

A:	21	16	10	6	7
B:	13	13	11	12	11

试比较这两批纤维质量的好坏.

计算得，平均长度分别为 A：12（厘米），B：12（厘米），观察两组数据得，A 中纤维长度偏离较大，B 中纤维长度偏离较小，所以，B 产品质量较好.

在实际问题中，仅仅考虑期望值还不能完善地描述随机变量的分布规律，客观上还有另一个因素对分布规律起到重要影响，这就是随机变量取值对于其期望值的离散程度，为此，引入方差的概念.

定义 7 设有随机变量 X，其数学期望为 $\mathrm{E}X$，如果 $\mathrm{E}(X-\mathrm{E}X)^2$ 存在，则称它为随机变量的**方差**，记为 $\mathrm{D}X$，即

$$\mathrm{D}X=\mathrm{E}(X-\mathrm{E}X)^2$$

而称 $\sqrt{\mathrm{D}X}$ 为随机变量 X 的**标准差或均方差**.

对于离散型随机变量和连续型随机变量，可按随机变量函数的数学期望公式分别给出这两类随机变量的方差为

$$\mathrm{D}X=\mathrm{E}(X-\mathrm{E}X)^2=\sum_k\left[x_k-\mathrm{E}(X)\right]^2p_k\text{，}X\text{ 为离散型随机变量.}$$

$$\mathrm{D}X=\mathrm{E}(X-\mathrm{E}X)^2=\int_{-\infty}^{+\infty}(x-\mathrm{E}X)^2\varphi(x)\mathrm{d}x\text{，}X\text{ 为连续型随机变量.}$$

把方差的定义与期望的定义比较可知，方差是一个新随机变量的期望，是原来随机变量 X 的函数 $Y=(X-\mathrm{E}X)^2$ 的期望．由于 $\mathrm{E}X$ 是一个常数，$\mathrm{D}X$ 也是一个常数，$\mathrm{D}X$ 是 $(X-\mathrm{E}X)^2$ 的期望，它恒取非负值，即 $\mathrm{D}X\geqslant 0$.

关于方差的计算，有下面一个重要的公式

$$\mathrm{D}X=\mathrm{E}X^2-(\mathrm{E}X)^2.$$

由于 $\mathrm{E}X$ 是一个常数，所以

$$\begin{aligned}\mathrm{D}X&=\mathrm{E}(X-\mathrm{E}X)^2=\mathrm{E}\left[X^2-2X\cdot\mathrm{E}X+(\mathrm{E}X)^2\right]\\&=\mathrm{E}X^2-2\mathrm{E}X\cdot\mathrm{E}X+(\mathrm{E}X)^2=\mathrm{E}X^2-(\mathrm{E}X)^2\end{aligned}$$

例 37 设甲、乙两射手打靶时击中的环数分别为 X_1，X_2，其概率分布如表 6.17 和表 6.18 所示.

表 6.17

X_1	8	9	10
P	0.1	0.8	0.1

表 6.18

X_2	8	9	10
P	0.3	0.4	0.3

求 X_1，X_2 的数学期望和方差.

解 $\mathrm{E}X_1=8\times0.1+9\times0.8+10\times0.1=9$

$\mathrm{E}X_2=8\times0.3+9\times0.4+10\times0.3=9$

$\mathrm{D}X_1=\mathrm{E}(X_1-\mathrm{E}X_1)^2=(8-9)^2\times0.1+(9-9)^2\times0.8+(10-9)^2\times0.1=0.2$

$$DX_2 = E(X_2 - EX_2)^2 = (8-9)^2 \times 0.3 + (9-9)^2 \times 0.4 + (10-9)^2 \times 0.3 = 0.6$$

计算表明，虽然两射手的平均环数相等，但第一射手的稳定性比第二位射手的稳定性大.

例 38　设随机变量 X 服从两点分布，求 DX.

解　X 的概率分布为

$$P\{X=k\} = p^k(1-p)^{1-k} \quad (k=0,1)$$

$$EX = 0 \times (1-p) + 1 \times p = p$$

由于

$$EX^2 = 0^2 \times (1-p) + 1^2 \times p = p$$

于是

$$DX = EX^2 - (EX)^2 = p - p^2 = p(1-p)$$

例 39　设随机变量 X 服从参数为 λ 的泊松分布，求 DX.

解　因为 X 服从泊松分布，其分布律为

$$P\{X=k\} = \frac{\lambda^k e^{-\lambda}}{k!} \quad (k=0,1,2,\cdots)$$

前面已经算得 $EX = \lambda$.

$$EX^2 = E[X(X-1)+X] = E[X(X-1)] + EX = \sum_{k=0}^{+\infty} k(k-1)\cdot\frac{\lambda^k e^{-\lambda}}{k!} + \lambda$$

$$= \lambda^2 \sum_{k=2}^{+\infty} \frac{\lambda^{k-2} e^{-\lambda}}{(k-2)!} + \lambda = \lambda^2 + \lambda$$

所以

$$DX = EX^2 - (EX)^2 = \lambda$$

例 40　设 X 在 (a,b) 上服从均匀分布，即 $X \sim U(a,b)$，求 DX.

解　由前面例题知道

$$EX = \frac{1}{2}(a+b),$$

由于

$$EX^2 = \int_{-\infty}^{+\infty} x^2 \varphi(x)\,dx = \int_a^b x^2 \frac{1}{b-a}\,dx = \frac{1}{3}(b^2+ab+a^2),$$

于是

$$DX = EX^2 - (EX)^2 = \frac{1}{3}(b^2+ab+a^2) - \frac{1}{4}(a+b)^2 = \frac{1}{12}(b-a)^2.$$

例 41　设随机变量 X 服从参数为 λ 的指数分布，求 DX.

解　服从参数为 λ 的指数分布的随机变量 X 的概率密度函数为

$$\varphi(x) = \begin{cases} \lambda e^{-\lambda x}, & x > 0 \\ 0, & x \leqslant 0 \end{cases}$$

且 $EX = \dfrac{1}{\lambda}$，而

$$EX^2 = \int_{-\infty}^{+\infty} x^2 \varphi(x)\,dx = \int_0^{+\infty} x^2 \cdot \lambda e^{-\lambda x}\,dx = -\int_0^{+\infty} x^2\,de^{-\lambda x}$$

$$= -x^2 e^{-\lambda x}\Big|_0^{+\infty} + 2\int_0^{+\infty} x \cdot e^{-\lambda x}\, dx = \frac{2}{\lambda^2}$$

故

$$DX = EX^2 - (EX)^2 = \frac{1}{\lambda^2}.$$

例 42 设随机变量 X 服从正态分布，即 $X \sim N(\mu, \sigma^2)$，求 DX.

解 因为 $X \sim N(\mu, \sigma^2)$，所以 $EX = \mu$.

$$DX = \int_{-\infty}^{+\infty} (x - EX)^2 \varphi(x)\, dx = \int_{-\infty}^{+\infty} (x-\mu)^2 \frac{1}{\sqrt{2\pi}\sigma} e^{-\frac{(x-\mu)^2}{2\sigma^2}}\, dx$$

$$\xlongequal{\frac{x-\mu}{\sigma}=t} \frac{\sigma^2}{\sqrt{2\pi}} \int_{-\infty}^{+\infty} t^2 e^{-\frac{t^2}{2}}\, dt = -\frac{\sigma^2}{\sqrt{2\pi}} \int_{-\infty}^{+\infty} t\, d e^{-\frac{t^2}{2}}$$

$$= -\frac{\sigma^2}{\sqrt{2\pi}} t e^{-\frac{t^2}{2}}\Big|_{-\infty}^{+\infty} + \sigma^2 \int_{-\infty}^{+\infty} \frac{1}{\sqrt{2\pi}} e^{-\frac{t^2}{2}}\, dt = \sigma^2$$

由此说明，服从正态分布的随机变量 X 的两个参数 μ，σ^2 分别是其随机变量的数学期望和方差值，因此，只要利用正态分布的数学期望和方差这两个数字特征就能够确定出这一分布.

方差的性质：

性质 13 设 a 是常数，则 $D(a) = 0$；

性质 14 设 a 是常数，则 $D(aX) = a^2 DX$；

性质 15 设随机变量 X，Y 相互独立，则

$$D(X \pm Y) = DX + DY.$$

性质 16 设 a，b 是常数，则 $D(aX+b) = a^2 DX$；

推论 设随机变量 $X_1, X_2, \cdots, X_n$ 相互独立，则

$$D(X_1 + X_2 + \cdots + X_n) = DX_1 + DX_2 + \cdots DX_n.$$

例 43 设 $X \sim B(n, p)$ 分布，求 DX.

解 将随机变量 X 看作 n 重伯努利试验中事件 A 出现的次数，由于 n 重伯努利试验中第 k 次试验结果也是随机变量，记为 X_k，显然 X_k 服从 $0-1$ 分布，即

$$X_k = \begin{cases} 1, & \text{在第}k\text{次试验中}A\text{出现} \\ 0, & \text{在第}k\text{次试验中}A\text{不出现} \end{cases} \quad (k = 1, 2, \cdots, n)$$

$$EX_k = p \quad (k = 1, 2, \cdots, n)$$

$$E{X_k}^2 = 1^2 \times p + 0^2 \times (1-p) = p \quad (k = 1, 2, \cdots, n)$$

$$DX_k = EX_k^2 - (EX_k)^2 = p - p^2 = p(1-p) \quad (k = 1, 2, \cdots, n)$$

由于

$$X = X_1 + X_2 + \cdots + X_n,$$

因为 $X_1, X_2, \cdots, X_n$ 是相互独立的，因此

$$DX=\sum_{k=1}^{n}DX_k=\sum_{k=1}^{n}p(1-p)=np(1-p).$$

例 44　设 n 个随机变量 $X_1,X_2,\cdots,X_n$ 相互独立，服从同一分布，且 $EX_k=\mu$，$DX_k=\sigma^2$，求 $\overline{X}=\frac{1}{n}\sum_{k=1}^{n}X_k$ 的数学期望和方差.

解　由数学期望和方差的性质得

$$E\overline{X}=E\left(\frac{1}{n}\sum_{k=1}^{n}X_k\right)=\frac{1}{n}\sum_{k=1}^{n}EX_k=\frac{1}{n}\cdot n\mu=\mu,$$

$$D\overline{X}=D\left(\frac{1}{n}\sum_{k=1}^{n}X_k\right)=\frac{1}{n^2}\sum_{k=1}^{n}DX_k=\frac{1}{n^2}\cdot n\sigma^2=\frac{\sigma^2}{n}.$$

设随机变量 $X_1,X_2,\cdots,X_n$ 相互独立且 $X_k\sim N(\mu,\sigma^2)$（$k=1,2,\cdots,n$），则

$$\overline{X}=\frac{1}{n}\sum_{k=1}^{n}X_k\sim N\left(\mu,\frac{\sigma^2}{n}\right),$$

作变量置换得

$$\frac{\overline{X}-\mu}{\frac{\sigma}{\sqrt{n}}}\sim N(0,1).$$

常见的随机变量的数学期望和方差：

1. 两点分布

若 X 服从两点分布，其分布律为 $P\{X=1\}=p$，$P\{X=0\}=1-p$，则

$$EX=p,\quad DX=p(1-p)$$

2. 二项分布

若 X 服从二项分布，即 $X\sim B(n,p)$，其分布律为

$$P\{X=k\}=C_n^k p^k(1-p)^{n-k}\quad(k=0,1,2,\cdots,n)，则$$

$$EX=np,\quad DX=np(1-p)$$

3. 泊松分布

若 X 服从参数为 λ 的泊松分布，即 $X\sim P(\lambda)$，其分布律为 $P\{X=k\}=\frac{\lambda^k e^{-\lambda}}{k!}$（$k=0,1,2,\cdots,$）

则

$$EX=\lambda,\quad DX=\lambda;$$

4. 均匀分布

若 X 服从区间 (a,b) 上的均匀分布，即 $X\sim U(a,b)$，其概率密度函数是

$$\varphi(x)=\begin{cases}\frac{1}{b-a}, & a\leqslant x\leqslant b,\\ 0, & \text{其他}.\end{cases}$$

则

$$EX=\frac{a+b}{2},\quad DX=\frac{(b-a)^2}{12};$$

5．指数分布

若 X 服从参数为 λ 的指数分布，即 $X \sim \mathrm{E}(\lambda)$，其概率密度函数是

$$\varphi(x)=\begin{cases}\lambda \mathrm{e}^{-\lambda x}, & x>0\\ 0, & x\leqslant 0\end{cases}$$

则

$$\mathrm{E}X=\frac{1}{\lambda}，\ \mathrm{D}X=\frac{1}{\lambda^2}；$$

6．正态分布

若 X 服从参数为 μ，σ 的正态分布，即 $X\sim N(\mu,\sigma^2)$，其概率密度函数是

$$\varphi(x)=\frac{1}{\sqrt{2\pi}\sigma}\mathrm{e}^{-\frac{(x-\mu)^2}{2\sigma^2}}\quad(-\infty<x<+\infty)$$

则

$$\mathrm{E}X=\mu，\ \mathrm{D}X=\sigma^2.$$

习题 6.5

1. 一台设备装有 2 个电子元件，各个元件发生故障的概率分别为 0.2，0.3，且各个元件是否发生故障相互独立，求发生故障电子元件数的数学期望.

2. 对一目标进行 3 次独立射击，每次击中的概率为0.4，设随机变量 X 表示击中的次数，求 $\mathrm{E}X$ 和 $\mathrm{D}X$.

3. 出租车司机从饭店到火车站途中有六个交通岗，假设他在各交通岗遇到红灯这一事件是相互独立的，并且概率都是 $\frac{1}{3}$，求这位司机在途中遇到红灯数 X 的期望和方差.

4. 设备由三个部件构成，在设备运转中各部件需要调整的概率分别为 0.2，0.3，0.4，各部件的状态相互独立，求需要调整的部件数 X 的期望 $\mathrm{E}X$ 和方差 $\mathrm{D}X$.

5. 设袋中有 5 个球，其中 2 个白球，3 个黑球，从中任取 2 个球，用 X 表示取到的黑球个数，求 $\mathrm{E}X$ 和 $\mathrm{D}X$.

6. 袋中有 5 个球，编号为 1，2，3，4，5，现从中任意抽取 3 个，用 X 表示取出的 3 个球中的最大编号，求 $\mathrm{E}X$ 和 $\mathrm{D}X$.

7. 将一枚硬币连抛两次，随机变量 X 表示正面向上的次数，求 $\mathrm{E}X$ 和 $\mathrm{D}X$.

8. 设某种动物的寿命 X（单位：年）是一个随机变量，其分布函数为

$$F(x)=\begin{cases}0, & x<5,\\ 1-\dfrac{25}{x^2}, & 5\leqslant x.\end{cases}$$

求 $\mathrm{E}X$ 和 $\mathrm{D}X$.

9. 假设一部机器在一天内发生故障的概率为 0.2，机器发生故障时全天停止工作，若一周 5 个工作日里无故障，可获利润 10 万元；发生一次故障仍可获利润 5 万元；发生二次故障获利润 0 元；发生三次或三次以上故障就要亏损 2 万元，求一周内的平均利润是多少？

10. 设随机变量 X 的分布函数

$$F(x)=\begin{cases}0, & x<1,\\ \dfrac{1}{8}, & 1\leqslant x<2,\\ \dfrac{1}{4}, & 2\leqslant x<3,\\ \dfrac{1}{2}, & 3\leqslant x<4,\\ 1, & 4\leqslant x.\end{cases}$$

求 $\mathrm{E}X$ 和 $\mathrm{D}X$.

11. 设随机变量 X 的概率密度函数为

$$\varphi(x)=\begin{cases}2x, & 0<x<1,\\ 0, & 其他.\end{cases}$$

求 $\mathrm{E}X$ 和 $\mathrm{D}X$.

12. 随机变量 X 的概率密度函数为

$$\varphi(x)=\begin{cases}x, & 0\leqslant x<1,\\ 2-x, & 1\leqslant x<2,\\ 0 & 其他.\end{cases}$$

求 $\mathrm{E}X$ 和 $\mathrm{D}X$.

13. 设随机变量 X 的分布密度函数为

$$\varphi(x)=\begin{cases}\dfrac{1}{\pi\sqrt{1-x^2}}, & -1<x<1,\\ 0, & 其他.\end{cases}$$

求 $\mathrm{E}X$ 和 $\mathrm{D}X$.

14. 设随机变量 X 的分布函数为

$$F(x)=\begin{cases}0, & x<0,\\ \dfrac{x}{4}, & 0\leqslant x<4,\\ 1, & x>4.\end{cases}$$

求 $\mathrm{E}X$ 和 $\mathrm{D}X$.

15. 设两个相互独立的随机变量 X 、Y 的分布律如表 6.19 和表 6.20 所示.

表 6.19

X_1	9	10	11
P	0.3	0.5	0.2

表 6.20

X_2	−2	0	1	2
P	0.3	0.1	0.4	0.2

求 $Z=2X-3Y$ 的期望.

16. 游客乘电梯从底层到电视塔顶层观光，电梯于每个整点的第 5min、25min 和 55min 从底层起行；假设一游客在早 8 点的第 X min 到达底层候梯处，且 X 在 $(0,60)$ 上服从均匀分布，求该游客等候时间的数学期望.

17. 对圆的直径作近似测量，设其值 X 均匀分布在区间 (a,b)，求圆面积的数学期望.

18. 设连续型随机变量 X 的密度函数为

$$\varphi(x)=\begin{cases}e^{-x}, & x\geqslant 0,\\ 0, & x<0.\end{cases}$$

求：（1）DX，（2）$E\left(e^{-2X}\right)$.

19. 设随机变量 X 在区间 $(0,\pi)$ 内服从均匀分布，求随机变量函数 $Y=\sin X$ 的数学期望.

第 7 章

数理统计初步

数理统计的核心是由部分推断整体，它是以概率论为理论基础，根据观测或试验得到的数据，来研究随机现象，对研究对象的客观规律性作出种种合理的估计和判断. 随着计算机技术的发展与普及，数理统计学在医学、教育、经济、管理、工业、农业、国防、体育及社会学等领域得到了广泛应用.

7.1 总体与样本、统计量

7.1.1 总体与样本

我们把研究对象的全体称为**总体**，把组成总体的每个成员称为**个体**. 在研究某批电视机的平均寿命时，该批电视机的全体就组成了总体， 而其中的每个电视机就是个体；考察某地区全体居民的身高情况，则该地区所有人的身高便构成一个总体，而每个人的身高就是个体.

研究中，我们所关心的并不是总体中个体的一切方面，而是总体的某项数量指标 X (如电视机的寿命，人的身高等)，通常把它们看成随机变量. 因此，总体就是该随机变量 X 可能取值的全体，称为总体 X ；而个体就是 X 的一个具体观测值. 这样，就可用随机变量来研究总体，或者说总体是一个带有确定分布规律的随机变量.

在数理统计中，总体 X 的分布永远是未知的，即便由已知条件可以推测出总体的分布类型，但这个分布的参数也是未知的. 如何利用个体来对总体的规律性进行研究呢？对总体中的每个个体进行逐一检验，显然是困难甚至不可能的. 一个自然而合理的做法是对总体中的一小部分个体进行研究，利用这部分个体的信息，来对总体的特征作出某种合理的推断.

为推断总体分布及各种特征，统计学的做法就是按一定规则从总体中抽取若干个体进行观察试验，从中获得有关总体的信息，再形成统计结论. 这一抽取过程称为 “抽样”，所抽取的部分个体称为样本．样本中所包含的个体数目称为样本容量，常用n来表示．

7.1.2 简单随机样本

什么样的样本能很好地反映总体的特性和分布规律呢？一个自然的想法是，首先要求总体中每一个体都有同等机会被抽入样本，其次每个观测结果彼此之间不要相互影响，即对总体X的观察是独立进行的，由此，得到简单随机样本的概念．

定义 1 设$X_1,X_2,\cdots,X_n$为取自总体X容量为n的样本，若满足

（1）每一个个体$X_1,X_2,\cdots,X_n$都与总体X同分布，

（2）$X_1,X_2,\cdots,X_n$相互独立．

则称$X_1,X_2,\cdots,X_n$为总体X的**简单随机样本**，简称**样本**．

例如，从有限总体中进行放回抽样，显然这是简单随机抽样，由此得到的样本就是简单随机样本．从有限总体中进行不放回抽样，虽然这不是简单随机抽样，但是当总体容量N很大而样本容量n又较小（$\frac{n}{N}\leqslant 10\%$）时，则可以近似地看作是有放回抽样，因而也就可以近似地看作是简单随机抽样，由此得到的样本可以近似地看作是简单随机样本．今后，凡是提到抽样及样本，都是指简单随机抽样及简单随机样本而言．

如上所述，从总体中抽取容量为n的样本，就是对总体X进行的随机的、相互独立的n次试验，得到X的n个观测值

$$x_1,x_2,\cdots,x_n$$

因为每次试验的结果都是随机的，所以，应当把n次试验的结果看作是n个随机变量

$$X_1,X_2,\cdots,X_n$$

而把样本$x_1,x_2,\cdots,x_n$分别看作是它们的观测值．因为试验是相互独立的，所以随机变量$X_1,X_2,\cdots,X_n$也是相互独立的，并且与总体X服从相同的分布．

由于总体分布决定了样本取值的概率规律，也就是样本取到样本值的规律，因而可以由样本值去推断总体．

7.1.3 统计量

虽然样本是总体的代表、含有总体的信息，但杂乱无章，一般不能直接用于统计推断，往往需要把样本所含的信息进行数学上的加工，使其“浓缩”起来．这个过程往往是通过构造一个合适的依赖于样本的函数——统计量来实现的．

定义 2 设$X_1,X_2,\cdots,X_n$是来自总体X的一个样本，$x_1,x_2,\cdots,x_n$是相应的样本值，$g(X_1,X_2,\cdots,X_n)$是样本$X_1,X_2,\cdots,X_n$的函数，若$g(X_1,X_2,\cdots,X_n)$中不包含任何未知参数，则称$g(X_1,X_2,\cdots,X_n)$是一个**统计量**，$g(x_1,x_2,\cdots,x_n)$称为这一统计量的**观测值**．

例如，总体$X\sim N(\mu,\sigma^2)$，其中μ已知，σ^2未知，$X_1,X_2,\cdots,X_n$是来自总体X的样本，则$\frac{1}{n}\sum_{k=1}^{n}(X_k-\mu)^2$，$X_1{}^2-X_n{}^2$，$X_1+\mu$都是统计量，而$X_1+\mu+\sigma^2$，$\frac{X_1-2\mu}{\sigma^2}$都不是统计量．

由定义 6.2 知道统计量是随机变量的函数，通常也应是随机变量．若$x_1,x_2,\cdots,x_n$为样本

$X_1,X_2,\cdots,X_n$ 的观测值，则称 $g(x_1,x_2,\cdots,x_n)$ 为统计量 $g(X_1,X_2,\cdots,X_n)$ 的观测值，简称为统计值.

常见的统计量有（以 $X_1,X_2,\cdots,X_n$ 为来自总体 X 的样本）

样本一阶原点矩（样本均值）

$$\overline{X}=\frac{1}{n}\sum_{k=1}^{n}X_k$$

而 $\overline{x}=\frac{1}{n}\sum_{k=1}^{n}x_k$ 是它的统计量的观测值；

样本方差

$$S^2=\frac{1}{n-1}\sum_{k=1}^{n}\left(X_k-\overline{X}\right)^2=\frac{1}{n-1}\left(\sum_{k=1}^{n}X_k{}^2-n\overline{X}^2\right)$$

而 $s^2=\frac{1}{n-1}\sum_{k=1}^{n}\left(x_k-\overline{x}\right)^2=\frac{1}{n-1}\left(\sum_{k=1}^{n}x_k{}^2-n\overline{x}^2\right)$ 是它的统计量的观测值；

样本标准差（样本均方差）

$$S=\sqrt{S^2}=\sqrt{\frac{1}{n-1}\sum_{k=1}^{n}\left(X_k-\overline{X}\right)^2}$$

而 $s=\sqrt{s^2}=\sqrt{\frac{1}{n-1}\sum_{k=1}^{n}\left(x_k-\overline{x}\right)^2}$ 是它的统计量的观测值；

样本二阶中心矩

$$B_2=\frac{1}{n}\sum_{k=1}^{n}\left(X_k-\overline{X}\right)^2$$

而 $b_2=\frac{1}{n}\sum_{k=1}^{n}\left(x_k-\overline{x}\right)^2$ 是它的统计量的观测值.

例 1　样本的观测值为 3.1，2.8，4.6，3.2，3.4，2.9，求样本均值、样本方差及二阶中心距.

解　样本均值 $\overline{x}=\frac{1}{n}\sum_{k=1}^{n}x_k=\frac{1}{6}\times(3.1+2.8+4.6+3.2+3.4+2.9)=3.33$，

样本方差 $s^2=\frac{1}{n-1}\sum_{k=1}^{n}\left(x_k-\overline{x}\right)^2=\frac{1}{6-1}\sum_{k=1}^{6}\left(x_k-3.33\right)^2=0.4307$，

样本二阶中心矩 $b_2=\frac{1}{n}\sum_{k=1}^{n}\left(x_k-\overline{x}\right)^2=\frac{1}{6}\sum_{k=1}^{6}\left(x_k-3.33\right)^2=0.3589$.

7.1.4　抽样分布

统计量既然是依赖于样本的，而后者又是随机变量，故统计量也是随机变量，因而就有一定的分布，这个分布叫做统计量的“抽样分布”，我们主要研究正态总体下统计量的分布和性质.

1.　$\overline{X}$ 的分布

定理 1　设 $X_1,X_2,\cdots,X_n$ 是来自正态总体 X 的样本，$X\sim N\left(\mu,\sigma^2\right)$，则有

样本均值

$$\overline{X} \sim N\left(\mu, \frac{\sigma^2}{n}\right)$$

即

$$\frac{\overline{X}-\mu}{\frac{\sigma}{\sqrt{n}}} \sim N(0,1)$$

通常记$U=\dfrac{\overline{X}-\mu}{\frac{\sigma}{\sqrt{n}}}$，这个统计量在假设检验的$u$检验法中用到.

2. χ^2分布

定义 3　如果随机变量$X_1, X_2, \cdots, X_n$相互独立，都服从$N(0,1)$，则称随机变量

$$\chi^2 = X_1^2 + X_2^2 + \cdots + X_n^2$$

的分布为**自由度为 n 的 χ^2 分布**，记作$\chi^2 = \chi^2(n)$.

这里的自由度不妨理解为相互独立随机变量的个数.

这个分布首先是由 Helmet 于 1875 年提出，K.Pearson 于 1900 年重新提出.

χ^2分布的概率密度函数的图像如图 7.1 所示. 设$\chi^2 \sim \chi^2(n)$，对于给定的正数α（$0<\alpha<1$），称满足条件

$$P\{\chi^2 > \chi_\alpha^2(n)\} = \alpha$$

的点$\chi_\alpha^2(n)$为**$\chi^2(n)$分布的上α分位点**.

例如，当$n=17$，$\alpha=0.05$时，可以查阅χ^2分布表，得$\chi_{0.05}^2(17)=27.587$，即有

$$P\{\chi^2 > 27.587\} = 0.05 \text{成立.}$$

同样可查表得到满足

$$P\{\chi^2 \leqslant \chi_{1-\alpha}^2\} = \alpha \text{或} P\{\chi^2 \geqslant \chi_{1-\alpha}^2\} = 1-\alpha$$

的$\chi_{1-\alpha}^2$.

例如，查表可得$\chi_{0.95}^2(10)=3.94$，使得$P\{\chi^2 \leqslant 3.94\}=0.05$.

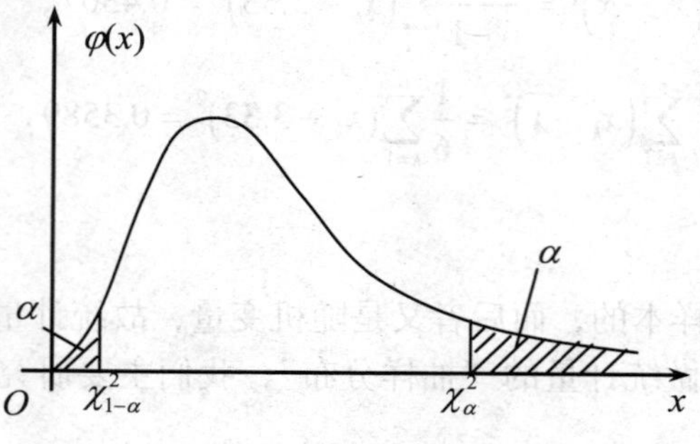

图 7.1

定理 2　设总体X服从正态分布$N(\mu, \sigma^2)$，则

（1）样本均值 $\overline{X}$ 和样本方差 S^2 相互独立，

（2）统计量 $\dfrac{(n-1)S^2}{\sigma^2}$ 服从自由度为 $n-1$ 的 χ^2 分布，即 $\dfrac{(n-1)S^2}{\sigma^2}\sim\chi^2(n-1)$.

3. t 分布

定义 4　如果随机变量 $X\sim N(0,1)$，$Y=\chi^2(n)$，且 X 与 Y 相互独立，则称随机变量

$$t=X\sqrt{\frac{n}{Y}}$$

的分布为**自由度为 n 的 t 分布**，记作 $t\sim t(n)$.

这个分布是由 W.S.Gosset 于 1908 年提出，该分布的提出为小样本方法的建立奠定了概率基础.

t 分布的概率密度函数图像如图 7.2 所示.

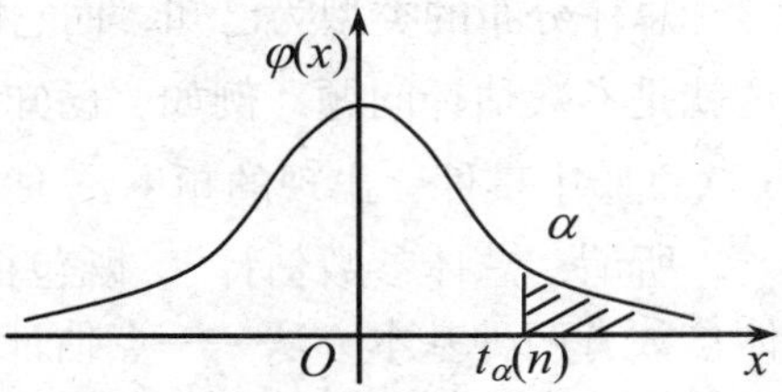

图 7.2

t 分布的概率密度函数图像很像标准正态分布概率密度函数图像，可以证明，当 $n\to\infty$ 时，t 分布的密度函数以标准正态分布的密度函数为极限，事实上当 $n>30$，它们的密度函数曲线基本上就是相同的了.

设 $t\sim t(n)$，对于给定的正数 α（$0<\alpha<1$），称满足条件

$$P\{t>t_\alpha(n)\}=\alpha$$

的点 $t_\alpha(n)$ 为 **t 分布的上 α 分位点**.

例如，当 $n=15$，$\alpha=0.025$，可以查阅 t 分布表，得到 $\alpha=0.025$ 的上 α 分位点 $t_{0.025}(15)=2.1315$，即有

$$P\{t>2.1315\}=0.025$$

成立，由密度函数的对称性得

$$t_{1-\alpha}(n)=-t_\alpha(n)$$

定理 3　设总体 X 服从正态分布 $N(\mu,\sigma^2)$，则统计量 $\dfrac{\overline{X}-\mu}{\frac{S}{\sqrt{n}}}$ 服从自由度为 $n-1$ 的 t 分布，即

$$\frac{\overline{X}-\mu}{\frac{S}{\sqrt{n}}}\sim t(n-1)$$

习题 7.1

1. 用 χ^2 分布表求出下列各式中的 χ^2_α 的值.

（1）$P\{\chi^2(9)>\chi^2_\alpha\}=0.95$，　　（2）$P\{\chi^2(9)<\chi^2_\alpha\}=0.01$，

（3）$P\{\chi^2(15)>\chi^2_\alpha\}=0.025$，　　（4）$P\{\chi^2(10)<\chi^2_\alpha\}=0.025$.

2. 用 t 分布表求出下列各式中的 t_α 的值.

（1）$P\left\{\left|t(10)\right|>t_\alpha\right\}=0.05$，　　（2）$P\left\{\left|t(10)\right|<t_\alpha\right\}=0.90$，

（3）$P\left\{\left|t(12)\right|>t_\alpha\right\}=0.01$，　　（4）$P\left\{\left|t(10)\right|<t_\alpha\right\}=0.95$．

3. 设抽样得样本观测值如下：19.1，20.0，21.2，18.8，19.6，计算样本均值、样本方差及样本二阶中心矩.

7.2　参数估计

总体分布的类型为已知，而它的某些参数为未知，根据所得样本对这些参数作出推断，这就是参数估计问题. 例如，已知总体 X 服从正态分布 $N\left(\mu,\sigma^2\right)$，估计参数 μ 和 σ^2；根据 n 次试验中事件 A 出现的频率 ω_k 估计事件 A 的概率 $P(A)$ 等都是参数估计.

所谓"总体参数估计"，既包括总体分布的参数，也包括总体的各种数字特征. 估计总体参数有两种基本方法——点估计和区间估计. 点估计，又称作"定值估计"，是用适当选择的统计量的值做未知参数的估计值，区间估计，就是估计未知参数的取值范围，并使此范围包含未知参数真值的概率为给定的数值. 例如，要估计某地区男青年的平均身高. 且假定身高服从正态分布 $N\left(\mu,0.1^2\right)$，现从总体选取容量为 5 的样本，根据选出的样本值（5 个数）求出总体均值 μ 的估计值.设这 5 个数是：1.68，1.72，1.68，1.78，1.69.

若估计 μ 为1.71，这是总体均值 μ 的点估计.

若估计 μ 在区间 $(1.67,1.81)$ 内，这是总体均值 μ 的区间估计.

点估计和区间估计两种估计方法相辅相成.

7.2.1　点估计

点估计是用一个统计量的值估计未知参数的值，做估计用的统计量亦称为估计量，估计量是随机样本的函数，因此估计量是随机变量，它的具体值称作估计值. 用 $\hat{\theta}=\hat{\theta}(X_1,X_2,\cdots,X_n)$ 表示未知参数 θ 的估计量，其中 $\hat{\theta}=\hat{\theta}(X_1,X_2,\cdots,X_n)$ 表示简单随机样本 $X_1,X_2,\cdots,X_n$ 的函数；对于给定的样本值 $x_1,x_2,\cdots,x_n$，估计量 $\hat{\theta}$ 的具体值 $\hat{\theta}=\hat{\theta}(x_1,x_2,\cdots,x_n)$ 称作 θ 的估计值.

注意，估计量 $\hat{\theta}$ 是随机变量，估计值 $\hat{\theta}$ 是一个普通的实数值. 为方便计，在叙述中有时常笼统地使用"估计"一词. 通常，在进行理论分析或一般性讨论时，未知参数的"估计"一般指的是估计量；在处理具体问题时，未知参数的"估计"一般指的是估计值.

点估计包括矩估计法和极大似然估计法.

1. 矩估计法

矩估计法是点估计法的一种，从总体中随机抽取容量为 n 的一个样本，用样本的矩去估计（代替）未知的总体的矩，这种估计的方法称为参数的矩估计法. 矩估计法比较直观、简单，容易计算.

例 2　某灯泡厂某天生产了一批灯泡，从中抽取 10 个进行寿命试验，灯泡寿命（单位：小时）数据如下

1050，1100，1080，1120，1200，1250，1040，1130，1300，1200

问该天生产的灯泡平均寿命大约是多少？灯泡寿命的方差估计是多少？

解　由矩估计法，样本均值

$$\bar{x}=\frac{1}{10}(x_1+x_2+\cdots+x_{10})=1147$$

可以作为总体期望值 μ 的点估计值，即 $\hat{\mu}=1147$

样本二阶中心矩

$$b_2=\frac{1}{10}\sum_{k=1}^{10}(x_k-1147)^2=6821$$

可以作为总体方差 σ^2 的矩估计值，即 $\hat{\sigma}^2=6821$.

例 3　设总体 $X\sim U(0,\theta)$，其中 θ 是未知参数，用矩估计法估计未知参数 θ.

解　由于 $X\sim U(0,\theta)$，$\mathrm{E}X=\frac{0+\theta}{2}=\frac{\theta}{2}$，由矩估计法

$$\frac{\hat{\theta}}{2}=\bar{x}$$

于是 $\hat{\theta}=2\bar{x}$.

例 4　设总体 X 服从参数为 λ 的指数分布，其密度函数为

$$\varphi(x)=\begin{cases}0, & x<0\\ \lambda\mathrm{e}^{-\lambda x}, & x\geqslant 0\end{cases}$$

（$\lambda>0$），用矩估计法估计未知参数 λ.

解　由于 $X\sim \mathrm{e}(\lambda)$，$\mathrm{E}X=\frac{1}{\lambda}$，由矩估计法 $\frac{1}{\hat{\lambda}}=\bar{x}$，于是

$$\hat{\lambda}=\frac{1}{\bar{x}}.$$

2. *极大似然估计法*

英国实验遗传学家兼统计学家费希尔（Ronald Aylmer Fisher（1890～1962）），1912 年毕业于剑桥大学数学系，1943 年任剑桥大学遗传学教授. 他把渐进一致性、渐进有效性等作为参数估计量应具备的基本性质，在1912 年提出了极大似然估计法.

案例 1　已知甲、乙、丙三人射击击中目标的概率分别为 0.1，0.9，0.1. 做这样一次试验：让这三个人各射击一次，结果只有一个人命中目标，让你来猜测是谁命中的，你多半会回答“是乙命中的”，这个回答符合常规思维逻辑，因为按概率的频率解释，概率大的事件要比概率小的事件更容易出现.

极大似然估计法就是基于这种思维逻辑，在一次试验中，按使概率最大的事件最有可能发生来估计未知参数.

例 5　设总体 X 服从 $0-1$ 分布，且 $P\{X=1\}=p$，$P\{X=0\}=1-p$，试用抽样求 p 的估计值.

解　总体 X 的分布律为

$$P\{X=x\}=p^x(1-p)^{1-x}\quad(x=0,1)$$

设 $X_1,X_2,\cdots,X_n$ 为取自总体 X 的一个样本，一次观测时，得到样本观测值

$x_1,x_2,\cdots,x_n$，出现此样本的概率为

$$P\{X_1=x_1,X_2=x_2,\cdots\cdots,X_n=x_n\}=\prod_{k=1}^{n}P\{X_k=x_k\}=p^{\sum\limits_{k=1}^{n}x_k}(1-p)^{n-\sum\limits_{k=1}^{n}x_k}$$

既然在一次观测中，事件$\{X_1=x_1,X_2=x_2,\cdots\cdots,X_n=x_n\}$发生了，就有理由认为该事件发生的可能性很大，故先取使上式达最大的p值（记为$\hat{p}$）作为未知参数p的估计值，这可用求极值的方法来求解，令

$$L(p)=\prod_{k=1}^{n}P\{X_k=x_k\}=p^{\sum\limits_{k=1}^{n}x_k}(1-p)^{n-\sum\limits_{k=1}^{n}x_k}$$

$$\ln L(p)=\ln p\sum_{k=1}^{n}x_k+\left(n-\sum_{k=1}^{n}x_k\right)\ln(1-p)$$

由于$L(p)$与$\ln L(p)$在同一p处取得极值，故可由

$$\frac{\mathrm{d}\ln L(p)}{\mathrm{d}p}=0$$

即

$$\frac{\sum\limits_{k=1}^{n}x_k}{p}-\frac{n-\sum\limits_{k=1}^{n}x_k}{1-p}=0$$

求得$\hat{p}=\dfrac{1}{n}\sum\limits_{k=1}^{n}x_k=\bar{x}$为$p$的极大似然估计值.

为概括上述极大似然估计法的解题思想，给出极大似然估计的定义如下.

定义 5 设总体X的概率密度函数为$\varphi(x,\theta)$（离散型总体$\varphi(x,\theta)$为分布律）为已知，其中θ是未知参数，$x_1,x_2,\cdots,x_n$为取自总体X的一组样本观测值，称

$$L(\theta)=L(x_1,x_2,\cdots,x_n,\theta)=\prod_{k=1}^{n}\varphi(x_k,\theta)$$

为样本的似然函数，若有$\hat{\theta}$使得

$$L(x_1,x_2,\cdots,x_n,\hat{\theta})=\max L(x_1,x_2,\cdots,x_n,\theta)$$

则称

$$\hat{\theta}=\hat{\theta}(x_1,x_2,\cdots,x_n)$$

为θ的极大似然估计值，而称

$$\hat{\theta}=\hat{\theta}(X_1,X_2,\cdots,X_n)$$

为θ的极大似然估计量.

为方便起见$\hat{\theta}(x_1,x_2,\cdots,x_n)$与$\hat{\theta}(X_1,X_2,\cdots,X_n)$统称为参数$\theta$的极大似然估计.

极大似然估计的一般求解步骤为

（1）构造似然函数$L(\theta)=L(x_1,x_2,\cdots,x_n,\theta)=\prod\limits_{k=1}^{n}\varphi(x_k,\theta)$，

（2）解似然方程$\dfrac{\mathrm{d}L(\theta)}{\mathrm{d}\theta}=0$或$\dfrac{\mathrm{d}\ln L(\theta)}{\mathrm{d}\theta}=0$.

得到的 $\hat{\theta}$ 就是参数 θ 的极大似然估计值.

例 6　设总体 X 服从参数为 λ 的指数分布，其密度函数为

$$\varphi(x)=\begin{cases}0, & x<0,\\ \lambda \mathrm{e}^{-\lambda x}, & x\geqslant 0.\end{cases}$$

（$\lambda>0$），用极大似然估计法估计未知参数 λ.

解　设 $x_1,x_2,\cdots,x_n$ 为一组样本观测值，其似然函数为

$$L(\lambda)=L(x_1,x_2,\cdots,x_n,\lambda)=\prod_{k=1}^{n}\varphi(x_k,\lambda)=\prod_{k=1}^{n}\lambda \mathrm{e}^{-\lambda x_k}=\lambda^n \mathrm{e}^{-\lambda\sum\limits_{k=1}^{n}x_k}$$

$$\ln L(\lambda)=n\ln\lambda-\lambda\sum_{k=1}^{n}x_k$$

$$\frac{\mathrm{d}\ln L(\lambda)}{\mathrm{d}\lambda}=\frac{n}{\lambda}-\sum_{k=1}^{n}x_k$$

令 $\frac{\mathrm{d}\ln L(\lambda)}{\mathrm{d}\lambda}=0$，得

$$\hat{\lambda}=\frac{n}{\sum\limits_{k=1}^{n}x_k}=\frac{1}{\frac{1}{n}\sum\limits_{k=1}^{n}x_k}=\frac{1}{\bar{x}}$$

若总体 X 的分布中含有多个未知参数 $\theta_1,\theta_2,\cdots,\theta_k$ 时，极大似然估计的一般求解步骤为

（1）构造似然函数 $L(\theta_1,\theta_2,\cdots,\theta_k)$，

（2）解似然方程组 $\frac{\partial \ln L}{\partial\theta_i}=0$（$i=1,2,\cdots,k$）.

得 $\hat{\theta}_1,\hat{\theta}_2,\cdots,\hat{\theta}_k$ 分别是参数 $\theta_1,\theta_2,\cdots,\theta_k$ 的极大似然估计值.

例 7　设总体 $X\sim N(\mu,\sigma^2)$，$X_1,X_2,\cdots,X_n$ 为取自总体 X 的一个样本，其观测值为：11.3，12.2，11.7，11.5，12.1，11.2，10.9，11.5，11.9，11.7，求参数 μ，σ^2 的极大似然估计值和极大似然估计量.

解　（1）构造似然函数

$$L(\mu,\sigma^2)=\prod_{k=1}^{n}\frac{1}{\sqrt{2\pi}\sigma}\mathrm{e}^{-\frac{(x_k-\mu)^2}{2\sigma^2}}=\left(\frac{1}{2\pi\sigma^2}\right)^{\frac{n}{2}}\mathrm{e}^{-\frac{1}{2\sigma^2}\cdot\sum\limits_{k=1}^{n}(x_k-\mu)^2}$$

$$\ln L(\mu,\sigma^2)=-\frac{n}{2}(\ln 2\pi+\ln\sigma^2)-\frac{1}{2\sigma^2}\sum_{k=1}^{n}(x_k-\mu)^2$$

（2）求解似然方程组

$$\begin{cases}\dfrac{\partial \ln L}{\partial\mu}=\dfrac{1}{\sigma^2}\sum\limits_{k=1}^{n}(x_k-\mu)=0,\\ \dfrac{\partial \ln L}{\partial\sigma^2}=-\dfrac{n}{2}\cdot\dfrac{1}{\sigma^2}+\dfrac{1}{2(\sigma^2)^2}\cdot\sum\limits_{k=1}^{n}(x_k-\mu)^2=0.\end{cases}$$

得唯一驻点

$$\begin{cases}\hat{\mu}=\dfrac{1}{n}\sum\limits_{k=1}^{n}x_k=\bar{x},\\ \hat{\sigma}^2=\dfrac{1}{n}\sum\limits_{k=1}^{n}\left(x_k-\bar{x}\right)^2.\end{cases}$$

代入观测值可得

$$\hat{\mu}=11.6\text{，}\ \hat{\sigma}^2=0.148$$

分别为μ,σ^2 的极大似然估计值. μ,σ^2 的极大似然估计量为

$$\begin{cases}\hat{\mu}=\dfrac{1}{n}\sum\limits_{k=1}^{n}X_k=\overline{X},\\ \hat{\sigma}^2=\dfrac{1}{n}\sum\limits_{k=1}^{n}\left(X_k-\overline{X}\right)^2.\end{cases}$$

矩法是由皮尔逊（k.pcarson）在 19 世纪末提出来的，是基于一种简单的“替换”思想，后来人们从理论上证明了它的合理性，矩法操作简单且直观性强，但未充分提取来自总体分布的信息. 极大似然估计的思想，起源于高斯的误差理论，后由费希尔于 1912 年再度作为一般估计方法提出，它弥补了矩法估计对总体分布的信息量的提取的不足，估计较之为准确，这两种估计方法各有特色，都是较为优良的参数估计方法.

3. 估计量优劣的评价标准

对于总体的参数可以构造不同的估计量进行估计. 在许多估计量中，总希望能够得到“好的估计量”. 根据不同的要求，评价估计量的好坏可以有各种不同的标准，通常采用以下 3 种标准衡量一个估计量的优劣.

无偏性 无偏估计指估计量的期望值等于它所估计的参数值，用公式表示为

$$\mathrm{E}\hat{\theta}=\theta$$

式中，θ表示被估计的总体参数，$\hat{\theta}$ 表示参数θ的估计量，评价一个估计量优劣的标准之一是看它是否为被估计参数的无偏估计.

例 8 设总体$X\sim N\left(\mu,\sigma^2\right)$，$X_1$，$X_2$为取自总体$X$的一个样本，总体参数$\mu$的两个估计量分别为$\hat{\mu}_1=\dfrac{1}{2}(X_1+X_2)$，$\hat{\mu}_2=\dfrac{1}{3}X_1+\dfrac{2}{3}X_2$，判别它们是否为总体均值$\mu$的无偏估计量.

解 $\mathrm{E}\,\hat{\mu}_1=\mathrm{E}\left[\dfrac{1}{2}(X_1+X_2)\right]=\dfrac{1}{2}(\mathrm{E}X_1+\mathrm{E}X_2)=\dfrac{1}{2}(\mu+\mu)=\mu$

$$\mathrm{E}\,\hat{\mu}_2=\mathrm{E}\left(\frac{1}{3}X_1+\frac{2}{3}X_2\right)=\frac{1}{3}\mathrm{E}X_1+\frac{2}{3}\mathrm{E}X_2=\frac{1}{3}\mu+\frac{2}{3}\mu=\mu$$

由此可见，$\hat{\mu}_1$，$\hat{\mu}_2$是总体均值μ的无偏估计量.

重要结论 设$X_1,X_2,\cdots,X_n$为取自总体X的一个样本，且$\mathrm{E}X=\mu$，$\mathrm{D}X=\sigma^2$，则

（1）$\overline{X}=\dfrac{1}{n}\sum\limits_{k=1}^{n}X_k$是总体均值$\mu$的无偏估计量；

（2）$S^2=\dfrac{1}{n-1}\sum\limits_{k=1}^{n}\left(X_k-\overline{X}\right)^2$是总体方差$\sigma^2$的无偏估计量.

总体最重要的两个数字特征是总体的均值和方差. 对总体的均值来说，样本的均值就是

它的一个无偏估计量，对总体的方差来说，样本的方差就是总体方差的无偏估计量.

有效性　设估计量$\hat{\theta}_1$与$\hat{\theta}_2$都是总体参数θ的无偏估计量，如果$D\hat{\theta}_1 < D\hat{\theta}_2$，那么称$\hat{\theta}_1$比$\hat{\theta}_2$有效. 对于固定的样本容量$n$，如果在$\theta$的一切无偏估计量中，$\hat{\theta}$的方差达到最小值，则称$\hat{\theta}$为$\theta$的有效估计量.

例 9　设总体$X \sim N(\mu, \sigma^2)$，X_1，X_2为取自总体X的一个样本，对于均值μ的两个估计量$\hat{\mu}_1 = \frac{1}{2}(X_1 + X_2)$与$\hat{\mu}_2 = \frac{1}{3}X_1 + \frac{2}{3}X_2$，试比较它们的有效性.

解　由例 6.8 可知，$\hat{\mu}_1 = \frac{1}{2}(X_1 + X_2)$与$\hat{\mu}_2 = \frac{1}{3}X_1 + \frac{2}{3}X_2$都是$\mu$的无偏估计量，其方差为

$$D\hat{\mu}_1 = D\left[\frac{1}{2}(X_1 + X_2)\right] = \frac{1}{4}(DX_1 + DX_2) = \frac{\sigma^2}{2}$$

$$D\hat{\mu}_2 = D\left(\frac{1}{3}X_1 + \frac{2}{3}X_2\right) = \frac{1}{9}DX_1 + \frac{4}{9}DX_2 = \frac{5\sigma^2}{9}$$

因为$D\hat{\mu}_1 < D\hat{\mu}_2$，所以由估计量有效性定义可知$\hat{\mu}_1$比$\hat{\mu}_2$有效.

可以验证，若$\sum_{k=1}^{n} c_k = 1$，则$\hat{\mu} = \sum_{k=1}^{n} c_k X_k$都是总体均值$\mu$的无偏估计量，在这些线性组合的无偏估计量中，当$c_1 = c_2 = \cdots = c_n = \frac{1}{n}$时方差最小，即$\hat{\mu} = \overline{X}$是总体均值$\mu$所有线性组合无偏估计量中最有效的估计量.

一致性　若样本容量n趋于无穷大时，估计量依概率收敛被估计的参数，即$n \to \infty$时，$\hat{\theta} \to \theta(P)$，则称该估计量为被估参数的一致估计. 一致估计是对于极限性质而言的，它只在样本容量较大时才起作用. 也就是说，用样本求得未知参数的估计值$\hat{\theta}$常与这个参数的真实值不同，一致估计希望当样本容量无限增大时，估计值$\hat{\theta}$在参数真实值θ附近的概率趋于1.

由此可见，估计量的一致性与样本容量n有关，而估计量的无偏性和有效性都与样本容量n无关.

若$\hat{\theta}_n = \hat{\theta}(X_1, X_2, \cdots, X_n)$是参数$\theta$的一致估计量，则对于任意$\varepsilon > 0$都有

$$\lim_{n \to \infty} P\left\{\left|\hat{\theta}_n - \theta\right| < \varepsilon\right\} = 1$$

例如，若$X_1, X_2, \cdots, X_n$为取自正态总体$X \sim N(\mu, \sigma^2)$）的样本，则样本的均值$\overline{X_n}$是总体期望μ的一致估计，即

$$\lim_{n \to \infty} P\left\{\left|\overline{X_n} - \mu\right| < \varepsilon\right\} = 1$$

结论　$\hat{\theta}_n = \hat{\theta}(X_1, X_2, \cdots, X_n)$是参数$\theta$的一个无偏估计量，若$\lim_{n \to \infty} D\hat{\theta}_n = 0$，则估计量$\hat{\theta}_n$是总体参数$\theta$的一致估计，即$\hat{\theta}_n \to \theta(P)$.

按照上述结论，若$X_1, X_2, \cdots, X_n$为取自正态总体$X \sim N(\mu, \sigma^2)$的样本，则容易验证样本的均值$\overline{X_n}$是总体期望μ的一致估计. 实际上，$\overline{X_n}$是总体期望μ的无偏估计，且$D\overline{X_n} = \frac{1}{n}\sigma^2$，则$\lim_{n \to \infty} D\overline{X_n} = \lim_{n \leftarrow \infty} \frac{\sigma^2}{n} = 0$，由上述结论可知，$\overline{X_n}$是总体期望$\mu$的一致估计.

7.2.2 区间估计

前面，讨论了参数点估计，它是用样本算得的一个值去估计未知参数. 可以想象，这个估计值正好为真值的可能性几乎为零，为了克服点估计的缺点，可由样本构造出两个统计量 $\hat{\theta}_1$ 和 $\hat{\theta}_2$，构成随机区间 $\left(\hat{\theta}_1,\hat{\theta}_2\right)$，使它以足够大的概率 $1-\alpha$（$0<\alpha<1$，α 为很小的数）包含未知参数 θ.

1. 置信区间与置信度

定义 6 设总体 X 的概率密度函数为 $\varphi(x,\theta)$（离散型总体 $\varphi(x,\theta)$ 为分布律），其中 θ 为未知参数，$X_1,X_2,\cdots,X_n$ 为 X 的一个样本，对于给定的 α（$0<\alpha<1$）若存在两个统计量 $\hat{\theta}_1=\hat{\theta}_1\left(X_1,X_2,\cdots,X_n\right)$ 与 $\hat{\theta}_2=\hat{\theta}_2\left(X_1,X_2,\cdots,X_n\right)$，使得

$$P\left\{\hat{\theta}_1<\theta<\hat{\theta}_2\right\}=1-\alpha$$

成立，则称 $1-\alpha$ 为置信度，随机区间 $\left(\hat{\theta}_1,\hat{\theta}_2\right)$ 是 θ 的置信度为 $1-\alpha$ 的置信区间，$\hat{\theta}_1$ 和 $\hat{\theta}_2$ 分别称为置信下限和置信上限.

置信区间 $\left(\hat{\theta}_1,\hat{\theta}_2\right)$ 是一个随机区间，对于不同的样本值取得不同的置信区间，在这些区间中有的包含参数 θ 的真值，有的不包含，当置信度为 $1-\alpha$ 时，置信区间包含参数 θ 的真值的概率为 $1-\alpha$. 例如 $\alpha=0.05$，置信度为 0.95，说明 $\left(\hat{\theta}_1,\hat{\theta}_2\right)$ 以 0.95 的可信度包含参数 θ 的真值.

2. 单个正态总体数学期望 μ 的区间估计

设总体服从正态分布 $X\sim N\left(\mu,\sigma^2\right)$，$X_1,X_2,\cdots,X_n$ 为总体 X 的一个样本，取样本均值 $\overline{X}=\frac{1}{n}\sum_{k=1}^{n}X_k$ 作为未知参数 μ 的点估计量，它是 μ 的无偏、有效、一致估计量.

下面分两种情况讨论.

总体方差 σ^2 为已知的情形

（1）分析　为了研究用 $\overline{X}$ 估计 μ 所产生的误差，考虑 $\overline{X}-\mu$，由定理 6.1 知道，当服从正态总体的方差 σ^2 已知时，$\dfrac{\overline{X}-\mu}{\frac{\sigma}{\sqrt{n}}}\sim N(0,1)$

（2）确定临界值　对给定的置信度 $1-\alpha$，查标准正态分布表，可得临界值 $u_{\frac{\alpha}{2}}$ 如图 7.3 所示. 使

$$P\left\{\left|\frac{\overline{X}-\mu}{\frac{\sigma}{\sqrt{n}}}\right|<u_{\frac{\alpha}{2}}\right\}=1-\alpha$$

$$P\left\{\overline{X}-\frac{\sigma}{\sqrt{n}}u_{\frac{\alpha}{2}}<\mu<\overline{X}+\frac{\sigma}{\sqrt{n}}u_{\frac{\alpha}{2}}\right\}=1-\alpha$$

由此可以得到参数 μ 的一个置信度为 $1-\alpha$ 的置信区间

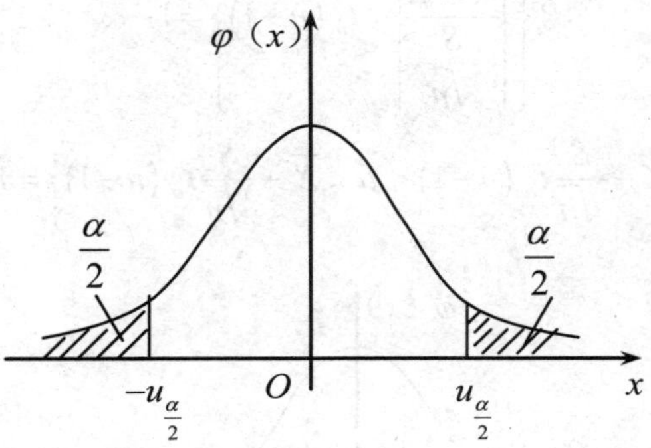

图 7.3

$$\left(\overline{X}-\frac{\sigma}{\sqrt{n}}u_{\frac{\alpha}{2}},\overline{X}+\frac{\sigma}{\sqrt{n}}u_{\frac{\alpha}{2}}\right)$$

其中 $u_{\frac{\alpha}{2}}$ 可由 $\Phi\left(u_{\frac{\alpha}{2}}\right)=1-\frac{\alpha}{2}$ 查标准正态分布函数值表得到．在实际计算中用观察值 $\overline{x}$ 代替统计量 $\overline{X}$，而得到 μ 的置信度为 $1-\alpha$ 的置信区间为

$$\left(\overline{x}-\frac{\sigma}{\sqrt{n}}u_{\frac{\alpha}{2}},\overline{x}+\frac{\sigma}{\sqrt{n}}u_{\frac{\alpha}{2}}\right)$$

例 10　某厂生产的灯泡寿命（单位：小时）服从正态分布 $X\sim N(\mu,8)$，现从该厂生产的灯泡中抽取10个进行寿命试验，测得数据如下

1050，1100，1080，1120，1200，1250，1040，1130，1300，1200

试估计灯泡平均寿命所在的范围 $(\alpha=0.05)$．

解　因为 $\alpha=0.05$，所以 $u_{\frac{\alpha}{2}}=1.96$，$n=10$，$\sigma^2=8$，$\overline{x}=1147$，得 μ 的置信度 $1-\alpha=0.95$，相应的置信区间为 $\left(\overline{x}-\frac{\sigma}{\sqrt{n}}u_{\frac{\alpha}{2}},\overline{x}+\frac{\sigma}{\sqrt{n}}u_{\frac{\alpha}{2}}\right)$，即

$$\left(1147-\frac{\sqrt{8}}{\sqrt{10}}\times1.96,1147+\frac{\sqrt{8}}{\sqrt{10}}\times1.96\right)=(1145.25,1148.75).$$

总体方差 σ^2 为未知的情形

（1）分析　为了研究用 $\overline{X}$ 估计 μ 所产生的误差，同样考虑 $\overline{X}-\mu$，注意到方差 σ^2 未知，自然想到用样本方差 S^2 代替总体方差 σ^2，这时有

$$\frac{\overline{X}-\mu}{\frac{S}{\sqrt{n}}}\sim t(n-1)$$

（2）确定临界值　对给定的置信度 $1-\alpha$，查 t 分布临界值表，可得临界值 $t_{\frac{\alpha}{2}}(n-1)$ 如图 7.4 所示，使得

$$P\left\{\left|\frac{\overline{X}-\mu}{\frac{S}{\sqrt{n}}}\right|<t_{\frac{\alpha}{2}}(n-1)\right\}=1-\alpha$$

$$P\left\{\overline{X}-\frac{S}{\sqrt{n}}t_{\frac{\alpha}{2}}(n-1)<\mu<\overline{X}+\frac{S}{\sqrt{n}}t_{\frac{\alpha}{2}}(n-1)\right\}=1-\alpha$$

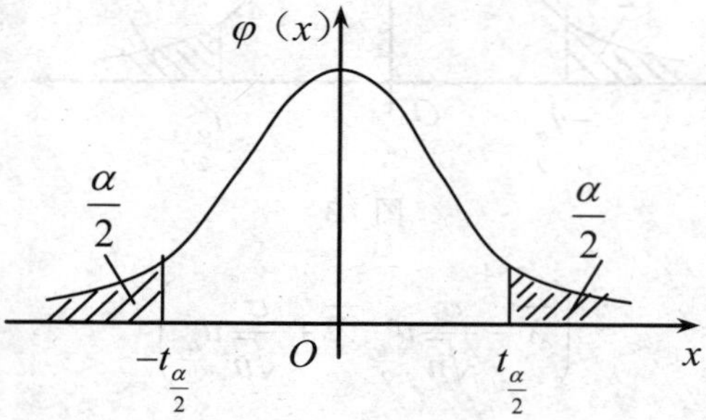

图 7.4

由此可以得到参数 μ 的一个置信度为 $1-\alpha$ 的置信区间

$$\left(\overline{X}-\frac{S}{\sqrt{n}}t_{\frac{\alpha}{2}}(n-1),\overline{X}+\frac{S}{\sqrt{n}}t_{\frac{\alpha}{2}}(n-1)\right)$$

在实际计算中用观察值 $\bar{x}$ 代替统计量 $\overline{X}$，而得到 μ 的置信度为 $1-\alpha$ 的置信区间为

$$\left(\bar{x}-\frac{s}{\sqrt{n}}t_{\frac{\alpha}{2}}(n-1),\bar{x}+\frac{s}{\sqrt{n}}t_{\frac{\alpha}{2}}(n-1)\right).$$

例 11 从包装的一批糖果中，随机抽取 16 袋，称得质量（单位：克）为：506，508，497，512，503，499，493，504，510，505，514，512，502，509，496，506. 若已知包装糖果质量 $X\sim N(\mu,\sigma^2)$，试求袋装糖果重量 X 的均值 μ 的置信度为 0.95 的置信区间.

解 这是未知方差，求单个正态总体均值 μ 的区间估计问题. 由 $1-\alpha=0.95$ 得 $\frac{\alpha}{2}=0.025$，查 t 分布表得

$$t_{\frac{\alpha}{2}}(15)=2.1315,\quad n-1=15$$

由样本观测值求得 $\bar{x}=503.75$，$s=6.2022$，于是 μ 的置信度为 0.95 的置信区间为

$$\left(\bar{x}-\frac{s}{\sqrt{n}}t_{\frac{\alpha}{2}}(n-1),\bar{x}+\frac{s}{\sqrt{n}}t_{\frac{\alpha}{2}}(n-1)\right)$$

$$=\left(503.75-\frac{6.2022}{\sqrt{16}}\times2.1315,503.75+\frac{6.2022}{\sqrt{16}}\times2.1315\right)=(500.4,507.1)$$

区间估计的意义在于，用随机区间 $(\hat{\theta}_1,\hat{\theta}_2)$ 估计参数 θ 时，$(\hat{\theta}_1,\hat{\theta}_2)$ 以 $1-\alpha$ 的概率包含参数真值 θ，而不说 θ 以 $1-\alpha$ 的概率落入区 $(\hat{\theta}_1,\hat{\theta}_2)$，因为参数 θ 尽管未知，但是 θ 是确定的数

值，拿概率的频率解释，若进行100次抽样，可以有100个置信区间，若$1-\alpha=0.95$，则在这100个区间中，大约有95个包含θ，约有5个例外.

3. 单个正态总体方差σ^2的区间估计

设总体服从正态分布$X\sim N\left(\mu,\sigma^2\right)$，$X_1,X_2,\cdots,X_n$为总体$X$的一个样本，取样本方差$S^2=\dfrac{1}{n-1}\sum\limits_{k=1}^{n}\left(X_k-\overline{X}\right)^2$作为未知参数$\sigma^2$的点估计量，它是$\sigma^2$的较为优良的点估计量（具有无偏性，一致性）.

（1）分析　为了考察用S^2代替σ^2究竟相差多少，考虑比值$\dfrac{S^2}{\sigma^2}$，进一步，由定理 6.2 知道

$$\frac{(n-1)S^2}{\sigma^2}\sim\chi^2(n-1)$$

（2）确定临界值 对给定的置信度$1-\alpha$，由于χ^2分布密度单峰左偏且在第一象限内，选取形式上对称的临界值$\chi^2_{\frac{\alpha}{2}}(n-1)$，$\chi^2_{1-\frac{\alpha}{2}}(n-1)$如图 7.5 所示，使

$$P\left\{\frac{(n-1)S^2}{\sigma^2}>\chi^2_{\frac{\alpha}{2}}(n-1)\right\}=\frac{\alpha}{2}$$

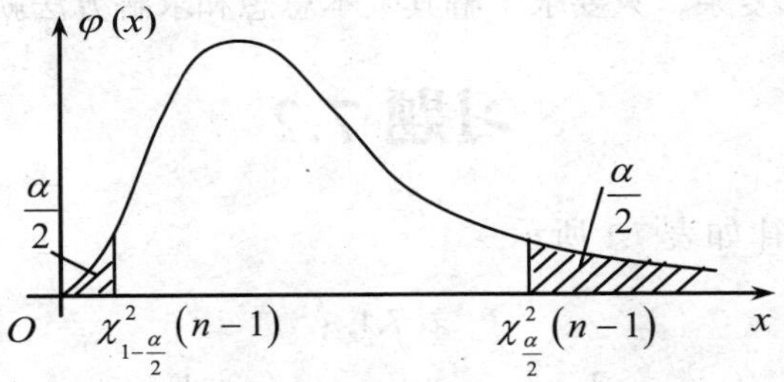

图 7.5

并且

$$P\left\{\frac{(n-1)S^2}{\sigma^2}<\chi^2_{1-\frac{\alpha}{2}}(n-1)\right\}=\frac{\alpha}{2}$$

即

$$P\left\{\chi^2_{1-\frac{\alpha}{2}}(n-1)<\frac{(n-1)S^2}{\sigma^2}<\chi^2_{\frac{\alpha}{2}}(n-1)\right\}=1-\alpha$$

$$P\left\{\frac{(n-1)S^2}{\chi^2_{\frac{\alpha}{2}}(n-1)}<\sigma^2<\frac{(n-1)S^2}{\chi^2_{1-\frac{\alpha}{2}}(n-1)}\right\}=1-\alpha$$

由此得到σ^2的一个置信度为$1-\alpha$的置信区间

$$\left(\frac{(n-1)S^2}{\chi^2_{\frac{\alpha}{2}}(n-1)},\ \frac{(n-1)S^2}{\chi^2_{1-\frac{\alpha}{2}}(n-1)}\right)$$

在实际计算中用观察值s^2代替统计量S^2，而得到σ^2的置信度为$1-\alpha$的置信区间为

$$\left(\frac{(n-1)s^2}{\chi^2_{\frac{\alpha}{2}}(n-1)},\frac{(n-1)s^2}{\chi^2_{1-\frac{\alpha}{2}}(n-1)}\right).$$

例 12 若学生生活费（单位：元／月）支出服从正态分布，随机抽取 12 人进行调查得数据如下：310，252，300，300，360，316，356，332，288，260，340，254. 试以 0.95 的置信度估计学生月支出生活费用方差的置信区间.

解 由条件得$\alpha=0.05$，$n=12$，查表得$\chi^2_{0.025}(11)=21.9$，$\chi^2_{0.975}(11)=3.82$，

计算得$s=37.53$，$s^2=1408.50$，$(n-1)s^2=15494.67$

得σ^2的置信度为 0.95 的置信区间为

$$\left(\frac{(n-1)s^2}{\chi^2_{\frac{\alpha}{2}}(n-1)},\frac{(n-1)s^2}{\chi^2_{1-\frac{\alpha}{2}}(n-1)}\right)=\left(\frac{15494.67}{21.9},\frac{15494.67}{3.82}\right)=(707.5,4056.2)$$

参数估计是统计推断的重要基石之一，未知参数θ的点估计，就是构造一个统计量$\hat{\theta}(X_1,X_2,\cdots,X_n)$作为参数$\theta$的估计量. 矩法和极大似然法，是构造估计量的常用的方法，矩估计简单直观，可优良性不及极大似然估计，极大似然估计的特点是必须知道总体的分布，且求解似然方程计算复杂，只要求了解其基本思想和求解方法就行.

习题 7.2

1. 设总体X的分布律如表 7.1 所示，

表 7.1

X	-2	1	5
p	3θ	$1-4\theta$	θ

其中$0<\theta<\frac{1}{4}$为未知参数，$X_1,X_2,\cdots,X_n$是取自总体X的一个样本，求θ的矩估计量.

2. 设$X_1,X_2,\cdots,X_n$是取自总体X的一个样本，X的密度函数为

$$\varphi(x)=\begin{cases}\frac{2x}{\theta^2}, & 0<x<\theta,\\ 0, & 其他.\end{cases}$$

求参数θ的矩估计量.

3. 设$X_1,X_2,\cdots,X_n$是取自总体X的一个样本，X的密度函数为

$$\varphi(x)=\begin{cases}\frac{2}{\theta^2}(\theta-x), & 0<x<\theta,\\ 0, & 其他.\end{cases}$$

求参数θ的矩估计量.

4. 设$X_1,X_2,\cdots,X_n$是取自总体X的一个样本，X的密度函数为

$$\varphi(x)=\begin{cases}(\theta+1)x^{\theta}, & 0<x<1\\ 0, & \text{其他}\end{cases}\quad(\theta>-1)$$

求参数 θ 的矩估计量和极大似然估计量.

5. 设 $X_1,X_2,\cdots,X_n$ 是取自总体 X 的一个样本，X 的密度函数为

$$\varphi(x)=\begin{cases}\theta x^{\theta-1}, & 0<x<1,\\ 0, & \text{其他}.\end{cases}$$

求参数 θ 的矩估计量和极大似然估计量.

6. 设在正常条件下，某机床加工的小孔的孔径 X (单位：厘米)服从 $N(\mu,\sigma^2)$ 分布，长期积累资料表明 $\sigma=0.048$．今从加工的小孔中，测得 10 个孔径的平均值为 1.416. 试求 μ 的置信度为 0.95 的置信区间.

7. 在稳定生产的情况下，某工厂生产的电灯泡使用时数可认为是服从正态分布，观察 20 个灯泡的使用时数，测得其平均寿命为 1832 小时，标准差为 497 小时. 试构造灯泡使用寿命的总体平均值 0.95 的置信区间.

8. 设某电子元件的寿命服从正态分布 $N(\mu,\sigma^2)$，抽样检查 10 个元件，得样本均值 $\bar{x}=1200$ 小时，样本标准差 $s=14$ 小时. 求

（1）总体均值 μ 置信度为 0.99 的置信区间,（2）用 $\bar{x}$ 作为 μ 的估计值，求绝对误差值不大于 10 小时的概率.

9. 设有一批胡椒粉，每袋净重 X (单位：克)服从 $N(\mu,\sigma^2)$ 分布，今任取 8 袋抽样检查，得样本均值 $\bar{x}=12.15$，样本方差 $s^2=0.04$．求 σ^2 的置信度为 0.99 的置信区间.

10. 为了解灯泡使用时数均值 μ 及标准差 σ，测量了 10 个灯泡，得 $\bar{x}=1650$ 小时，$s=20$ 小时. 如果已知灯泡使用时间服从正态分布，求 μ 和 σ 的 0.95 的置信区间.

11. 岩石密度的测量误差服从正态分布，随机抽测 12 个样品，得 $s=0.2$，求 σ^2 置信度为 0.90 的置信区间.

7.3　假设检验

假设检验有参数假设、总体分布假设、相互关系假设（两个变量是否相互独立，两个分布是否相同）等，本教材只介绍参数假设检验.

参数假设检验是通过样本信息对关于总体参数的某种假设合理与否进行检验的过程，即先对未知的总体参数的取值提出某种假设，然后抽取样本，利用样本信息去检验这个假设是否成立，如果成立就接受这个假设，如果不成立就放弃这个假设.

7.3.1　假设检验的基本概念与思想

1. 假设检验的基本概念

假设检验的依据是实际推断原理（亦称小概率原理），若某事件 A 的概率 α 很小，则在大量的重复试验中，它出现的频率应该很小. 例如 $\alpha=0.001$，则大约在 1000 次试验中，事件 A 才出现一次，因此，概率很小的事件在一次试验中实际上不可能出现，人们称这样的事

件为实际不可能事件，在概率统计的应用中，人们总是根据所研究的具体问题，规定一个界限α（$0<\alpha<1$），把概率不超过α的事件看成是实际不可能事件，认为这样的事件一次试验中是不会出现的，这就是所谓的“小概率原理”.

假设检验的基本思想是以小概率原理作为拒绝假设H_0的依据，具体一点说，设有某个假设H_0要检验，先假设H_0是正确的，在此假定下，构造一个概率不超过α（$0<\alpha<1$）的小概率事件A，如果经过一次试验（一次抽样），事件A出现了，那么人们自然怀疑假设H_0的正确性，因而拒绝（否定）H_0．如果事件A不出现，那么表明原假设H_0与试验结果不矛盾，不能拒绝H_0，当然人们也没有理由肯定H_0是真实的，这时，需要通过再次试验或其它方法作进一步研究，不过，因为给出假设H_0是经过周密的调查和研究才作出的，是有一定依据的，所以对原假设需要加以保护，也就是说拒绝它要慎重．而当不拒绝它时，一般实际上是接受了它，除非进一步的研究表明应该拒绝它.

如上所述，在假设检验中要指定一个很小的正数α，把概率不超过α的小概率事件A认为是实际不可能事件，这个数α称为显著性水平．对于各种不同的问题，显著性水平α可以选取不一样，为查表方便起见，常选取$\alpha=0.01, 0.05$等.

案例 2　某工厂质检部门规定该厂产品次品率不超过 4%方能出厂，今从 1000 件产品中抽出 10 件，经检验有 4 件次品，问这批产品是否能出厂？

解　用反证法，先假设这批产品能出厂，即次品率$p\leqslant 0.04$，观察由此产生的后果，若导致不合理的现象发生，就表明原“假设”是不成立的.

提出假设：H_0：$p\leqslant 0.04$

如果H_0成立，设$A=\{$抽取10件产品有4件次品$\}$的出现概率为

$$P(A)=P_{10}(4)=C_{10}^4(0.04)^4(1-0.04)^6=0.00042$$

这表明事件A是一个小概率事件，1 万次试验中可能出现 4 次，然而概率如此小的事件A，在一次试验中居然发生了，这是不合理的，而不合理的根源在于假设次品率$p\leqslant 0.04$，因而拒绝这个假设，即这批产品不能出厂.

案例 3　某糖厂用自动打包机装糖，正常情况下，每包质量$X\sim N(50, 0.16^2)$，即标准质量为 50kg．某日开工后，随机抽测 9 包糖的质量（单位 kg），分别为：50.1，49.9，49.8，49.8，49.7，49.7，49.6，49.6，50．问这一天打包机的工作是否正常（$\alpha=0.05$）？

解　先假设打包机正常，即$\mu=50$ kg，然后用样本值来检验假设是否成立，这是一个关于总体均值的假设检验问题.

（1）检验假设H_0：$\mu=50$是否成立．选择统计量$U=\dfrac{\overline{X}-\mu_0}{\frac{\sigma}{\sqrt{n}}}$，在假设$H_0$成立的条件下

$$U=\frac{\overline{X}-\mu_0}{\frac{\sigma}{\sqrt{n}}}\sim N(0,1)$$

（2）对给定的小概率$\alpha=0.05$，查标准正态分布函数值表，得到临界值$u_{\frac{\alpha}{2}}$，使

$$P\left\{\left|\frac{\overline{X}-\mu_0}{\frac{\sigma}{\sqrt{n}}}\right|>u_{\frac{\alpha}{2}}\right\}=P\left\{\left|U\right|>u_{\frac{\alpha}{2}}\right\}=\alpha$$

这说明 $A=\left\{\left|U\right|>u_{\frac{\alpha}{2}}\right\}$ 为小概率事件，当 $\alpha=0.05$ 时，$u_{\frac{\alpha}{2}}=u_{0.025}=1.96$.

（3）把已知条件 $n=9$，$\bar{x}=49.8$，$\mu_0=50$，$\sigma=0.16$ 代入上式得，统计量的观察值

$$\left|u\right|=\left|\frac{\bar{x}-\mu_0}{\frac{\sigma}{\sqrt{n}}}\right|=\left|\frac{49.8-50}{\frac{0.16}{\sqrt{9}}}\right|=3.75$$

由于 $\left|u\right|=3.75>1.96=u_{\frac{\alpha}{2}}$，说明小概率事件在一次试验中发生了，这不符合常理，于是拒绝原假设 H_0，即认为当日打包机工作不正常.

2. 两类错误

从上面的讨论可以看出，处理假设检验问题的推理方法类似于数学中的反证法，即假设命题 H_0 成立，如果推出了矛盾，则否定命题 H_0.

但是，这里又区别于数学中的反证法，因为在作出拒绝的结论时，所依据的是小概率原理，即认为在一次试验中小概率事件 A 不可能出现. 而小概率事件 A 是否出现又是由一次抽样的结果来判断的，由于抽样的随机性，无论接受 H_0 还是拒绝 H_0，都不会百分之百正确，有可能犯以下两类错误.

第一类错误（以真为假）　第一类错误是拒绝了真实的假设，当假设 H_0 本来正确时，检验结果却拒绝了 H_0，这类错误叫“以真为假”或“弃真”的错误，由于人们只在小概率事件出现的时候才拒绝 H_0，故犯这类错误的概率为在 H_0 成立的条件下，事件 A 出现的概率，正好等于显著性水平 α，即 $P\{A|H_0\}=\alpha$.

第二类错误（以假为真）　第二类错误是接受了不真实的假设，即 H_0 本来不正确，却被接受了，这种“取伪”的错误称为第二类错误，犯第二类错误的概率为 β，即 $P\{\overline{A}|\overline{H_0}\}=\beta$.

在确定检验法则时，应尽可能使犯两类错误的概率都较小. 但是，一般说来，当样本容量给定以后，若减少犯某一类错误的概率，则犯另一类错误的概率往往会增大，一般原则为控制犯第一类错误（即“弃真”）的概率，即给定 α 然后通过增大样本容量来减小 β.

7.3.2　单个正态总体参数的假设检验

由前面的论述可以看到，对假设 H_0 的一个检验法完全决定于小概率事件 A 的选择，下面对各种假设检验问题，分别通过各自选择的统计量，来构造相应的小概率事件，从而给出具体的检验法.

设总体服从正态分布 $X\sim N\left(\mu,\sigma^2\right)$，$X_1,X_2,\cdots,X_n$ 为总体 X 的一个样本，$\overline{X}$，S^2 分别表示样本均值和样本方差.

1. 方差σ^2为已知时，单个正态总体均值μ的检验假设H_0： $\mu=\mu_0$

（1）选择统计量

$$U=\frac{\overline{X}-\mu_0}{\frac{\sigma}{\sqrt{n}}}$$

在H_0成立的假定下，统计量U服从$N(0,1)$分布，并将样本值代入到统计$U=\frac{\overline{X}-\mu_0}{\frac{\sigma}{\sqrt{n}}}$的表达式中，计算$u=\frac{\overline{x}-\mu_0}{\frac{\sigma}{\sqrt{n}}}$的值，也就是$u$的值.

（2）对给定的显著性水平α，查标准正态分布$N(0,1)$表得到临界值$u_{\frac{\alpha}{2}}$，使得

$$P\left\{|U|>u_{\frac{\alpha}{2}}\right\}=\alpha$$

这说明$A=\left\{|U|>u_{\frac{\alpha}{2}}\right\}$为小概率事件.

（3）如果计算得到$|u|\geqslant u_{\frac{\alpha}{2}}$，则表明在一次试验中小概率事件$A$出现了，因而拒绝$H_0$；否则，接受$H_0$，这种检验法称为$u$检验法.

例 13 已知某炼铁厂铁水含碳量服从正态分布$N(4.55,0.108^2)$，现在测得 9 炉铁水，平均含碳量为 4.484，假设方差没有变化，是否可以认为现在生产的铁水平均含碳量为 4.55（$\alpha=0.05$）？

解 （1）这是方差σ^2为已知，单个正态总体均值μ的假设检验，假设检验H_0：$\mu=4.55$是否成立，选择统计量

$$U=\frac{\overline{X}-\mu_0}{\frac{\sigma}{\sqrt{n}}}$$

在H_0成立的假定下，统计量U服从$N(0,1)$分布，由已知条件$n=9$，$\overline{x}=4.484$，$\mu_0=4.55$，$\sigma=0.108$，将样本值代入到统计量$U=\frac{\overline{X}-\mu_0}{\frac{\sigma}{\sqrt{n}}}$表达式中，得到统计量的观测值$u$

$$u=\frac{\overline{x}-\mu_0}{\frac{\sigma}{\sqrt{n}}}=\frac{4.484-4.55}{\frac{0.108}{\sqrt{9}}}=1.83$$

（2）对给定的显著性水平$\alpha=0.05$，查标准正态分布$N(0,1)$表得到临界值$u_{\frac{\alpha}{2}}$，使得

$$P\left\{|U|>u_{\frac{\alpha}{2}}\right\}=0.05$$

这说明 $A=\left\{\left|U\right|>u_{\frac{\alpha}{2}}\right\}$ 为小概率事件，当 $\alpha=0.05$ 时，$u_{\frac{\alpha}{2}}=u_{0.025}=1.96$.

（3）因为 $\left|u\right|=1.83<1.96=u_{\frac{\alpha}{2}}$，所以接受原假设 H_0，可以认为现在生产的铁水平均含碳量为 4.55.

2. 方差 σ^2 为未知时，单个正态总体均值 μ 的检验假设 H_0：$\mu=\mu_0$

（1）选择统计量

$$T=\frac{\overline{X}-\mu_0}{\frac{S}{\sqrt{n}}}$$

在 H_0 成立的假定下，它服从 $t(n-1)$ 分布.

（2）对给定的显著性水平 α，查 t 分布表得到临界值 $t_{\frac{\alpha}{2}}(n-1)$，使得

$$P\left\{\left|\frac{\overline{X}-\mu_0}{\frac{S}{\sqrt{n}}}\right|>t_{\frac{\alpha}{2}}(n-1)\right\}=P\left\{\left|T\right|>t_{\frac{\alpha}{2}}(n-1)\right\}=\alpha$$

这说明 $A=\left\{\left|T\right|>t_{\frac{\alpha}{2}}(n-1)\right\}$ 为小概率事件.

（3）将样本值代入到统计量 $T=\frac{\overline{X}-\mu_0}{\frac{S}{\sqrt{n}}}$，得统计量的观测值 t（$t=\frac{\overline{x}-\mu_0}{\frac{s}{\sqrt{n}}}$）如果 $\left|t\right|\geqslant t_{\frac{\alpha}{2}}(n-1)$.

则表明在一次试验中小概率事件 A 出现了，因而拒绝 H_0，否则，接受 H_0，这种检验法称为 t 检验.

由于 σ^2 未知时检验所依赖信息有所减少，样本统计量服从 $t(n-1)$ 分布，与正态分布相比在概率相同条件下，t 分布临界点距中心的距离更远，意味着推断精度有所下降.

例 14 某厂采用自动包装机分装产品，假定每包产品的重量服从正态分布 $N(1000,\sigma^2)$，某日随机抽查 9 包，测得样本平均重量为 986 克，样本标准差为 24 克，能否认为这天自动包装机工作正常（$\alpha=0.05$）？

解 这是方差 σ^2 为未知时，单个正态总体均值 μ 的假设检验，假设检验 H_0：$\mu=1000$ 是否成立

（1）选择统计量

$$T=\frac{\overline{X}-\mu_0}{\frac{S}{\sqrt{n}}}$$

在 H_0 成立的假定下，它服从 $t(8)$ 分布.

由已知条件$n=9$，$\bar{x}=986$，$\mu_0=1000$，$s=24$并将样本值代入到统计量$T=\dfrac{\overline{X}-\mu_0}{\dfrac{S}{\sqrt{n}}}$表达式中，得到统计量的观测值

$$t=\frac{\bar{x}-\mu_0}{\dfrac{s}{\sqrt{n}}}=\frac{986-1000}{\dfrac{24}{\sqrt{9}}}=-1.75$$

（2）对给定的显著性水平$\alpha=0.05$，查t分布表得到临界值$t_{\frac{\alpha}{2}}(8)$，使得

$$P\left\{|T|>t_{\frac{\alpha}{2}}(8)\right\}=0.05$$

这说明$A=\left\{|T|>t_{\frac{\alpha}{2}}(8)\right\}$为小概率事件，当$\alpha=0.05$时，$t_{\frac{0.05}{2}}(8)=t_{0.025}(8)=2.306$.

（3）因为$|t|=1.75<2.306=t_{0.025}(8)$，所以接受原假设$H_0$，可以认为这天自动包装机工作正常.

3. 均值μ为未知时，单个正态总体方差σ^2的检验假设H_0：$\sigma^2=\sigma_0^2$

（1）选择统计量

$$\chi^2=\frac{(n-1)S^2}{\sigma_0^2}$$

在H_0成立的假定下，它服从$\chi^2(n-1)$分布.

（2）对给定的显著性水平α，查χ^2分布表　得到临界值

$$\chi^2_{1-\frac{\alpha}{2}}(n-1)\text{与}\chi^2_{\frac{\alpha}{2}}(n-1)$$

使得

$$P\left\{\chi^2\leqslant\chi^2_{1-\frac{\alpha}{2}}(n-1)\right\}=\frac{\alpha}{2}$$

$$P\left\{\chi^2\geqslant\chi^2_{\frac{\alpha}{2}}(n-1)\right\}=\frac{\alpha}{2}$$

这说明事件

$$A=\left\{\chi^2\leqslant\chi^2_{1-\frac{\alpha}{2}}(n-1)\right\}\cup\left\{\chi^2\geqslant\chi^2_{\frac{\alpha}{2}}(n-1)\right\}$$

为小概率事件.

（3）将样本值代入到统计量

$$\chi^2=\frac{(n-1)S^2}{\sigma_0^2}$$

的表达式中算出统计量的值χ^2

如果

$$\chi^2\leqslant\chi^2_{1-\frac{\alpha}{2}}(n-1)\text{或}\chi^2\geqslant\chi^2_{\frac{\alpha}{2}}(n-1)$$

则表明在一次试验中小概率事件 A 出现了，因而拒绝 H_0，否则，接受 H_0．由于这个检验法选择的统计量服从 χ^2 分布，所以称为 χ^2 检验.

直观地看，因为 S^2 是 σ^2 的无偏估计，所以在 H_0 成立的条件下，$\frac{S^2}{{\sigma_0}^2}$ 与 1 相差不应太大．对固定的 n，$\chi^2=\frac{(n-1)S^2}{\sigma_0^2}$ 之值不应太大也不应太小（应该在 $n-1$ 附近），至于 $\chi^2=\frac{(n-1)S^2}{\sigma_0^2}$ 大到什么程度和小到什么程度才可以拒绝 H_0 呢？这由上面的检验法找到的两个临界值 $\chi^2_{1-\frac{\alpha}{2}}(n-1)$ 与 $\chi^2_{\frac{\alpha}{2}}(n-1)$ 来决定.

例 15　已知维尼纶纤度在正常条件下服从正态分布 $X\sim N(\mu,\sigma^2)$，某日抽取 5 根纤维，测得其纤度为 1.32，1.55，1.36，1.40，，1.44，检验假设 $\sigma^2=0.0482$ 是否成立（$\alpha=0.05$）.

解　用 X 表示这一天生产维尼纶的纤度，则 $X\sim N(\mu,\sigma^2)$，我们的问题是检验假设 H_0：$\sigma^2=0.0482$ 是否成立.

（1）选择统计量

$$\chi^2=\frac{(n-1)S^2}{\sigma_0^2}$$

在 H_0 成立的假定下，它服从 $\chi^2(4)$ 分布.

（2）对给定的显著性水平 $\alpha=0.05$，查 χ^2 分布表　得到临界值

$$\chi^2_{1-\frac{\alpha}{2}}(n-1)=\chi^2_{0.975}(4)=0.484$$

$$\chi^2_{\frac{\alpha}{2}}(n-1)=\chi^2_{0.025}(4)=11.143$$

使得

$$P\{\chi^2\leqslant 0.484\}=\frac{\alpha}{2}=0.025$$

$$P\{\chi^2\geqslant 11.143\}=\frac{\alpha}{2}=0.025$$

这说明事件

$$A=\{\chi^2\leqslant 0.484\}\cup\{\chi^2\geqslant 11.143\}$$

为小概率事件.

（3）$n=5$，$\bar{x}=1.414$，$(n-1)S^2=0.03112$，将样本值代入到统计量

$$\chi^2=\frac{(n-1)S^2}{\sigma_0^2}$$

的表达式中算出统计量的值 χ^2，$\chi^2=13.507$

由于 $\chi^2=13.507>11.143=\chi^2_{\frac{\alpha}{2}}(n-1)$，则表明在一次试验中小概率事件 A 出现了，所以拒绝 H_0，即认为总体标准差 $\sigma^2=0.0482$ 不成立.

习题 7.3

1. 设某产品的指标服从正态分布，它的标准差$\sigma=150$，今抽取一个容量为 26 的样本，计算得样本均值为 1637，问在$\alpha=0.05$的显著水平下，能否认为这批产品的指标期望值μ为 1600?

2. 根据资料分析，某工厂生产一种产品，其抗断强度（单位：千克）服从正态分布$N(6.6,1)$，今随机抽取 50 件产品进行强度试验，得平均强度为 7.1 千克. 若方差未改变，问均值有无变化（$\alpha=0.05$）?

3. 从某种试验物中取出 24 个样品，测量其发热量，计算得$\bar{x}$=11958，样本标准差s=323，问以$\alpha=0.05$的显著水平是否可认为发热量的期望值是 12100（假定发热量是服从正态分布的）?

4. 设某次考试的考生成绩服从正态分布，从中随机地抽取 36 位考生的成绩，算得平均成绩为 66.5 分，标准差为 15 分，问在显著性水平 0.05 下，是否可认为这次考试全体考生的平均成绩为 70 分?

5. 某厂生产的一中电池，其寿命长期以来服从方差$\sigma^2=5000$的正态分布，现有一批这种电池，从生产的情况来看，寿命的波动性有所改变，现随机地抽取 26 只电池，测得寿命的样本方差$S^2=9200$，问根据这一数据能否推断这批电池寿命的波动性较以往有显著性的变化（取$\alpha=0.02$）.

7.4 一元线性回归

变量与变量之间的关系有两种. 一种是函数关系，当一个变量取定一个值时，另一个变量也有确定的值与它对应，这是一种函数关系. 例如，自由落体运动的路程s与时间t之间存在着函数关系$s=\frac{1}{2}gt^2$；另一种关系不能用函数关系来描述，例如，正常人的血压与年龄有一定的关系，一般讲年龄大的人血压相对地高一些，但是它们之间就不能用一个函数关系式表达出来. 这些变量（至少其中有一个是随机变量）之间的关系常称为是相关关系. 为了深入了解事物的本质，往往需要去寻找这些变量间的数量关系式. 回归分析就是研究相关关系的一种数学工具.

7.4.1 一元线性回归的数学模型

研究两个变量之间的相关关系称为一元回归分析，这里总假定因变量Y是随机变量，而自变量x是可以控制或可以精确测量的变量，是普通变量，例如自变量是年龄、催化剂的分量等. 当x取某固定值x_k时，Y的相应值y_k不能事先确定，现在通过试验观测，得到n对数据(x_1,y_1)，(x_2,y_2)，…，(x_n,y_n)，在平面直角坐标系中找到观测数据(x_1,y_1)，(x_2,y_2)，…，(x_n,y_n)，得到n个点，这n个点所构成的图形称为散点图如图 7.6 所示.

如果这n个点的位置趋向一条直线，则称这两个变量x和Y之间存在线性相关关系，虽然两个变量之间不是确定的函数关系，但是可以借助直线的函数形式

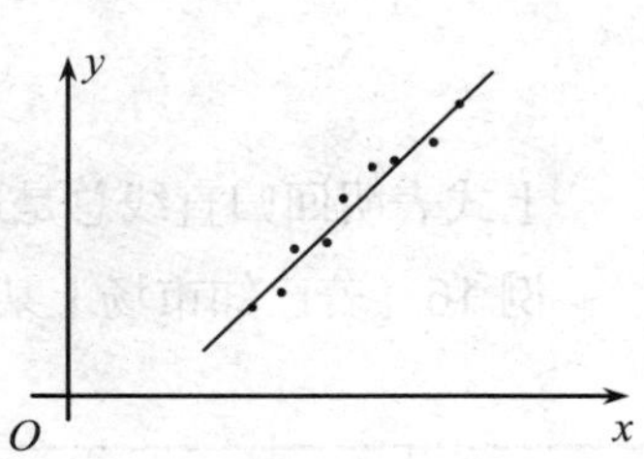

图 7.6

$$\hat{y} = a + bx$$

来表示两个变量的规律性，其中 $\hat{y}_k$ 是与 x_k 相对应的估计值，称上式为 Y 对 x 的线性回归方程，因此，Y 与 x 之间的关系可用数学模型

$$Y = a + bx + \varepsilon$$

来表示，其中 a 、b 称为模型参数，是未知的，x 是可控制的，看成普通变量，Y 是可观测的随机变量，ε 随着每个观测值 Y 发生变化，是不可预知随机变量，是随机误差.

7.4.2　一元线性回归方程

对于未知参数 a 和 b 的估计，一个直观的想法便是希望选取这样的 a 和 b，使得由它们在 $x_1, x_2, \cdots, x_n$ 各处计算的理论值 $a + bx_k$ 与实际观测值 y_k 的偏差达到最小，为此人们常用最小二乘法来求 a 和 b，使得

$$Q = \sum_{k=1}^{n}\left(y_k - a - bx_k\right)^2$$

为最小，就是在平面上选取一条直线，使直线在横坐标为 $x_1, x_2, \cdots, x_n$ 处的纵坐标与相应观测点的纵坐标之差的平方和为最小，利用二元函数求极值的方法求 a 和 b，令

$$\frac{\partial Q}{\partial a} = -2\sum_{k=1}^{n}\left(y_k - a - bx_k\right) = 0$$

$$\frac{\partial Q}{\partial b} = -2\sum_{k=1}^{n}\left(y_k - a - bx_k\right)x_k = 0$$

整理得

$$\begin{cases} na + b\sum_{k=1}^{n} x_k = \sum_{k=1}^{n} y_k, \\ a\sum_{k=1}^{n} x_k + b\sum_{k=1}^{n} x_k^2 = \sum_{k=1}^{n} x_k y_k. \end{cases}$$

解方程组，得到 a 和 b 的估计值 $\hat{a}$ 和 $\hat{b}$ 为

$$\hat{b} = \frac{\sum_{k=1}^{n} x_k y_k - n\bar{x}\bar{y}}{\sum_{k=1}^{n} x_k^2 - n\bar{x}^2} = \frac{\sum_{k=1}^{n}\left(x_k - \bar{x}\right)\left(y_k - \bar{y}\right)}{\sum_{k=1}^{n}\left(x_k - \bar{x}\right)^2} = \frac{L_{xy}}{L_{xx}}, \quad \hat{a} = \bar{y} - \hat{b}\bar{x}$$

其中 $\bar{x} = \frac{1}{n}\sum_{k=1}^{n} x_k$，$\bar{y} = \frac{1}{n}\sum_{k=1}^{n} y_k$，$L_{xy} = \sum_{k=1}^{n}\left(x_k - \bar{x}\right)\left(y_k - \bar{y}\right)$，$L_{xx} = \sum_{k=1}^{n}\left(x_k - \bar{x}\right)^2$.

式中的 $\hat{a}$ 和 $\hat{b}$，就是 Q 的最小值点，使得 $Q = Q\left(\hat{a}, \hat{b}\right) = \sum_{k=1}^{n}\left(y_k - \hat{y}\right)^2$ 达到最小.

由 $\hat{a}$ 和 $\hat{b}$，得到回归方程

$$\hat{y} = \hat{a} + \hat{b}x$$

若将 $\hat{a} = \bar{y} - \hat{b}\bar{x}$ 代入上式，可得回归方程的另一种形式

$$\hat{y}=\overline{y}+\hat{b}\left(x-\overline{x}\right)$$

上式表明回归直线总是通过点$\left(\overline{x},\overline{y}\right)$.

例 16 若已知市场上某种商品的价格和供给之间的数量关系如表 7.2 所示.

表 7.2

价格 x	2.0	2.5	2.7	3.5	4.0	4.5	5.2	6.3	7.1	8.0	9.0	10.0
供给 y	1.3	2.5	2.5	2.7	3.5	4.2	5.0	6.4	6.3	7.0	8.0	8.1

试求 y 对 x 的一元回归方程.

解 设所求的一元线性回归方程为 $\hat{y}=\hat{a}+\hat{b}x$

由条件得 $n=12$，$\overline{x}=5.4$，$\overline{y}=4.7917$

$L_{xx}=428.18-12\times5.4^2=78.26$，$L_{xy}=378-12\times5.4\times4.7917=67.5$

$\hat{b}=\dfrac{L_{xy}}{L_{xx}}=\dfrac{67.5}{78.26}=0.8625$，$\hat{a}=\overline{y}-\hat{b}\overline{x}=4.7917-0.8625\times5.4=0.1342$.

所以，所求的一元线性回归方程为 $\hat{y}=0.1342+0.8625x$.

例 17 某种产品的广告费支出 x 与销售额 y（单位：百万元）之间有如下对应数据（见表 7.3）:

表 7.3

x	2	4	5	6	8
y	30	40	60	50	70

（1）画出散点图；

（2）求回归直线方程；

（3）试预测广告费支出为 10 百万元时，销售额多大？

解 （1）根据表中所列数据可得散点图，如图 7.7 所示.

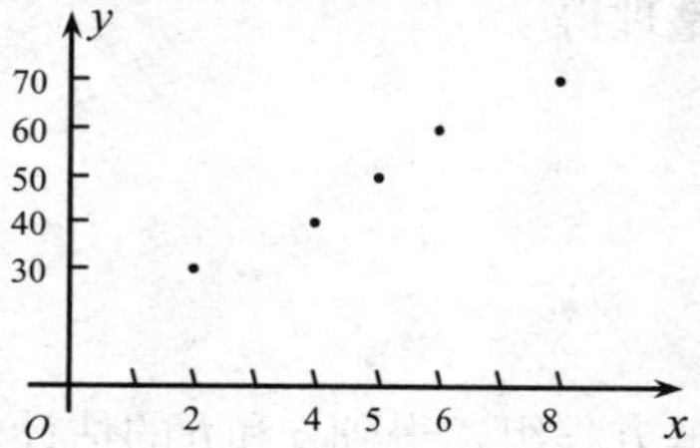

图 7.7

（2）列出下表（如表 7.4 所示），并用科学计算器进行有关计算：

表 7.4

k	1	2	3	4	5
x_k	2	4	5	6	8
y_k	30	40	60	50	70
$x_k y_k$	60	160	300	300	560

因此，$\overline{x}=\dfrac{25}{5}=5$，$\overline{y}=\dfrac{250}{5}=50$，

$\sum\limits_{k=1}^{5}x_k^2=145$，$\sum\limits_{k=1}^{5}y_k^2=13500$，$\sum\limits_{k=1}^{5}x_k y_k=1380$

于是可得

$$\hat{b}=\frac{\sum_{k=1}^{5}x_k y_k-5\bar{x}\bar{y}}{\sum_{k=1}^{5}x_k^2-5\bar{x}^2}=\frac{1380-5\times5\times50}{145-5\times5\times5}=6.5，\ \hat{a}=\bar{y}-\hat{b}\bar{x}=50-6.5\times5=17.5$$

故，所求回归直线方程为 $\hat{y}=17.5+6.5x$.

（3）根据上面求得的回归直线方程，当广告费支出为 10 百万元时

$$\hat{y}=17.5+6.5\times10=82.5\ （百万元）$$

即这种产品的销售收入大约为 82.5 百万元.

从上面求线性回归方程的过程可知，无论散点如何分布，也就是说无论变量 x 和 Y 之间是否存在线性关系，总能用最小二乘法求得回归直线，因此，需要判别一下 x 和 Y 之间是否真正具有线性相关关系，这就涉及假设检验问题，因为涉及的问题比较复杂，本教材不作介绍.

习题 7.4

1. 生产某产品的产量 x（吨）与消耗标准煤 y（吨）的几组对照数据如表 7.5 所示.

表 7.5

x	3	4	5	6
y	2，5	3	4	4.5

（1）画出上表数据的散点图；

（2）求 y 对 x 的一元回归方程.

2. 在研究硝酸钠的可溶性程度时，对于不同的温度观测它在水中的溶解度，得观测结果如表 7.6 所示.

表 7.6

温度 x	0	10	20	50	70
溶解度 y	66.7	76.0	85.0	112.3	128.0

由资料看 y 与 x 呈线性相关，试求回归方程.

3. 某企业上半年产品产量与单位成本资料如表 7.7 所示.

表 7.7

月份	产量 x（千克）	单位成本 y（元）
1	2	73
2	3	72
3	4	71
4	3	73
5	4	69
6	5	68

求出线性回归方程.

4. 随着我国经济的快速发展，城乡居民的生活水平不断提高，为研究某市家庭平均收入与月平均生活支出的关系，该市统计部门随机调查了 10 个家庭，得数据如表 7.8 所示.

表 7.8

家庭编号	1	2	3	4	5	6	7	8	9	10
x（收入）千元	0.8	1.1	1.3	1.5	1.5	1.8	2.0	2.2	2.4	2.8
y（支出）千元	0.7	1.0	1.2	1.0	1.3	1.5	1.3	1.7	2.0	2.5

（1）判断家庭平均收入与月平均生活支出是否相关?

（2）若二者线性相关，求回归直线方程.

5. 某公司利润 y 与销售总额 x（单位：千万元）之间有如下对应数据如表 7.9 所示.

表 7.9

x	10	15	17	20	25	28	32
y	1	1.3	1.8	2	2.6	2.7	3.3

（1）画出散点图；

（2）求回归直线方程；

（3）估计销售总额为 24 千万元时的利润.

附录 I

数学发展简介

一、线性代数发展简介

线性代数主要包括行列式、矩阵、n维向量、线性方程组、线性空间与线性变换、二次型等六部分内容，根据高职高专院校物流经管类专业的实际需要，我们这本教材只介绍了其中的部分内容，并且在理论体系和结构上做了较大幅度的改动，建议读者在学习过程中，参阅其它院校的《线性代数》教材.

下面根据本教材的相关内容，简略介绍线性代数的发展简史.

行列式出现于线性方程组的求解，它最早是一种速记的表达式，现在已经是数学中一种非常有用的工具.

行列式是由莱布尼茨和日本数学家关孝和发明的，1693 年 4 月，莱布尼茨在给洛比达的一封信中使用并给出了行列式，并给出方程组的系数行列式为零的条件.

同时代的日本数学家关孝和 1638 年在其著作《解伏题元法》中也提出了行列式的概念与算法.

1750 年，瑞士数学家克莱姆（G.Cramer，1704-1752）在其著作《线性代数分析导引》中，对行列式的定义和展开法则给出了比较完整、明确的阐述，并给出了现在我们所称的解线性方程组的“克莱姆法则”.

稍后，数学家贝祖（E.Bezout，1730-1783）将确定行列式每一项符号的方法进行了系统化，利用系数行列式概念指出了如何判断一个齐次线性方程组有非零解.

总之，在很长一段时间内，行列式只是作为解线性方程组的一种工具使用，并没有人意识到它可以独立于线性方程组之外，单独形成一门理论加以研究.

在行列式的发展史上，第一个对行列式理论做出连贯的逻辑的阐述，即把行列式理论与线性方程组求解相分离的人，是法国数学家范德蒙（A-T.Vandermonde，1735-1796）.

范德蒙自幼在父亲的指导下学习音乐，但对数学有浓厚的兴趣，后来获得法兰西科学院院士．特别地，他给出了用二阶子式和他们的余子式来展开行列式的法则．就对行列式来说，他是这门理论的奠基人．

1772 年，拉普拉斯在一篇论文中证明了范德蒙提出的一些规则，推广了他的展开行列式的方法．

继范德蒙之后，在行列式理论方面，又一位做出突出贡献的就是另一位法国大数学家柯西．1815 年，柯西在一篇论文中给出了行列式的第一系统，几乎是近代的处理，其中主要结果之一是行列式的乘法定理．另外，他第一个把行列式的元素排成方阵，采用双足标记法；引进了行列式特征方程的术语；给出了相似行列式概念；改进了拉普拉斯的行列式展开定理并给出了一个证明等．

19 世纪的半个多世纪中，对行列式理论研究始终不渝的作者之一是詹姆士.西尔维斯特（J.Sylvester.1814-1894）．他是一个活泼、敏感、兴奋、热情，甚至容易激动的人，然而因为是犹太人的缘故，他受到剑桥大学的不平等的对待，西尔维斯特利用火一样的热情介绍他的学术思想．他有很多重要成就．

继柯西之后，在行列式理论方面最多产的人就是德国数学家雅可比（J.Jacobi，1804-1851），他引进了函数行列式，即“雅可比行列式”，指出函数行列式在多重积分的变量替代中的作用，给出了函数行列式的导数公式．雅可比的著名论文《论行列式的形成和性质》标志着行列式系统理论的建成．

由于行列式在数学分析，几何学，线性方程组理论，二次型理论等多方面的应用，促使行列式理论在 19 世纪也得到了很大发展．

矩阵与行列式在 19 世纪中叶已经受到很大关注，被誉为是在数学语言上的一次重大革新．对于之前已经以较完善的形式存在的许多数学概念，它提供了简练速记的表达方式．随着数学的发展，至今还是高等数学中重要的基础研究工具之一，并且成为数学实验的对象．不仅如此，矩阵在力学、物理、科技等方面都有着十分广泛的应用．

1801 年德国数学家高斯（F.Gauss，1777-1855）把一个线性变换的全部系数作为一个整体．1844 年，德国数学家爱森斯坦（F.Eissenstein，1823-1852）讨论了“变换”（矩阵）及其乘积．1850 年，英国数学家西尔维斯特（James Joseph Sylvester，18414-1897）首先使用矩阵一词．1858 年，英国数学家凯莱（A.Gayley，1821-1895）发表《关于矩阵理论的研究报告》．他首先将矩阵作为一个独立的数学对象加以研究，并在这个主题上首先发表了一系列文章，因而被认为是矩阵论的创立者，他给出了现在通用的一系列定义，如两矩阵相等、零矩阵、单位矩阵、两矩阵的和、一个数与一个矩阵的数量积、两个矩阵的积、方阵的逆、转置矩阵等．并且凯莱还注意到，矩阵的乘法满足结合律，但一般不可交换，且 $m\times s$ 矩阵只能左乘 $s\times n$ 矩阵．1854 年，法国数学家埃米尔特（C.Hermite，1822-1901）使用了“正交矩阵”这一术语，但他的正式定义直到 1878 年才由德国数学家费罗贝尼乌斯（F.G.Frohenius，1849-1917）发表．1879 年，费罗贝尼乌斯引入矩阵秩的概念．

目前矩阵理论被广泛应用，无论是工程技术还是经济管理方面，矩阵理论和方法都相当成熟.数学软件 MATLAB 就是 Matrix Laboratory （矩阵实验室）.Matlab 它的指令表达式与数学、工程中常用的形式十分相似，故用 MATLAB 来求解数学、工程技术问题十分方便易学，MATLAB 的基本数据单位就是矩阵．

线性方程组的解法，早在中国古代的数学著作《九章算术 方程》一章中已作了比较完整的论述. 其中所述方法实质上相当于现代的对方程组的增广矩阵施行初等行变换从而消去未知量的方法，即高斯消元法.

在西方，线性方程组的研究是在 17 世纪后期由莱布尼茨开创的. 他曾研究含两个未知量的三个线性方程组成的方程组. 麦克劳林在 18 世纪上半叶研究了具有二、三、四个未知量的线性方程组，得到了现在称为克莱姆法则的结果. 克莱姆不久也发表了这个法则. 18 世纪下半叶，法国数学家贝祖对线性方程组理论进行了一系列研究，证明了 n 元齐次线性方程组有非零解的条件是系数行列式等于零.

19 世纪，英国数学家史密斯 (H.Smith) 和道奇森(C-L.Dodgson)继续研究线性方程组理论，前者引进了方程组的增广矩阵和非增广矩阵的概念，后者证明了 n 个未知数 m 个方程的方程组相容的充要条件是系数矩阵和增广矩阵的秩相同. 这正是现代方程组理论中的重要结果之一.

大量的科学技术问题，最终往往归结为解线性方程组. 因此在线性方程组的数值解法得到发展的同时，线性方程组解的结构等理论性工作也取得了令人满意的进展. 现在，线性方程组的数值解法在计算数学中占有重要地位.

二、概率论与数理统计发展简介

17 世纪，正当研究必然性事件的数理关系获得较大发展的时候，一个研究偶然事件数量关系的数学分支开始出现，这就是概率论.

早在 16 世纪，赌博中的偶然现象就开始引起人们的注意. 数学家卡丹诺(Cardano)首先觉察到，赌博输赢虽然是偶然的，但较大的赌博次数会呈现一定的规律性，卡丹诺为此还写了一本《论赌博》的小册子，书中计算了掷两颗骰子或三颗骰子时，在一切可能的方法中有多少方法得到某一点数. 据说，曾与卡丹诺在三次方程发明权上发生争论的塔尔塔里亚，也曾做过类似的实验.

促使概率论产生的强大动力来自社会实践. 首先是保险事业. 文艺复兴后，随着航海事业的发展，意大利开始出现海上保险业务. 16 世纪末，在欧洲不少国家已把保险业务扩大到其它工商业上，保险的对象都是偶然性事件. 为了保证保险公司赢利，又使参加保险的人愿意参加保险，就需要根据对大量偶然现象规律性的分析，去创立保险的一般理论. 于是，一种专门适用于分析偶然现象的数学工具也就成为十分必要了.

不过，作为数学科学之一的概率论，其基础并不是在上述实际问题的材料上形成的. 因为这些问题的大量随机现象，常被许多错综复杂的因素所干扰，它使难以呈“自然的随机状态”. 因此必须从简单的材料来研究随机现象的规律性，这种材料就是所谓的“随机博弈”. 在近代概率论创立之前，人们正是通过对这种随机博弈现象的分析,注意到了它的一些特性，比如“多次实验中的频率稳定性”等，然后经加工提炼而形成了概率论.

荷兰数学家、物理学家惠更斯（Huygens）于 1657 年发表了关于概率论的早期著作《论赌博中的计算》. 在此期间，法国的费尔马（Fermat）与帕斯卡（Pascal）也在相互通信中探讨了随机博弈现象中所出现的概率论的基本定理和法则. 惠更斯等人的工作建立了概率和数学期望等主要概念，找出了它们的基本性质和演算方法，从而塑造了概率论的雏形.

18 世纪是概率论的正式形成和发展时期. 1713 年，贝努利（Bernoulli）的名著《推想的艺术》发表. 在这部著作中，贝努利明确指出了概率论最重要的定律之一——“大数定律”，并且给出了证明，这使以往建立在经验之上的频率稳定性推测理论化了，从此概率论从对特殊问题的求解，发展到了一般的理论概括.

继贝努利之后，法国数学家棣谟佛（Abraham de Moiver）于 1781 年发表了《机遇原理》. 书中提出了概率乘法法则，以及“正态分”和“正态分布律”的概念，为概率论的“中心极限定理”的建立奠定了基础.

1706 年法国数学家蒲丰（Comte de Buffon）的《偶然性的算术试验》完成，他把概率和几何结合起来，开始了几何概率的研究，他提出的“蒲丰问题”就是采取概率的方法来求圆周率 π 的尝试.

通过贝努利和棣谟佛的努力，使数学方法有效地应用于概率研究之中，这就把概率论的特殊发展同数学的一般发展联系起来，使概率论一开始就成为数学的一个分支.

概率论问世不久，就在应用方面发挥了重要的作用. 牛痘在欧洲大规模接种之后，曾因副作用引起争议. 这时贝努利的侄子丹尼尔·贝努利（Daniel Bernoulli）根据大量的统计资料，作出了种牛痘能延长人类平均寿命三年的结论，消除了一些人的恐惧和怀疑；欧拉（Euler）将概率论应用于人口统计和保险，写出了《关于死亡率和人口增长率问题的研究》，《关于孤儿保险》等文章；泊松（Poisson）又将概率应用于射击的各种问题的研究，提出了《打靶概率研究报告》. 总之，概率论在 18 世纪确立后，就充分地反映了其广泛的实践意义.

19 世纪概率论朝着建立完整的理论体系和更广泛的应用方向发展. 其中为之作出较大贡献的有：法国数学家拉普拉斯（Laplace），德国数学家高斯（Gauss），英国物理学家、数学家麦克斯韦（Maxwell），美国数学家、物理学家吉布斯（Gibbs）等. 概率论的广泛应用，使它于 18 和 19 两个世纪成为热门学科，几乎所有的科学领域，包括神学等社会科学都企图借助于概率论去解决问题，这在一定程度上造成了“滥用”的情况，因此到 19 世纪后半期时，人们不得不重新对概率进行检查，为它奠定牢固的逻辑基础，使它成为一门强有力的学科.

1917 年苏联科学家伯恩斯坦首先给出了概率论的公理体系. 1933 年柯尔莫哥洛夫又以更完整的形式提出了概率论的公理结构，从此，更现代意义上的完整的概率论臻于完成.

相对于其它许多数学分支而言，数理统计是一个比较年轻的数学分支. 多数人认为它的形成是在 20 世纪 40 年代克拉美（H.Carmer）的著作《统计学的数学方法》问世之时，它使得 1945 年以前的 25 年间英、美统计学家在统计学方面的工作与法、俄数学家在概率论方面的工作结合起来，从而形成数理统计这门学科. 它是以对随机现象观测所取得的资料为出发点，以概率论为基础来研究随机现象的一门学科，它有很多分支，但其基本内容为采集样本和统计推断两大部分. 发展到今天的现代数理统计学，又经历了各种历史变迁.

统计的早期开端大约是在公元前 1 世纪初的人口普查计算中，这是统计性质的工作，但还不能算作是现代意义下的统计学. 到了 18 世纪，统计才开始向一门独立的学科发展，用于描述表征一个状态的条件的一些特征，这是由于受到概率论的影响.

高斯从描述天文观测的误差而引进正态分布，并使用最小二乘法作为估计方法，是近代数理统计学发展初期的重大事件，18 世纪到 19 世纪初期的这些贡献，对社会发展有很大的影响．例如，用正态分布描述观测数据后来被广泛地用到生物学中，其应用是如此普遍，以至在 19 世纪相当长的时期内，包括高尔顿（Galton）在内的一些学者，认为这个分布可用于描述几乎是一切常见的数据．直到现在，有关正态分布的统计方法，仍占据着常用统计方法中很重要的一部分．最小二乘法方面的工作，在 20 世纪初以来，又经过了一些学者的发展，如今成了数理统计学中的主要方法．

从高斯到 20 世纪初这一段时间，统计学理论发展不快，但仍有若干工作对后世产生了很大的影响．其中，如贝叶斯（Bayes）在 1763 年发表的《论有关机遇问题的求解》，提出了进行统计推断的方法论方面的一种见解，在这个时期中逐步发展成统计学中的贝叶斯学派（如今，这个学派的影响愈来愈大）．现在我们所理解的统计推断程序，最早的是贝叶斯方法，高斯和拉普拉斯应用贝叶斯定理讨论了参数的估计法，那时使用的符号和术语，至今仍然沿用．再如前面提到的高尔顿在回归方面的先驱性工作，也是这个时期中的主要发展，他在遗传研究中为了弄清父子两辈特征的相关关系，揭示了统计方法在生物学研究中的应用，他引进回归直线、相关系数的概念，创始了回归分析．

数理统计学发展史上极重要的一个时期是从 19 世纪到二次大战结束．现在，多数人倾向于把现代数理统计学的起点和达到成熟定为这个时期的始末．这确是数理统计学蓬勃发展的一个时期，许多重要的基本观点、方法，统计学中主要的分支学科，都是在这个时期建立和发展起来的．以费歇尔（R.A.Fisher）和皮尔逊（K.Pearson）为首的英国统计学派，在这个时期起了主导作用，特别是费歇尔．

继高尔顿之后，皮尔逊进一步发展了回归与相关的理论，成功地创建了生物统计学，并得到了“总体”的概念，1891 年之后，皮尔逊潜心研究区分物种时用的数据的分布理论，提出了“概率”和“相关”的概念．接着，又提出标准差、正态曲线、平均变差、均方根误差等一系列数理统计基本术语．皮尔逊致力于大样本理论的研究，他发现不少生物方面的数据有显著的偏态，不适合用正态分布去刻画，为此他提出了后来以他的名字命名的分布族，为估计这个分布族中的参数，他提出了“矩法”．为考察实际数据与这族分布的拟合分布优劣问题，他引进了著名“x^2 检验法”，并在理论上研究了其性质．这个检验法是假设检验最早、最典型的方法，他在理论分布完全给定的情况下求出了检验统计量的极限分布．1901 年，他创办了《生物统计学》，使数理统计有了自己的阵地，这是 20 世纪初叶数学的重大收获之一．

1908 年皮尔逊的学生戈赛特（Gosset）发现了 Z 的精确分布，创始了“精确样本理论”．他署名“Student”在《生物统计学》上发表文章，改进了皮尔逊的方法．他的发现不仅不再依靠近似计算，而且能用所谓小样本进行统计推断，并使统计学的对象由集团现象转变为随机现象．现“Student 分布”已成为数理统计学中的常用工具，“Student 氏”也是一个常见的术语．

英国实验遗传学家兼统计学家费歇尔，是将数理统计作为一门数学学科的奠基者，他开创的试验设计法，凭借随机化的手段成功地把概率模型带进了实验领域，并建立了方差分析法来分析这种模型．费歇尔的试验设计，既把实践带入理论的视野内，又促进了实践的进展，从而大量地节省了人力、物力，试验设计这个主题，后来为众多数学家所发展．费歇尔还引进了显著性检验的概念，成为假设检验理论的先驱．他考察了估计的精度与样本所具有的信息之间的关系而得到信息量概念，他对测量数据中的信息，压缩数据而不损失信息，以及对一个模型的参数估计等贡献了完善的理论概念，他把一致性、有效性和充分性作为参数估计量应具备的基本性质. 同时还在 1912 年提出了极大似然法，这是应用上最广的一种估计法. 他在 20 年代的工作，奠定了参数估计的理论基础. 关于 x^2 检验，费歇尔 1924 年解决了理论分布包含有限个参数情况，基于此方法的列表检验，在应用上有重要意义. 费歇尔在一般的统计思想方面也作出过重要的贡献，他提出的“信任推断法”，在统计学界引起了相当大的兴趣和争论，费歇尔给出了许多现代统计学的基础概念，思考方法十分直观，他造就了一个学派，在纯粹数学和应用数学方面都建树卓越.

这个时期作出重要贡献的统计学家中，还应提到奈曼（J.Neyman）和皮尔逊（E.Pearson）. 他们在从 1928 年开始的一系列重要工作中，发展了假设检验的系列理论. 奈曼－皮尔逊假设检验理论提出和精确化了一些重要概念. 该理论对后世也产生了巨大影响，它是现今统计教科书中不可缺少的一个组成部分，奈曼还创立了系统的置信区间估计理论，早在奈曼工作之前，区间估计就已是一种常用形式，奈曼从 1934 年开始的一系列工作，把区间估计理论置于柯尔莫哥洛夫概率论公理体系的基础之上，因而奠定了严格的理论基础，而且他还把求区间估计的问题表达为一种数学上的最优解问题，这个理论与奈曼－皮尔逊假设检验理论，对于数理统计形成为一门严格的数学分支起了重大作用.

以费歇尔为代表人物的英国成为数理统计研究的中心时，美国在二战中发展亦快，有三个统计研究组在投弹问题上进行了 9 项研究，其中最有成效的哥伦比亚大学研究小组在理论和实践上都有重大建树，而最为著名的是首先系统地研究了“序贯分析”，它被称为“30 年代最有威力”的统计思想. “序贯分析”系统理论的创始人是著名统计学家沃德（Wald）. 他是原籍罗马尼亚的英国统计学家，他于 1934 年系统发展了早在 20 年代就受到注意的序贯分析法. 沃德在统计方法中引进的“停止规则”的数学描述，是序贯分析的概念基础，并已证明是现代概率论与数理统计学中最富于成果的概念之一.

从二战后到现在，是统计学发展的第三个时期，这是一个在前一段发展的基础上，随着生产和科技的普遍进步，而使这个学科得到飞速发展的一个时期，同时，也出现了不少有待解决的大问题. 这一时期的发展可总结如下.

一是在应用上愈来愈广泛，统计学的发展一开始就是应实际的要求，并与实际密切结合的. 在二战前，已在生物、农业、医学、社会、经济等方面有不少应用，在工业和科技方面也有一些应用，而后一方面在战后得到了特别引人注目的进展. 例如，归纳“统计质量管理”名目下的众多的统计方法，在大规模工业生产中的应用得到了很大的成功，目前已被认为是不可缺少的. 统计学应用的广泛性，也可以从下述情况得到印证：统计学已成为高等学校中许多专业必修的内容；统计学专业的毕业生的人数，以及从事统计学的应用、教学和研究工作的人数的大幅度的增长；有关统计学的著作和期刊杂志的数量的显著增长.

二是统计学理论也取得重大进展. 理论上的成就，综合起来大致有两个主要方面：一个方面与沃德提出的“统计决策理论”，另一方面就是大样本理论.

沃德是 20 世纪对统计学面貌的改观有重大影响的少数几个统计学家之一. 1950 年，他发表了题为《统计决策函数》的著作，正式提出了“统计决策理论”. 沃德本来的想法，是要把统计学的各分支都统一在“人与大自然的博奕”这个模式下，以便作出统一处理. 不过，往后的发展表明，他最初的设想并未取得很大的成功，但却有着两方面的重要影响：一是沃德把统计推断的后果与经济上的得失联系起来，这使统计方法更直接用到经济性决策的领域；二是沃德理论中所引进的许多概念和问题的新提法，丰富了以往的统计理论.

贝叶斯统计学派的基本思想，源出于英国学者贝叶斯的一项工作，发表于他去世后的1763 年后世的学者把它发展为一整套关于统计推断的系统理论. 信奉这种理论的统计学者，就组成了贝叶斯学派. 这个理论在两个方面与传统理论（即基于概率的频率解释的那个理论）有根本的区别：一是否定概率的频率的解释，这涉及到与此有关的大量统计概念，而提倡给概率以“主观上的相信程度”这样的解释；二是“先验分布”的使用，先验分布被理解为在抽样前对推断对象的知识的概括. 按照贝叶斯学派的观点，样本的作用在于且仅在于对先验分布作修改，而过渡到“后验分布”——其中综合了先验分布中的信息与样本中包含的信息. 近几十年来其信奉者愈来愈多，二者之间的争论，是战后时期统计学的一个重要特点. 在这种争论中，提出了不少问题促使人们进行研究，其中有的是很根本性的. 贝叶斯学派与沃德统计决策理论的联系在于：这二者的结合，产生“贝叶斯决策理论”，它构成了统计决策理论在实际应用上的主要内容.

三是电子计算机的应用对统计学的影响. 这主要在以下几个方面. 首先，一些需要大量计算的统计方法，过去因计算工具不行而无法使用，有了计算机，这一切都不成问题. 在战后，统计学应用愈来愈广泛，这在相当程度上要归公功于计算机，特别是对高维数据的情况.

计算机的使用对统计学另一方面的影响是：按传统数理统计学理论，一个统计方法效果如何，甚至一个统计方法如何付诸实施，都有赖于决定某些统计量的分布，而这常常是极困难的. 有了计算机，就提供了一个新的途径：模拟. 为了把一个统计方法与其他方法比较，可以选择若干组在应用上有代表性的条件，在这些条件下，通过模拟去比较两个方法的性能如何，然后作出综合分析，这避开了理论上难以解决的难题，有极大的实用意义.

附录Ⅱ 数据表

一、标准正态分布函数表

$$\Phi(x)=\int_{-\infty}^{x}\frac{1}{\sqrt{2\pi}}\mathrm{e}^{-\frac{t^2}{2}}\,\mathrm{d}t$$

x	0.00	0.01	0.02	0.03	0.04	0.05	0.06	0.07	0.08	0.09
0.0	0.500 00	0.5040	0.5080	0.5120	0.5160	0.5199	0.5239	0.5279	0.5319	0.5359
0.1	0.5398	0.5438	0.5478	0.5517	0.5557	0.5596	0.5636	0.5675	0.5714	0.5753
0.2	0.5793	0.5832	0.5871	0.5910	0.5948	0.5987	0.6026	0.6064	0.6103	0.6141
0.3	0.6179	0.6217	0.6255	0.6293	0.6331	0.6368	0.6406	0.6443	0.6480	0.6517
0.4	0.6554	0.6591	0.6628	0.6664	0.6700	0.6736	0.6772	0.6808	0.6844	0.6879
0.5	0.6915	0.6950	0.6985	0.7019	0.7504	0.7088	0.7123	0.7157	0.7190	0.7224
0.6	0.7257	0.7291	0.7324	0.7357	0.7389	0.7422	0.7454	0.7486	0.7517	0.7549
0.7	0.7580	0.7611	0.7642	0.7673	0.7704	0.7734	0.7764	0.7794	0.7823	0.7852
0.8	0.7881	0.7910	0.7939	0.7967	0.7995	0.8023	0.8051	0.8078	0.8106	0.8133
0.9	0.8159	0.8186	0.8212	0.8238	0.8264	0.8289	0.8315	0.8340	0.8365	0.8389
1.0	0.8413	0.8438	0.8461	0.8485	0.8508	0.8531	0.8554	0.8577	0.8599	0.8621
1.1	0.8643	0.8665	0.8686	0.8708	0.8729	0.8749	0.8770	0.8790	0.8810	0.8830
1.2	0.8849	0.8869	0.8888	0.8907	0.8925	0.8944	0.8962	0.8980	0.8997	0.9015
1.3	0.903 20	0.904 90	0.906 58	0.908 24	0.909 88	0.911 49	0.913 09	0.914 66	0.916 21	0.917 74
1.4	0.919 24	0.920 73	0.922 20	0.923 64	0.925 07	0.926 47	0.927 85	0.929 22	0.930 56	0.931 89
1.5	0.933 19	0.934 88	0.935 74	0.937 99	0.938 22	0.939 43	0.940 62	0.941 79	0.942 95	0.944 08
1.6	0.945 20	0.946 30	0.947 38	0.948 45	0.949 50	0.950 53	0.951 54	0.952 54	0.953 52	0.954 49
1.7	0.955 43	0.956 37	0.957 28	0.958 18	0.959 07	0.959 94	0.960 80	0.961 64	0.962 64	0.963 27

续表

x	0.00	0.01	0.02	0.03	0.04	0.05	0.06	0.07	0.08	0.09
1.8	0.964 07	0.964 85	0.965 62	0.966 38	0.967 21	0.967 84	0.968 56	0.969 26	0.969 95	0.970 62
1.9	0.971 28	0.971 93	0.972 57	0.973 20	0.973 81	0.974 41	0.975 00	0.975 58	0.976 15	0.976 70
2.0	0.977 25	0.977 78	0.978 31	0.978 82	0.979 32	0.979 82	0.980 30	0.980 77	0.981 24	0.981 69
2.1	0.982 14	0.982 57	0.983 00	0.983 41	0.983 82	0.984 22	0.984 61	0.985 00	0.985 37	0.985 74
2.2	0.986 10	0.986 45	0.986 79	0.987 13	0.987 45	0.987 78	0.988 09	0.988 40	0.988 70	0.989 99
2.3	0.989 28	0.989 56	0.989 83	$0.9^{2}0097$	$0.9^{2}0358$	$0.9^{2}0613$	$0.9^{2}0863$	$0.9^{2}1106$	$0.9^{2}1344$	$0.9^{2}1576$
2.4	$0.9^{2}1842$	$0.9^{2}2024$	$0.9^{2}2240$	$0.9^{2}2451$	$0.9^{2}2656$	$0.9^{2}2857$	$0.9^{2}3053$	$0.9^{2}3244$	$0.9^{2}3431$	$0.9^{2}3613$
2.5	$0.9^{2}3790$	$0.9^{2}3963$	$0.9^{2}4132$	$0.9^{2}4297$	$0.9^{2}4457$	$0.9^{2}4614$	$0.9^{2}4766$	$0.9^{2}4915$	$0.9^{2}5060$	$0.9^{2}5210$
2.6	$0.9^{2}5339$	$0.9^{2}5473$	$0.9^{2}5604$	$0.9^{2}5731$	$0.9^{2}5855$	$0.9^{2}5975$	$0.9^{2}6093$	$0.9^{2}6207$	$0.9^{2}6319$	$0.9^{2}6427$
2.7	$0.9^{2}6533$	$0.9^{2}6636$	$0.9^{2}6736$	$0.9^{2}6833$	$0.9^{2}6928$	$0.9^{2}7020$	$0.9^{2}7110$	$0.9^{2}7129$	$0.9^{2}7282$	$0.9^{2}7365$
2.8	$0.9^{2}7445$	$0.9^{2}7523$	$0.9^{2}7599$	$0.9^{2}7673$	$0.9^{2}7744$	$0.9^{2}7814$	$0.9^{2}7882$	$0.9^{2}7943$	$0.9^{2}8012$	$0.9^{2}8074$
2.9	$0.9^{2}8134$	$0.9^{2}8193$	$0.9^{2}8250$	$0.9^{2}8305$	$0.9^{2}8359$	$0.9^{2}8411$	$0.9^{2}8462$	$0.9^{2}8511$	$0.9^{2}8559$	$0.9^{2}8605$
3.0	$0.9^{2}8650$	$0.9^{2}8694$	$0.9^{2}8736$	$0.9^{2}8777$	$0.9^{2}8817$	$0.9^{2}8856$	$0.9^{2}8893$	$0.9^{2}8930$	$0.9^{2}8965$	$0.9^{2}8999$
3.1	$0.9^{3}0324$	$0.9^{3}0646$	$0.9^{3}0957$	$0.9^{3}1260$	$0.9^{3}1553$	$0.9^{3}1836$	$0.9^{3}2112$	$0.9^{3}2378$	$0.9^{3}2636$	$0.9^{3}2883$
3.2	$0.9^{3}3129$	$0.9^{3}3363$	$0.9^{3}3590$	$0.9^{3}3810$	$0.9^{3}4024$	$0.9^{3}4230$	$0.9^{3}4429$	$0.9^{3}4623$	$0.9^{3}4810$	$0.9^{3}4911$
3.3	$0.9^{3}5166$	$0.9^{3}5335$	$0.9^{3}5499$	$0.9^{3}5658$	$0.9^{3}5811$	$0.9^{3}5959$	$0.9^{3}6103$	$0.9^{3}6242$	$0.9^{3}6376$	$0.9^{3}6505$
3.4	$0.9^{3}6633$	$0.9^{3}6752$	$0.9^{4}6869$	$0.9^{4}6982$	$0.9^{4}7091$	$0.9^{4}7197$	$0.9^{4}7299$	$0.9^{4}7398$	$0.9^{4}7493$	$0.9^{4}7585$
3.5	$0.9^{3}7674$	$0.9^{3}7759$	$0.9^{3}7842$	$0.9^{3}7922$	$0.9^{3}7999$	$0.9^{3}8074$	$0.9^{3}8146$	$0.9^{3}8215$	$0.9^{3}8282$	$0.9^{3}8347$
3.6	$0.9^{3}8409$	$0.9^{3}8409$	$0.9^{3}8527$	$0.9^{3}8583$	$0.9^{3}8637$	$0.9^{3}8689$	$0.9^{3}8739$	$0.9^{3}8787$	$0.9^{3}8834$	$0.9^{3}8879$
3.7	$0.9^{3}8922$	$0.9^{3}8964$	$0.9^{4}0039$	$0.9^{4}0426$	$0.9^{4}0799$	$0.9^{4}1158$	$0.9^{4}1504$	$0.9^{4}1838$	$0.9^{4}2159$	$0.9^{4}2468$
3.8	$0.9^{4}2765$	$0.9^{4}3052$	$0.9^{4}3327$	$0.9^{4}3593$	$0.9^{4}3848$	$0.9^{4}4094$	$0.9^{4}4331$	$0.9^{4}4558$	$0.9^{4}4777$	$0.9^{4}4988$
3.9	$0.9^{4}5190$	$0.9^{4}5385$	$0.9^{4}5573$	$0.9^{4}5753$	$0.9^{4}5926$	$0.9^{4}6092$	$0.9^{4}6253$	$0.9^{4}6406$	$0.9^{4}6554$	$0.9^{4}6696$
4.0	$0.9^{4}6833$	$0.9^{4}6964$	$0.9^{4}7090$	$0.9^{4}7211$	$0.9^{4}7327$	$0.9^{4}7439$	$0.9^{4}7564$	$0.9^{4}7649$	$0.9^{4}7748$	$0.9^{4}8743$
4.1	$0.9^{4}7934$	$0.9^{4}8022$	$0.9^{4}8106$	$0.9^{4}8086$	$0.9^{4}8263$	$0.9^{4}8338$	$0.9^{4}8409$	$0.9^{4}8477$	$0.9^{4}8542$	$0.9^{4}8605$
4.2	$0.9^{4}8665$	$0.9^{4}8723$	$0.9^{4}8778$	$0.9^{4}8832$	$0.9^{4}8882$	$0.9^{4}8931$	$0.9^{4}8978$	$0.9^{5}0226$	$0.9^{5}0655$	$0.9^{5}1066$
4.3	$0.9^{5}1460$	$0.9^{5}1837$	$0.9^{5}2199$	$0.9^{5}2545$	$0.9^{5}2876$	$0.9^{5}3193$	$0.9^{5}3497$	$0.9^{5}3788$	$0.9^{5}4066$	$0.9^{5}4332$
4.4	$0.9^{5}4587$	$0.9^{5}4831$	$0.9^{5}5065$	$0.9^{5}5288$	$0.9^{5}5502$	$0.9^{5}5706$	$0.9^{5}5902$	$0.9^{5}6089$	$0.9^{5}8268$	$0.9^{5}6439$
4.5	$0.9^{5}6602$	$0.9^{5}6759$	$0.9^{5}6908$	$0.9^{5}7051$	$0.9^{5}7187$	$0.9^{5}7313$	$0.9^{5}7442$	$0.9^{5}7561$	$0.9^{5}7675$	$0.9^{5}7784$
4.6	$0.9^{5}7888$	$0.9^{5}7987$	$0.9^{5}8081$	$0.9^{5}8172$	$0.9^{5}8258$	$0.9^{5}8340$	$0.9^{5}8419$	$0.9^{5}8494$	$0.9^{5}8566$	$0.9^{5}8634$
4.7	$0.9^{5}8699$	$0.9^{5}8761$	$0.9^{5}8821$	$0.9^{5}8877$	$0.9^{5}8931$	$0.9^{5}8983$	$0.9^{6}0320$	$0.9^{6}0789$	$0.9^{6}1235$	$0.9^{6}1661$
4.8	$0.9^{6}2007$	$0.9^{6}2453$	$0.9^{6}2822$	$0.9^{6}3173$	$0.9^{6}3508$	$0.9^{6}3827$	$0.9^{6}4131$	$0.9^{6}4420$	$0.9^{6}4656$	$0.9^{6}4958$
4.9	$0.9^{6}5208$	$0.9^{6}5446$	$0.9^{6}5673$	$0.9^{6}5889$	$0.9^{6}6094$	$0.9^{6}6289$	$0.9^{6}6475$	$0.9^{6}6652$	$0.9^{6}6821$	$0.9^{6}6918$

二、泊松分布表

$$P\{X \leqslant c\} = \sum_{k=0}^{c} \frac{\lambda^k}{k!} e^{-\lambda}$$

c	λ									
	0.1	0.2	0.3	0.4	0.5	0.6	0.7	0.8	0.9	1.0
0	.9048	.8187	.7408	.6703	.6065	.5488	.4966	.4493	.4066	.3679
1	.9958	.9825	.9631	.6384	.9098	.8781	.8442	.8088	.7725	.7358
2	.9998	.9989	.9964	.9921	.9855	.9769	.9659	.9526	.9371	.9197
3	1.0000	.9999	.9997	.9992	.9998	.9966	.9942	.9909	.9855	.9810
4		1.0000	1.0000	.9999	1.0000	1.0000	.9992	.9986	.9977	9963
5				1.0000			.9699	.9998	.9997	.9994
6							1.0000	1.0000	1.0000	.9999

c	λ									
	1.1	1.2	1.3	1.4	1.5	1.6	1.7	1.8	1.9	2.0
0	.3329	.3012	.2725	.2466	.2231	.2019	.1827	.1653	.1496	.1353
1	.6990	.6626	.6286	.5918	.5575	.5249	.4932	.4628	.4337	.4060
2	.9004	.8795	.8571	.8335	.8088	.7834	.7572	.7306	.7037	.6767
3	.9743	.9662	.9569	.9463	.9344	.9212	.9068	.8913	.8747	.8571
4	.9946	.9923	.9893	.9857	.9814	.9763	.9704	.9636	.9559	.9471
5	.9990	.9985	.9978	.9968	.9955	.9940	.9920	.9896	.9868	.9834
6	.9999	.9997	.9996	.9994	.9991	.9987	.9981	.9974	.9966	.9955
7	1.0000	1.0000	.9999	.9999	.9999	.9997	.9969	.9994	.9992	.9998
8			1.0000	1.0000	1.0000	1.0000	.9999	.9999	.9998	.9999

c	λ										
	2.5	3.0	3.5	4.0	4.5	5.0	6.0	7.0	8.0	9.0	10.0
0	.0821	.0498	.0302	.0183	.0111	.0067	.0025	.0009	.0003	.0001	.0000
1	.2878	.1991	.1359	.0916	.0611	.0404	.0174	.0073	.0030	.0012	.0005
2	.5433	.4232	.3208	.2381	.1736	.1247	.0620	.0296	.0138	.0062	.0028
3	.7576	.6472	.5366	.4225	.3423	.2650	.1512	.0818	.0424	.0212	.0108
4	.8912	.8153	.7254	.6288	.5321	.4405	.2851	.1730	.0996	.0550	.0293
5	.9580	.9161	.8576	.7851	.7029	.6160	.4457	.3007	.1912	.1157	.0671
6	.9858	.9665	.9347	.8893	.8311	.7622	.6063	.4497	.3134	.2068	.1301
7	.9958	.9881	.9733	.9489	.9134	.8666	.7440	.5987	.4530	.3239	.2202
8	.9989	.9962	.9901	.9786	.9597	.9319	.8472	.7291	.5925	.4557	.3328
9	.9997	.9989	.9967	.9919	.9829	.9982	.9161	.8305	.7166	.5874	.4579
10	.9999	.9997	.9990	.9972	.9933	.9863	.9574	.9015	.8159	.7060	.5830
11	1.0000	.9999	.9999	.9997	.9976	.9945	.9799	.9467	.8881	.8030	.6968
12			1.0000	.9999	.9992	.9980	.9912	.9730	.9362	.8751	.7916
13					.9997	.9993	.9964	.9872	.9658	.9261	.8645

续表

c	λ										
	2.5	3.0	3.5	4.0	4.5	5.0	6.0	7.0	8.0	9.0	10.0
14					.9999	.9998	.9986	.9943	.9872	.9085	.9165
15					1.0000	.9999	.9995	.9976	.9918	.9780	.9513
16							.9998	.9990	.9963	.9889	.9730
17							.9999	.9996	.9984	.9947	.9857
18								.9999	.9993	.9976	.9923
19									.9997	.9989	.9965
20									.9999	.9996	.9984
21										.9998	.9993
22										.9999	.9997
23											.9999

三、χ^2 分布上侧临界值 χ^2_α 表

$$P\left\{\chi^2(n) \geqslant \chi^2_\alpha(n)\right\} = \alpha\text{，} n\text{：自由度}$$

n \ α	0.995	0.99	0.98	0.975	0.95	0.90	0.10	0.05	0.025	0.02	0.01	0.005
1	0.0^4393	0.0^3157	0.0^3628	0.0^3982	0.0^2939	0.0158	2.71	3.84	5.02	5.41	6.63	7.88
2	0.0100	0.201	0.404	0.506	0.103	0.211	4.61	5.99	7.38	7.82	9.21	10.6
3	0.0717	0.115	0.185	0.216	0.352	0.584	6.25	7.81	9.35	9.84	11.3	12.8
4	0.2070	0.297	0.429	0.484	0.711	1.06	7.78	9.49	11.1	11.7	13.3	14.9
5	0.4120	0.554	0.752	0.831	1.50	1.61	9.24	11.1	12.8	13.4	15.1	16.7
6	0.676	0.872	1.13	1.24	1.64	2.20	10.6	12.6	14.4	15.0	16.8	18.5
7	0.989	1.24	1.56	1.69	2.17	2.83	12.0	14.1	16.0	16.6	18.5	20.3
8	1.340	1.65	2.03	2.18	2.73	3.49	13.4	15.5	17.5	18.2	20.1	22.0
9	1.730	2.09	2.53	2.70	3.33	4.17	14.7	16.9	19.0	19.7	21.7	23.6
10	2.160	2.56	3.06	3.25	3.94	4.87	16.0	18.3	20.5	21.2	23.2	25.2
11	2.60	3.05	3.61	3.82	4.57	5.58	17.3	19.7	21.9	22.6	24.7	26.8
12	3.07	3.57	4.18	4.40	5.23	6.30	18.5	21.0	23.3	24.0	26.2	28.3
13	3.57	4.11	4.77	5.01	5.89	7.04	19.8	22.4	24.7	25.5	27.7	29.8
14	4.07	4.66	5.37	5.63	6.57	7.79	21.1	23.7	26.1	26.9	29.1	31.3
15	4.6	5.23	5.99	6.26	7.26	8.55	22.3	25.0	27.5	28.3	30.6	32.8
16	5.14	5.81	6.61	6.91	7.96	9.31	23.5	26.3	28.8	29.6	32.0	34.3
17	5.70	6.41	7.26	7.56	8.67	10.1	24.8	27.6	30.2	31.0	33.4	35.7
18	6.26	7.01	7.91	8.23	9.39	10.9	26.0	28.9	31.5	32.3	34.8	37.2
19	6.84	7.63	8.57	8.91	10.1	11.7	27.2	30.1	32.9	33.7	36.2	38.6
20	7.43	8.26	9.24	9.59	10.9	12.4	28.4	31.4	34.2	35.0	37.6	40.0

续表

n \ α	0.995	0.99	0.98	0.975	0.95	0.90	0.10	0.05	0.025	0.02	0.01	0.005
21	8.03	8.90	9.92	10.3	11.6	13.2	29.6	32.7	35.5	36.3	38.9	41.4
22	8.64	9.54	10.6	11.0	12.3	14.0	30.8	33.9	36.8	37.7	40.3	42.8
23	9.26	10.2	11.3	11.7	13.1	14.8	32.0	35.2	38.1	39.0	41.6	44.2
24	9.85	10.9	12.0	12.4	13.8	15.7	33.2	36.4	39.4	40.3	43.0	45.6
25	10.5	11.5	12.7	13.1	14.6	16.5	34.4	37.7	40.6	41.6	44.3	46.9
26	11.2	12.2	13.4	14.8	15.4	17.3	35.6	38.9	41.9	42.9	45.6	48.3
27	11.8	12.9	14.1	14.6	16.2	18.1	36.7	40.1	43.2	44.1	47.0	49.6
28	12.5	13.6	14.8	15.3	16.9	18.9	37.9	41.3	44.5	45.4	48.3	51.0
29	13.1	14.3	15.6	16.0	17.7	19.8	39.1	42.6	45.7	46.7	49.6	52.3
30	13.8	15.0	16.3	16.8	18.5	20.6	40.3	43.8	47.0	48.0	50.0	53.7

四、t分布上侧临界值 t_α表

$$P\{t(n) \geqslant t_\alpha(n)\} = \alpha \text{，} n\text{：自由度}$$

n \ α	0.25	0.10	0.05	0.025	0.01	0.005
1	1.0000	3.0777	6.3138	12.7062	31.8207	63.6574
2	0.8165	1.8856	2.9200	4.3027	6.9646	9.9248
3	0.7649	1.6377	2.3534	3.1824	4.5407	5.8409
4	0.7407	1.5332	2.1318	2.7764	3.7469	4.6041
5	0.7267	1.4759	2.0150	2.5706	3.3649	4.0322
6	0.7176	1.4398	1.9432	2.4469	3.1427	3.7074
7	0.7111	1.4149	1.8946	2.3646	2.9980	3.4995
8	0.7064	1.3968	1.8595	2.3060	2.8965	3.3554
9	0.7027	1.3830	1.8331	2.2622	2.8214	3.2498
10	0.6998	1.3722	1.8125	2.2281	2.7638	3.1693
11	0.6974	1.3634	1.7959	2.2010	2.7181	3.1058
12	0.6995	1.3562	1.7823	2.1788	2.6810	3.0545
13	0.6938	1.3502	1.7709	2.1604	2.6503	3.0123
14	0.6924	1.3450	1.7613	2.1448	2.6245	2.9768
15	0.6912	1.3406	1.7531	201.15	2.6025	2.9467
16	0.6901	1.3368	1.7459	2.1199	2.5835	2.9208
17	0.6892	1.3334	1.7396	2.1098	2.5669	2.8982
18	0.6884	1.3304	1.7341	2.1009	2.5524	2.8784
19	0.6876	1.3277	1.7291	2.0930	2.5395	2.8609
20	0.6870	1.3253	1.7247	2.0860	2.5280	2.8453
21	0.6864	1.3232	1.7207	2.0796	2.5177	2.8314

续表

n \ α	0.25	0.10	0.05	0.025	0.01	0.005
22	0.6858	1.3212	1.7171	2.0739	2.5083	2.8188
23	0.6853	1.3159	1.7139	2.0687	2.4999	2.8073
24	0.6848	1.3178	1.7209	2.0639	2.4922	2.7969
25	0.6844	1.3163	1.7081	2.0595	2.4851	2.7874
26	0.6840	1.3150	1.7056	2.0555	2.4786	2.7787
27	0.6837	1.3137	1.7033	2.0518	2.4727	2.7707
28	0.6834	1.3125	1.7011	2.0484	2.4671	2.7633
29	0.6830	1.3114	1.6991	2.0452	2.4620	2.7564
30	0.6828	1.3104	1.6973	2.0423	2.4573	2.7500
31	0.6825	1.3095	1.6955	2.0395	2.4528	2.7440
32	0.6822	1.3086	1.6939	2.0369	2.4487	2.7385
33	0.6820	1.3077	1.6924	2.0345	2.4448	2.7333
34	0.6818	1.3070	1.6909	2.0322	2.4411	2.7284
35	0.6816	1.3062	1.6896	2.0301	2.4377	2.7238
36	0.6814	1.3055	1.6883	2.0281	2.4345	2.7195
37	0.6812	1.3049	1.6871	2.0262	2.4314	2.7154
38	0.6810	1.3042	1.6860	2.0244	2.4286	2.7116
39	0.6808	1.3036	1.6849	2.0227	2.4258	2.7079
40	0.6807	1.3031	1.6839	2.0211	2.4233	2.7045
41	0.6805	1.3025	1.6929	2.0195	2.4208	2.7012
42	0.6804	1.3020	1.6820	2.0181	2.4185	2.6981
43	0.6802	1.3016	1.6811	2.0167	2.4163	2.6951
44	0.6801	1.3011	1.6802	2.0154	2.4141	2.6923
45	0.6800	1.3006	1.6794	2.0141	2.4121	2.6896

附录Ⅲ

参考答案

习题 1.1

1. 计算下列行列式并对比观察其特征

（1）15；（2）70；

（3）0；（4）–10；

（5）–66；（6）343；

（7）–4；（8）–19；

（9）18；（10）5.

2. 利用行列式求解下列方程组

（1）$x_1 = 2, x_2 = -\frac{1}{2}$；（2）$x_1 = \frac{1}{2}, x_2 = \frac{5}{2}, x_3 = 2$.

（3）$x_1 = 3, x_2 = -1$；（4）$x_1 = \frac{2}{3}, x_2 = -\frac{1}{2}, x_3 = \frac{5}{6}$.

（5）$x_1 = 1, x_2 = 2, x_3 = 3$；（6）$x_1 = -\frac{1}{2}, x_2 = -\frac{1}{2}, x_3 = \frac{3}{2}$.

习题 1.2

1. 计算下列行列式

（1）210；（2）60；

（3）$\lambda_1 \lambda_2 \cdots \lambda_n$；（4）$(-1)^{\frac{n(n-1)}{2}} \lambda_1 \lambda_2 \cdots \lambda_n$；

（5）24；（6）90.

习题 1.3

1. 提示，运用行列式性质计算，并对比观察它们的特点

（1）1；（2）–8；

（3）–8；（4）–8；

（5）–16；　　（6）–68.

2. 用行或列的性质计算下列行列式

（1）–45；　　（2）34；

（3）–12；　　（4）–14；

（5）10；　　（6）160；

（7）6；　　（8）0；

（9）–8；　　（10）*abcd*.

习题 1.4

1. 计算下列行列式

（1）–7；　　（2）–7；

（3）*abcd*；　　（4）$a(b-a)^3$；

（5）0；　　（6）32；

（7）$(ab+1)(cd+1)+ad$；　　（8）$(x+y+z)(x+y-z)(x-y+z)(x-y-z)$.

2. 略.

习题 1.5

1. 思考题：下面线性方程组的系数行列式有什么特点，线性方程组是否有解，有解时，解的情况.

（1）有唯一零解；　　（2）有无穷多个解；

（3）有无穷多个解；　　（4）无解.

2. 用克莱姆法则解下列方程组

（1）$x_1=-\frac{19}{14},x_2=-\frac{5}{7},x_3=-\frac{11}{14}$；

（2）$x_1=\frac{25}{4},x_2=\frac{7}{2},x_3=-\frac{1}{2},x_4=-\frac{39}{4}$；

（3）$x_1=1,x_2=-1,x_3=-1,x_4=1$；

（4）$x_1=3,x_2=-4,x_3=-1,x_4=1$；

（5）$x_1=1,x_2=-1,x_3=-1,x_4=1$；

（6）$x_1=1,x_2=2,x_3=3,x_4=-1$；

（7）$x_1=1,x_2=-1,x_3=0,x_4=2$；

（8）$x_1=\frac{11}{4},x_2=\frac{7}{4},x_3=\frac{3}{4},x_4=-\frac{1}{4},x_5=-\frac{5}{4}$.

3. 判别下列方程组是否有非零解或有非零解的条件.

（1）仅有零；　　（2）$(a+1)^2=4b$ 时有非零解；

（3）$\lambda=1$ 或 $\lambda=-2$ 时有非零解.

习题 2.1

1. $x=1$，$y=2$，$z=3$.　　2. $x=-3$，$y=6$，$z=2$，$w=-4$.

3. $x=0$，$y=0$，$z=1$，$t=1$；　　4. $x=3$，$y=1$.

$x=2$，$y=1$，$z=3$，$t=1$.

5. $x=-3$，$y=0$，$z=2$；

$x=3$，$y=-6$，$z=-4$.

习题 2.2

1. $A+B=\begin{pmatrix}6 & 1 & 3\\-1 & -6 & 54\end{pmatrix}$，$A-B=\begin{pmatrix}-4 & -5 & 3\\-5 & 8 & 6\end{pmatrix}$，$A+2B=\begin{pmatrix}11 & 4 & 3\\1 & -13 & 3\end{pmatrix}$.

2. $\begin{pmatrix}1 & 0 & \frac{1}{5} & -\frac{4}{5}\\-2 & -\frac{1}{5} & -2 & -\frac{1}{5}\\-\frac{3}{5} & -\frac{8}{5} & -\frac{9}{5} & -\frac{14}{5}\end{pmatrix}$.

3. 计算下列矩阵的乘积.

（1）20；（2）$\begin{pmatrix}2 & 2 & 2 & 2\\1 & 1 & 1 & 1\\7 & 7 & 7 & 7\\5 & 5 & 5 & 5\end{pmatrix}$；

（3）$\begin{pmatrix}5\\-3\\4\end{pmatrix}$；（4）$\begin{pmatrix}11 & 11\\9 & 12\\17 & 37\end{pmatrix}$；

（5）$(6,-7,8)$；（6）$\begin{pmatrix}6 & -7 & 8\\20 & -5 & -6\end{pmatrix}$；

（7）$\begin{pmatrix}0 & 0 & 0\\0 & 0 & 0\\0 & 0 & 0\end{pmatrix}$；（8）$\begin{pmatrix}1 & 3 & 5 & -1\\0 & 1 & 4 & -10\\0 & 0 & -4 & 3\\0 & 0 & 0 & -9\end{pmatrix}$.

4. $\begin{pmatrix}-7 & -7\\8 & 3\\3 & 4\end{pmatrix}$，$\begin{pmatrix}0 & 3 & -5\\-7 & 2 & 5\end{pmatrix}$.

5. 求下列方阵的幂.

（1）$\begin{pmatrix}0 & 0\\0 & 0\end{pmatrix}$；（2）$\begin{pmatrix}1 & 2 & 3\\0 & 1 & 2\\0 & 0 & 1\end{pmatrix}$；

（3）$\begin{pmatrix}12 & 10 & 1\\9 & 13 & 3\\5 & 8 & 2\end{pmatrix}$；（4）$\begin{pmatrix}0 & 0 & 0\\0 & 0 & 0\\0 & 0 & 0\end{pmatrix}$；

（5）$\begin{pmatrix}2^n & 0 & 0\\0 & 3^n & 0\\0 & 0 & 4^n\end{pmatrix}$.

习题 2.3

1. 判断下列方阵是否可逆，如果可逆，求其逆矩阵.

（1）$\frac{1}{ad-bc}\begin{pmatrix} d & -b \\ -c & a \end{pmatrix}$；（2）$\begin{pmatrix} 6 & 3 & 4 \\ 4 & 2 & 3 \\ 9 & 4 & 6 \end{pmatrix}$；

（3）$\begin{pmatrix} \frac{1}{3} & \frac{4}{3} & -\frac{2}{3} \\ -\frac{2}{3} & -\frac{5}{3} & \frac{4}{3} \\ \frac{1}{3} & \frac{4}{3} & \frac{1}{3} \end{pmatrix}$；（4）$\begin{pmatrix} 1 & -2 & 1 & 0 \\ 0 & 1 & -2 & 1 \\ 0 & 0 & 1 & -2 \\ 0 & 0 & 0 & 1 \end{pmatrix}$.

（5）$\frac{1}{6}\begin{pmatrix} 7 & 4 & -9 \\ -6 & -6 & 12 \\ -3 & 0 & 3 \end{pmatrix}$；（6）$\frac{1}{4}\begin{pmatrix} -26 & -6 & 4 \\ 9 & 3 & -5 \\ -2 & -2 & 2 \end{pmatrix}$；

（7）$\frac{1}{6}\begin{pmatrix} 4 & -7 & 5 \\ -2 & 5 & -1 \\ -2 & 8 & -4 \end{pmatrix}$；（8）$\begin{pmatrix} 1 & -4 & -3 \\ 1 & -5 & -3 \\ -1 & 6 & 4 \end{pmatrix}$.

2. 应用逆矩阵解下列矩阵方程，求出未知矩阵 X.

（1）$\begin{pmatrix} 2 & -23 \\ 0 & 8 \end{pmatrix}$；（2）$\begin{pmatrix} 2 & 1 & 1 \\ 4 & -1 & 5 \\ 10 & -13 & 11 \end{pmatrix}$；

（3）$\begin{pmatrix} 24 & 13 \\ -34 & -18 \end{pmatrix}$；（4）$\begin{pmatrix} 0 & 1 & -1 \\ -1 & 0 & 1 \\ 1 & -1 & 0 \end{pmatrix}$；

（5）$\begin{pmatrix} 2 & -1 & 0 \\ 1 & 3 & -4 \\ 1 & 0 & -2 \end{pmatrix}$；（6）$\begin{pmatrix} 3 & 6 \\ -4 & -5 \\ 3 & 4 \end{pmatrix}$.

3. 用逆阵解下列线性方程组.

（1）$\begin{cases} x_1 = 75 \\ x_2 = -46 \\ x_3 = -3 \end{cases}$；（2）$\begin{cases} x_1 = 5 \\ x_2 = 0 \\ x_3 = 3 \end{cases}$；

（3）$\begin{cases} x_1 = 1 \\ x_2 = 0 \\ x_3 = 0 \end{cases}$；（4）$\begin{cases} x_1 = -\frac{7}{2} \\ x_2 = 0 \\ x_3 = \frac{3}{2} \\ x_4 = -2 \end{cases}$.

习题 2.4

1. 用分块矩阵法求逆矩阵.

（1）$\begin{pmatrix} 2 & -1 & 0 & 0 \\ -1 & 1 & 0 & 0 \\ -1 & 1 & 2 & 3 \\ 1 & -2 & -1 & 2 \end{pmatrix}$；　（2）$\begin{pmatrix} 1 & 1 & -2 & -4 \\ 0 & 1 & 0 & -1 \\ -1 & -1 & 3 & 6 \\ 2 & 1 & -6 & -10 \end{pmatrix}$；

（3）$\dfrac{1}{4}\begin{pmatrix} 1 & 1 & 1 & 1 \\ 1 & 1 & -1 & -1 \\ 1 & -1 & 1 & -1 \\ 1 & -1 & -1 & 1 \end{pmatrix}$.

习题 3.1

1. 略.

习题 3.2

1. 求下列矩阵的秩

（1）4；　（2）4；　（3）3；　（4）3.

习题 3.3

1. 解下列方程组

（1）$k_1\left(-\dfrac{1}{2},\ 1,\ 1,\ 0\right)^{\mathrm{T}}+k_2(0,\ -1,\ 0,\ 1)^{\mathrm{T}}$；　（2）$k_1\begin{pmatrix} -\dfrac{1}{2} \\ -1 \\ 1 \\ 0 \end{pmatrix}+k_2\begin{pmatrix} -1 \\ -1 \\ 0 \\ 1 \end{pmatrix}$；

（3）$k_1\left(-\dfrac{1}{2},\ \dfrac{3}{2},\ 1,\ 0\right)^{\mathrm{T}}+k_2(0,\ -1,\ 0,\ 1)^{\mathrm{T}}$；　（4）$k_1\begin{pmatrix} 1 \\ -2 \\ 1 \\ 0 \\ 0 \end{pmatrix}+k_2\begin{pmatrix} 1 \\ -2 \\ 0 \\ 1 \\ 0 \end{pmatrix}+k_3\begin{pmatrix} 5 \\ -6 \\ 0 \\ 0 \\ 1 \end{pmatrix}$；

（5）$\begin{pmatrix} 1 \\ 0 \\ 1 \\ 0 \end{pmatrix}+k_1\begin{pmatrix} 3 \\ 1 \\ 5 \\ 0 \end{pmatrix}+k_2\begin{pmatrix} -3 \\ 0 \\ -5 \\ 1 \end{pmatrix}$；　（6）无解；

（7）$\begin{pmatrix} -5 \\ 0 \\ 1 \\ 0 \end{pmatrix}+k_1\begin{pmatrix} 1 \\ 1 \\ 1 \\ 0 \end{pmatrix}+k_2\begin{pmatrix} 4 \\ 0 \\ 1 \\ 1 \end{pmatrix}$；　（8）$\begin{pmatrix} 1 \\ -2 \\ 0 \\ 0 \end{pmatrix}+k_1\begin{pmatrix} -\dfrac{9}{7} \\ \dfrac{1}{7} \\ 1 \\ 0 \end{pmatrix}+k_2\begin{pmatrix} \dfrac{1}{2} \\ -\dfrac{1}{2} \\ 0 \\ 1 \end{pmatrix}$.

习题 4.1

1. 已知向量 $\boldsymbol{\alpha}_1=(0,1,0,1)$，$\boldsymbol{\alpha}_2=(1,0,2,1)$，求

（1）$(0,-1,0,-1)$；（2）$(4,0,8,4)$；

（3）$(-1,1,-2,0)$；（4）$(1,1,2,2)$.

2. 已知向量$\boldsymbol{\alpha}_1=(3,-1,0)$，$\boldsymbol{\alpha}_2(0,2,0)$，$\boldsymbol{\alpha}_3=(-2,4,3)$，求

（1）$(4,0,3)$；（2）$(5,1,-3)$.

3. 已知向量$\boldsymbol{\alpha}_1=\begin{pmatrix}1\\2\\-1\end{pmatrix}$，$\boldsymbol{\alpha}_2=\begin{pmatrix}2\\5\\-3\end{pmatrix}$，$\boldsymbol{\alpha}_3=\begin{pmatrix}1\\-3\\4\end{pmatrix}$，求

（1）$(0,-23,-9)^{\mathrm{T}}$；（2）$(8,23,-7)^{\mathrm{T}}$.

4. $(-1,0,2,2,3)$.

5. $\boldsymbol{\alpha}=(-24,-7,-5,-17)^{\mathrm{T}}$.

6. $\boldsymbol{\alpha}=(3,3,2,1)$，$\boldsymbol{\beta}=(-2,0,2,-2)$.

7. 将向量$\boldsymbol{\beta}$表示成向量α_1，α_2，α_3的线性组合.

（1）$\boldsymbol{\beta}=0\cdot\boldsymbol{\alpha}_1-\boldsymbol{\alpha}_2+\boldsymbol{\alpha}_3$；（2）$\boldsymbol{\beta}=2\boldsymbol{\alpha}_1-\boldsymbol{\alpha}_2+\boldsymbol{\alpha}_3$；

（3）$\boldsymbol{\beta}=\boldsymbol{\alpha}_1+0\cdot\boldsymbol{\alpha}_2+\boldsymbol{\alpha}_3$；（4）$\boldsymbol{\beta}=2\boldsymbol{\alpha}_1-\boldsymbol{\alpha}_2+3\boldsymbol{\alpha}_3$.

（5）$\boldsymbol{\beta}=10\boldsymbol{\alpha}_1-3\boldsymbol{\alpha}_2+6\boldsymbol{\alpha}_3$；（6）$\boldsymbol{\beta}=\frac{8}{3}\boldsymbol{\alpha}_2+\frac{1}{3}\boldsymbol{\alpha}_3$；

（7）$\boldsymbol{\beta}=\boldsymbol{\alpha}_1+\boldsymbol{\alpha}_3$；（8）无法表示.

习题 4.2

1. 判定向量组的线性相关性.

（1）线性无关；（2）线性相关；

（3）线性相关；（4）线性无关；

（5）线性相关；（6）线性无关；

（7）线性相关；（8）线性无关.

2. 求下列向量组的秩及一个极大无关组.

（1）秩 2，α_1，α_2；（2）秩 2，α_1，α_2；

（3）秩 2，α_1，α_2；（4）秩 4，α_1，α_2，α_3，α_4；

（5）秩 3，α_2，α_3，α_4；（6）秩 2，α_1，α_2；

（7）秩 3，α_1，α_2，α_4；（8）秩 4，α_1，α_2，α_3，α_4.

习题 4.3

1. 求下列齐次线性方程组的一个基础解系.

（1）$\xi=\begin{pmatrix}4\\-9\\4\\3\end{pmatrix}$；（2）$\xi_1=\begin{pmatrix}-2\\1\\0\\0\end{pmatrix}$，$\xi_2=\begin{pmatrix}1\\0\\0\\1\end{pmatrix}$；

（3）$\xi=\begin{pmatrix}2\\1\\1\\0\end{pmatrix}$；（4）只有零解，无基础解系；

（5）$\xi_1=\begin{pmatrix}3\\19\\17\\0\end{pmatrix}$，$\xi_2=\begin{pmatrix}-13\\-20\\0\\17\end{pmatrix}$；（6）只有零解，无基础解系.

2. 求下列非齐次线性方程组的解.

（1）无解；（2）$\begin{pmatrix}0\\1\\0\end{pmatrix}+k\begin{pmatrix}-1\\1\\1\end{pmatrix}$（$k_1,k_2$为任意实数）；

（3）$\begin{pmatrix}-1\\2\\0\end{pmatrix}+k\begin{pmatrix}-2\\1\\1\end{pmatrix}$（$k$为任意实数）；（4）$\begin{pmatrix}1\\0\\1\\0\end{pmatrix}+k_1\begin{pmatrix}1\\5\\7\\0\end{pmatrix}+k_2\begin{pmatrix}0\\-2\\-1\\1\end{pmatrix}$（$k_1,k_2$为任意实数）；

（5）无解；（6）$\begin{pmatrix}13\\-8\\0\\0\end{pmatrix}+k_1\begin{pmatrix}-7\\5\\1\\0\end{pmatrix}+k_2\begin{pmatrix}-5\\4\\0\\1\end{pmatrix}$（$k_1,k_2$为任意实数）；

（7）$\frac{1}{11}\begin{pmatrix}-2\\10\\0\\0\end{pmatrix}+k_1\begin{pmatrix}1\\-5\\11\\0\end{pmatrix}+k_2\begin{pmatrix}-9\\1\\0\\11\end{pmatrix}$；（8）$\begin{pmatrix}2\\0\\1\\0\end{pmatrix}+k_1\begin{pmatrix}-2\\1\\0\\0\end{pmatrix}+k_2\begin{pmatrix}-1\\0\\1\\1\end{pmatrix}$.

3. （1）$k\neq1$且$k\neq-2$；（2）$k\neq-2$；（3）$k=1$，$\begin{pmatrix}1\\0\\0\end{pmatrix}+k_1\begin{pmatrix}-1\\1\\0\end{pmatrix}+k_2\begin{pmatrix}-1\\0\\1\end{pmatrix}$.

习题 4.4

1. 设生产A、B、C三种类型的零件分别为x_1、x_2、x_3件. 依题意，得

$$\max f=5x_1+7x_2+9x_3,$$

$$s\cdot t\cdot\begin{cases}3x_1+4x_2+4x_3\leqslant420,\\2x_1+3x_2+2x_3\leqslant300,\\x_j\geqslant0\,(j=1,2,3).\end{cases}$$

2. 依题意，得$\min f=10x_{11}+15x_{12}+20x_{13}+20x_{21}+40x_{22}+20x_{23}$，

$$s\cdot t\cdot\begin{cases}x_{11}+x_{12}+x_{13}=23,\\x_{21}+x_{22}+x_{23}=27,\\x_{11}+x_{21}=17,\\x_{12}+x_{22}=18,\\x_{13}+x_{23}=15,\\x_{ij}\geqslant0,\ (i=1,2;\ j=1,2,3).\end{cases}$$

3. $\max f=50x_1+40x_2$，

$$s.t.\begin{cases}3x_1+2x_2\leqslant 60,\\2x_1+4x_2\leqslant 80,\\x_j\geqslant 0(j=1,2).\end{cases}$$

4. 略.

5. $x_1=4,x_2=1,x_3=6,x_4=0,x_5=0$，最优解为 $f(4,1)=14$.

习题 5.1

1.（1）$\{2,3,\cdots,12\}$　（2）$\{1,2,3,\cdots\}$　（3）$\{10,11,12,\cdots\}$

（4）{(红，红)，(红，蓝)，(红，白)，(白，白)，(白，红)，(白，蓝)，(蓝，红)，(蓝，白)，(蓝，蓝)}

（5）$\left\{\frac{0}{50},\frac{1}{50},\frac{2}{50},\cdots,\frac{50\times 100}{50}\right\}$　（6）$\{2,3,4,5,6\}$.

2. $U_1=${(红，黄)}，$U_2=${一，二，1，2，3}.

3. $U=${(正，反)，(正，正)，(反，反)，(反，正)} $A=${(正，反)，(正，正)}，$B=${(正，正)，(反，反)}，$C=${(正，反)，(正，正)，(反，正)}.

4.（1）$AB\overline{C}$　（2）$\overline{A}\overline{B}C$　（3）ABC　（4）$\overline{A}\overline{B}\overline{C}$　（5）$\overline{A}\overline{B}\overline{C}+A\overline{B}\overline{C}+\overline{A}B\overline{C}+\overline{A}\overline{B}C$.

5.（1）$A_1\overline{A}_2\overline{A}_3$　（2）$A_1\overline{A}_2A_3+\overline{A}_1A_2A_3$ $\overline{A}_1A_2A_3$　（3）$\overline{A}_1\overline{A}_2\overline{A}_3$.

6.（1）$A\overline{B}\overline{C}$　（2）$AB\overline{C}$　（3）$A\overline{B}\overline{C}+\overline{A}B\overline{C}+\overline{A}\overline{B}C$　（4）$AB\overline{C}+\overline{A}BC+A\overline{B}C$

（5）$A\cup B\cup C$　（6）$\overline{A}\overline{B}\overline{C}$　（7）$\overline{A}\overline{B}\overline{C}+A\overline{B}\overline{C}+\overline{A}B\overline{C}+\overline{A}\overline{B}C$　（8）ABC.

习题 5.2

1. 0.8.　2. 0.2.　3.（1）0.8　（2）0.05　（3）0.13　（4）0.35.　4.（1）0.5　（2）0.33.　5. $\frac{23}{57}$.　6. 0.4.　7.（1）$\frac{10}{21}$　（2）$\frac{5}{21}$.　8. $\frac{22}{35}$.　9. $\frac{113}{114}$.

习题 5.3

1. 0.7.　2.（1）0.02　（2）0.4.　3. $\frac{1}{3}$.　4.（1）$\frac{9}{20}$　（2）0.52.　5. 0.5.

6. 0.8.　7. $\frac{77}{240}$.　8.（1）$\frac{1}{45}$　（2）$\frac{1}{5}$　（3）$\frac{1}{5}$　（4）$\frac{1}{9}$.　9. 0.06.

10. 0.72.　11.（1）0.3　（2）0.6　（3）0.1.

12. 不放回 0.902，放回 0.9025.　13. 0.0826.

14.（1）$\frac{2}{5}$　（2）$\frac{2}{15}$　（3）$\frac{4}{15}$　（4）$\frac{1}{30}$.　15. 都是$\frac{1}{4}$.　16. 0.72.

17. $\frac{19}{28}$.　18. 0.145.　19. 0.983.　20.（1）$\frac{1}{15}$　（2）$\frac{7}{30}$　（3）$\frac{7}{15}$

（4）$\frac{1}{3}$　（5）$\frac{3}{10}$.　21. $\frac{8}{15}$.　22. 0.492.　23. 0.76.　24. 0.949.

25.（1）0.18　（2）0.5.　26.（1）0.442　（2）0.377.　27. 0.15.

习题 5.4

1. 0.097.　2. 0.504，0.496.　3.（1）0.855　（2）0.14.

4. 0.06，0.38，0.56.　　5.（1）0.42　（2）0.2436.　　6. 0.133.

7.（1）0.36　（2）0.91.　8. 0.5.　　9.（1）$\frac{59}{60}$　（2）$\frac{3}{20}$　（3）$\frac{13}{30}$　（4）$\frac{1}{60}$.

10.（1）$\frac{113}{250}$　（2）$\frac{83}{125}$.

11.（1）$\frac{1}{12}$　（2）0.5　（3）$\frac{5}{12}$　（4）$\frac{11}{12}$　（5）0.5.

12.（1）0.9801（2）0.9999（3）0.0199.　　13. 0.896.

14. $C_{12}^2(0.3)^2(0.7)^{10}$.　　15.（1）0.5904（2）0.4096（3）0.8192（4）0.1024.

16. 0.97.　　17.（1）$C_5^2(0.8)^2(1-0.8)^3$（2）0.99968.

18. 0.99.　　19. $1-C_{25}^0(0.008)^0(1-0.008)^{25}$.　　20.（1）0.1536（2）0.998.

习题 6.1

1.（1）出现的点数是 1,2,3 或 4,（2）出现的点数是 6,（3）必然事件.

2.（1）$U=\{0,1,2,\cdots\}$,（2）$X=0$,（3）$X\geqslant 1$,（4）{通过 1 辆车，通过 2 辆车}，（5）通过 6 辆车，通过 7 辆车，通过 8 辆车}.

3.（1）$U=\{t\,|\,0\leqslant t<+\infty\}$,（2）{寿命超过 1500 小时}，（3）{寿命小于 750 小时}.

4. $F(x)=P\{X\leqslant x\}=\begin{cases}0, & x<-3,\\ \frac{1}{4}, & -3\leqslant x<-\frac{1}{2},\\ \frac{2}{4}, & -\frac{1}{2}\leqslant x<1,\\ \frac{3}{4}, & 1\leqslant x<2,\\ 1, & 2\leqslant x.\end{cases}$

5.（1）$F(x)=P\{X\leqslant x\}=\begin{cases}0, & x<1,\\ \frac{2}{6}, & 1\leqslant x<2,\\ \frac{5}{6}, & 2\leqslant x<3,\\ 1, & x\geqslant 3.\end{cases}$　（2）$\frac{2}{3}$.

6. $F(x)=P\{X\leqslant x\}=\begin{cases}0, & x<1,\\ 0.6, & 1\leqslant x<2,\\ 0.84, & 2\leqslant x<3,\\ 1, & x\geqslant 3.\end{cases}$

习题 6.2

1. $\frac{37}{16}$，$\frac{20}{37}$.

2. $P\{X=k\}=C_3^k\cdot 0.9^k\cdot(1-0.9)^{3-k}\quad(k=0,1,2,3)$.

3.

X	1	2	3
p	$\frac{4}{5}$	$\frac{8}{45}$	$\frac{1}{45}$

4. （1）$P\{X=k\}=C_5^k\cdot(\frac{1}{3})^k\cdot(\frac{2}{3})^{5-k}$， $k=0,1,2,3,4,5$，（2）$\frac{211}{243}$.

5. $P\{X=k\}=0.3^{k-1}\cdot 0.7$， $k=1,2,3,4$， $P\{X=5\}=0.3^4\cdot 0.7+0.3^5$.

6. $F(x)=P\{X\leqslant x\}=\begin{cases}0, & x<0,\\ 0.3, & 0\leqslant x<1,\\ 0.8, & 1\leqslant x<2,\\ 1, & x\geqslant 2.\end{cases}$

7. （1）$F(x)=P\{X\leqslant x\}=\begin{cases}0, & x<0,\\ \frac{1}{3}, & 0\leqslant x<1,\\ \frac{1}{2}, & 1\leqslant x<2,\\ 1, & x\geqslant 2.\end{cases}$ （2）$\frac{1}{6}$， $\frac{1}{6}$.

8.

X	1	2	3	4
P	0.7	0.21	0.063	0.027

$$F(x)=P\{X\leqslant x\}=\begin{cases}0, & x<1,\\ 0.7, & 1\leqslant x<2,\\ 0.91, & 2\leqslant x<3,\\ 0.973, & 3\leqslant x<4,\\ 1, & 4\leqslant x.\end{cases}$$

9. （1）

X	0	1	2
p	0.3	0.4	0.3

，（2）0.3.

10. （1）0.9596， （2）0.6160.

11. 0.168.

12. 0.00468.

13. 0.9826.

14. （1）0.0183， （2）0.9083.

15. 0.0025.

习题 6.3

1. $\frac{1}{2}, \frac{17}{40}$.

2. （1）$F(x)=P\{X\leqslant x\}=\begin{cases}0, & x<0,\\ \frac{1}{2}x^2, & 0\leqslant x<1,\\ -\frac{1}{2}x^2+2x-1, & 1\leqslant x\leqslant 2,\\ 1, & x>2.\end{cases}$ （2）$\frac{7}{8}$.

3. （1）$\frac{1}{\pi}$，（2）$\frac{1}{3}$，$\frac{5}{6}$，（3）$F(x)=\begin{cases}0, & x<-1,\\ \frac{1}{\pi}\arcsin x+\frac{1}{2}, & -1\leqslant x<1,\\ 1, & x\geqslant 1.\end{cases}$

4. $\frac{1}{\pi}$，$\frac{1}{2}$.

5. $-\frac{1}{2}$，0.0625.

6. $F(x)=\begin{cases}\frac{1}{2}e^x, & x<0,\\ \frac{1}{2}+\frac{1}{4}x, & 0\leqslant x<2,\\ 1, & 2\leqslant x.\end{cases}$

7. （1）2，（2）$F(x)=\begin{cases}0, & x\leqslant 1,\\ 1-\frac{1}{x^2}, & 1<x.\end{cases}$ （3）$\frac{3}{4}$.

8. （1）$\frac{2}{\pi}$，（2）$\frac{1}{6}$，（3）$F(x)=\frac{2}{\pi}\arctan e^x$，$-\infty<x<+\infty$.

9. （1）0.25，（2）0.60，（3）$F(x)=\begin{cases}0, & x<0,\\ x^2, & 0\leqslant x<1,\\ 1, & 1\leqslant x.\end{cases}$

10. $\frac{1}{3}$，$-\frac{1}{6}$.

11. （1）$F(x)=\begin{cases}0, & x<0,\\ \frac{1}{2}(1-\cos x), & 0\leqslant x<\pi,\\ 1, & \pi<x.\end{cases}$（2）$\frac{1}{2}$.

12. 2，$\frac{9}{64}$.

13. （1）$\frac{1}{\sqrt{3}}$，（2）$\frac{1}{3}$.

14. $A=1$，$f(x)=\begin{cases}2x, & 0\leqslant x\leqslant 1,\\ 0, & \text{其他}.\end{cases}$

15.（1）1，-1（2）$f(x)=\begin{cases} xe^{-\frac{x^2}{2}}, & 0<x<1 \\ 0, & x\leqslant 0 \end{cases}$ （3）$\frac{e-1}{e^2}$.

16.（1）1，-1（2）$2\ln 2-1$（3）$f(x)=F'(x)=\begin{cases} \ln x, & 1\leqslant x\leqslant e \\ 0, & 其他 \end{cases}$.

17. $f(x)=\begin{cases} \frac{1}{1100-900}, & 900\leqslant x\leqslant 1100, \\ 0, & 其他. \end{cases}$ $\frac{1}{2}$.

18. $\frac{20}{27}$. 19. $\frac{44}{125}$. 20. $3e^{-2}-2e^{-3}$. 21. $1-e^{-1}$.

22. $P(Y=k)=C_5^k e^{-2k}(1-e^{-2})^{5-k}, (k=0,1,2,3,4,5)$，$P(Y\geqslant 1)=0.5167$.

23. 0.4713，0.4664，0.6826，0.9544.

24. 0.5，0.3694.

25. 0.0456.

26.（1）0.3372，（2）0.5394.

27. 31.25.

习题 6.4

1.

Y	0	2	8	18
p	$\frac{1}{3}$	$\frac{1}{4}$	$\frac{11}{36}$	$\frac{1}{9}$

2.

$Y=0.6X$	-0.6	0	0.6	1.2	1.8
p	$\frac{1}{5}$	$\frac{1}{20}$	$\frac{1}{5}$	$\frac{2}{5}$	$\frac{3}{20}$

$Z=\lvert X-1\rvert$	0	1	2
p	$\frac{1}{5}$	$\frac{9}{20}$	$\frac{7}{20}$

3. $f_Y(y)=\begin{cases} \frac{y-8}{32}, & 8<y<16, \\ 0, & 其他. \end{cases}$

4. $f_Y(y)=\begin{cases} 2ye^{-y^2}, & y\geqslant 0, \\ 0, & 其他. \end{cases}$

5. $f_Y(y)=\begin{cases} \frac{1}{2\sqrt{y}}e^{-\sqrt{y}}, & y\geqslant 0, \\ 0, & y<0. \end{cases}$

习题 6.5

1. 0.5. 2. 1.2，0.72. 3. 2，$\frac{4}{3}$. 4. 0.9，0.61.

5. 1.2，$\frac{9}{25}$. 6. 4.5，$\frac{9}{20}$. 7. 1，$\frac{1}{2}$. 8. 10 年，不存在.

9. 5.216. 10. $\frac{25}{8}$，$\frac{71}{64}$. 11. $\frac{2}{3}$，$\frac{1}{18}$. 12. 1，$\frac{1}{6}$.

13. 0，$\frac{1}{2}$. 14. 2，$\frac{4}{3}$. 15. 19,2. 16. $\frac{25}{3}$.

17. $\frac{\pi}{12}(a^2+ab+b^2)$. 18.（1）1，1，（2）$\frac{1}{3}$.

19. $\frac{2}{\pi}$.

习题 7.1

1.（1）3.325，（2）2.088，（3）27.488，（4）3.247.

2.（1）2.2281，（2）1.8125，（3）3.0545，（4）2.2281.

3. 19.74， 0.878， 0.7024.

习题 7.2

1. $\frac{1-\overline{X}}{5}$. 2. $\frac{3}{2}\overline{X}$. 3. $3\overline{X}$. 4. $\frac{2\overline{X}-1}{1-\overline{X}}$，$-\frac{n}{\sum_{k=1}^{n}\ln X_k}-1$.

5. $\frac{1}{1-\overline{X}}$，$\frac{-n}{\sum_{k=1}^{n}\ln X_k}$. 6.（1.386，1.446）. 7.（1599.4，2064.6）.

8.（1）（1185.612，1214.388），（2）0.95. 9.（0.014，0.283）.

10.（1635.69，1664.31），（13.8，36.5）. 11.（0.02， 0.1）.

习题 7.3

1. 在 $\alpha=0.05$ 的显著水平下，接受 H_0： $\mu=1600$.
2. 在 $\alpha=0.05$ 的显著水平下，拒绝 H_0： $\mu=6.6$.
3. 在 $\alpha=0.05$ 的显著水平下，拒绝 H_0： $\mu=12100$.
4. 在 $\alpha=0.05$ 的显著水平下，接受 H_0： $\mu=70$.
5. 在 $\alpha=0.02$ 的显著水平下，拒绝 H_0： $\sigma^2=5000$.

习题 7.4

1.（2）$\hat{y}=0.35+0.7x$. 2. $\hat{y}=67.173+0.8809x$.

3. $\hat{y}=77.37-1.82x$. 4.（2）$\hat{y}=0.0043+0.8136x$.

5.（2）$\hat{y}=-0.084+0.104x$，（3）2.412（千万元）.

参考文献

[1] 北京大学数学系几何与代数教研室．高等代数[M]．北京：高等教育出版社，1978.
[2] 同济大学数学系．工程数学线性代数[M]．北京：高等教育出版社，1990.
[3] 王晓艳．线性代数[M]．北京：光明日报出版社，2005.
[4] 胡富昌．线性规划[M]．北京：中国人民大学出版社，1990.
[5] 陈付贵，张万琴．线性代数[M]．北京：北京大学出版社，2005.
[6] 葛红军，阳军．矩阵方法[M]．杭州：浙江大学出版社，2007.
[7] 谢安，李东红．概率论与数理统计[M]．北京：清华大学出版社，2012.
[8] 盛骤，谢世千，潘承毅．概率论与数理统计[M]．北京：高等教育出版社，2001.
[9] 陈希孺．概率论与数理统计[M]．合肥：中国科技大学出版社，2001.